21世纪高等学校计算机专业实用系列教材

数据结构

（Java语言版） 第2版·微课视频版

雷军环 主 编
吴名星 王 涛 副主编

清华大学出版社
北京

内 容 简 介

本书从问题入手，采用项目驱动、层层拓展的教学思路介绍了数据结构及其算法，包括数据结构的基本概念，线性表、栈、队列、串、二叉树、图等数据结构及排序和查找算法，采用面向对象方法及 Java 语言设计实现了这些数据结构及算法。全书共 9 章，每一章由项目概述、项目目标、项目情境、项目实施、项目拓展、项目小结和项目测验 7 部分组成，将知识点学习贯穿到完成项目中，通过做中学、学中做，帮助读者更好地掌握和运用数据结构的知识解决实际的问题。

本书可作为应用型本科、高职高专、成人高校计算机相关专业课程的教材，也可作为各类培训班、计算机从业人员和计算机爱好者的参考书。

版权所有，侵权必究。举报：010-62782989，beiqinquan@tup.tsinghua.edu.cn。

图书在版编目（CIP）数据

数据结构：Java 语言版：微课视频版 / 雷军环主编；吴名星，王涛副主编. -- 2 版. -- 北京：清华大学出版社，2024. 8. -- （21 世纪高等学校计算机专业实用系列教材）. -- ISBN 978-7-302-66986-9

Ⅰ. TP311.12；TP312.8

中国国家版本馆 CIP 数据核字第 2024K8R439 号

责任编辑：贾　斌　薛　阳
封面设计：刘　键
责任校对：韩天竹
责任印制：刘　菲

出版发行：清华大学出版社
　　　　网　　址：https://www.tup.com.cn，https://www.wqxuetang.com
　　　　地　　址：北京清华大学学研大厦 A 座　　邮　　编：100084
　　　　社 总 机：010-83470000　　邮　　购：010-62786544
　　　　投稿与读者服务：010-62776969，c-service@tup.tsinghua.edu.cn
　　　　质量反馈：010-62772015，zhiliang@tup.tsinghua.edu.cn
　　　　课件下载：https://www.tup.com.cn，010-83470236
印 装 者：三河市铭诚印务有限公司
经　　销：全国新华书店
开　　本：185mm×260mm　　印　张：18.75　　字　数：454 千字
版　　次：2015 年 11 月第 1 版　　2024 年 8 月第 2 版　　印　次：2024 年 8 月第 1 次印刷
印　　数：1～1200
定　　价：69.00 元

产品编号：100967-01

前　言

数据结构是计算机科学教育的一个基本组成部分,许多计算机科学领域都构建在这个基础之上。对于想从事实际的软件设计、实现、测试和维护工作的读者而言,掌握数据结构的基本知识是非常必要的。数据结构知识将对一个人的编程能力有着极深的影响,它讲解的是在软件开发过程中如何建立一个合理、高效的程序。然而,由于"数据结构"是一门实践性较强而理论知识较为抽象的课程,目前很多学生在学完了这门课后,还是不知道如何运用所学的知识解决实际问题,针对这种情况,本书进行了精心的设计。本书主要特色如下。

1. 基于项目驱动

本书的每一章都通过一个项目引出问题,通过项目创设学习情境。所有项目都是经过精心筛选和设计的与生活紧密相连的、生动直观的、难易适中的实际问题。每个项目由3～4个任务组成,将数据结构知识点学习置于完成任务的过程中,做到做中学,学中做。

2. 基于编程过程

本书每个单元通过学习情境设置典型任务引出学习内容,然后以编写程序的实际工作过程：提出需求→设计程序(分析逻辑结构和算法→分析存储结构和算法)→编程实现(编程实现存储结构和算法→编程解决问题)为主线组织全书内容。

3. Java语言描述

Java语言是世界上最受欢迎的面向对象编程语言之一。本书中代码严格按照面向对象的编程思想(抽象、封装、继承、多态的思想)进行设计,接口的定义、类的实现严格按Java语言规范进行编写,这不仅有助于学生学会如何用面向对象的语言来描述数据结构的算法,更有助于学生理解数据结构理论在实际开发中的具体应用。

4. 强化工程思维

本书遵循软件技术技能人才成长规律,将数据结构知识传授与技术技能培养并重,培养软件工程思维,将软件行业从业人员的编程规范、专业精神、职业精神、工匠精神融入书中内容,强化学生将在数据结构学习中获得的逻辑思维内化为行为习惯。

5. 校企双元教材

本书中学习项目由北京希嘉创智教育科技有限公司的丁勇完成,代码的优化由新开普电子股份有限公司的郑继旺及湖南森纳信息科技有限公司的徐磊完成。

本书是对编者2015年出版的教材《数据结构(Java语言版)》的一次全面升级,组织思路更加清晰,代码更加优化。为了更好地适应自主学习、泛在学习、混合式教学的需要,本书配套了新形态、立体化、普惠化的可听、可视、可练、可互动数字化资源：课件、微课、动画、素材库(视频、语音、图片)、案例库、实训库、习题库。课程资源通过"中国大学MOOC"平台(https://www.icourse163.org/)和智慧职教MOOC(https://mooc.icve.com.cn/)开放,学校可以使用"慕课堂"和"职教云"调用资源构建符合自身特色的SPOC课程开展线上线下混合式教学。本书配有二维码承载的微课资源，可以满足读者多样化的学习需求。

　　本书由雷军环主编，吴名星、王涛副主编，马佩勋、严志、谢英辉参加编写。具体分工如下：第1～4章和第7章由雷军环编写，第5章由王涛编写，第6章由吴名星编写，第8章由严志编写，第9章由谢英辉编写，马佩勋负责本书教学项目及习题的建设。

　　在本书的编写过程中，清华大学出版社给予了大力的支持，在此表示感谢。

　　尽管编者在写作过程中非常认真和努力，但由于水平有限，书中难免存在疏漏和不足，恳请广大读者批评指正。

编　者

2024年7月

目 录

第 1 章　探索程序设计的过程 ··· 1

 1.1　项目概述 ·· 1
 1.2　项目目标 ·· 1
 1.3　项目情境 ·· 2
 1.4　项目实施 ·· 2
  1.4.1　体验学生成绩统计程序 ··· 2
  1.4.2　认知数据结构 ··· 5
  1.4.3　认知算法 ··· 12
  1.4.4　探索程序设计 ··· 17
 1.5　项目拓展 ·· 20
 1.6　项目小结 ·· 21
 1.7　项目测验 ·· 21

第 2 章　用线性表实现诗词大赛 ··· 24

 2.1　项目概述 ·· 24
 2.2　项目目标 ·· 24
 2.3　项目情境 ·· 25
 2.4　项目实施 ·· 26
  2.4.1　分析线性表的逻辑结构 ··· 26
  2.4.2　用顺序表实现诗词大赛 ··· 29
  2.4.3　用单链表实现诗词大赛 ··· 39
  2.4.4　用双向链表实现诗词大赛 ·· 48
  2.4.5　用循环链表实现诗词大赛 ·· 55
  2.4.6　用 Java 类实现诗词大赛 ·· 64
 2.5　项目拓展 ·· 65
 2.6　项目小结 ·· 66
 2.7　项目测验 ·· 66

第 3 章　用栈实现迷宫探路 ··· 69

 3.1　项目概述 ·· 69

3.2 项目目标 ··· 69
3.3 项目情境 ··· 69
3.4 项目实施 ··· 70
  3.4.1 分析栈的逻辑结构 ·· 70
  3.4.2 用顺序栈实现迷宫探路 ··· 73
  3.4.3 用链栈实现迷宫探路 ·· 82
  3.4.4 用Java类库实现迷宫探路 ·· 86
3.5 项目拓展 ··· 87
3.6 项目小结 ··· 88
3.7 项目测验 ··· 88

第4章 用队列实现排队叫号 ··· 90

4.1 项目概述 ··· 90
4.2 项目目标 ··· 90
4.3 项目情境 ··· 90
4.4 项目实施 ··· 91
  4.4.1 分析排队的逻辑结构 ·· 91
  4.4.2 用顺序队列实现排队叫号 ·· 93
  4.4.3 用链队列实现排队叫号 ··· 102
  4.4.4 用Java类实现排队叫号 ··· 106
4.5 项目拓展 ··· 107
4.6 项目小结 ··· 108
4.7 项目测验 ··· 109

第5章 用串实现文本编辑 ··· 111

5.1 项目概述 ··· 111
5.2 项目目标 ··· 111
5.3 项目情境 ··· 111
5.4 项目实施 ··· 112
  5.4.1 分析串的逻辑结构 ·· 112
  5.4.2 用顺序串实现文本编辑 ··· 115
  5.4.3 用链串实现文本编辑 ·· 125
  5.4.4 用Java字符串类实现文本编辑 ·· 135
5.5 项目拓展 ··· 140
5.6 项目小结 ··· 141
5.7 项目测验 ··· 141

第6章 用二叉树实现文本压缩 ··· 143

6.1 项目概述 ··· 143

  6.2 项目目标 ·· 143

  6.3 项目情境 ·· 143

  6.4 项目实施 ·· 144

    6.4.1 分析二叉树的逻辑结构 ·· 144

    6.4.2 用顺序最优二叉树实现文本压缩 ·· 157

    6.4.3 用链式存储实现二叉树 ·· 166

    6.4.4 用链式最优二叉树实现文本压缩 ·· 175

  6.5 项目拓展 ·· 181

  6.6 项目小结 ·· 182

  6.7 项目测验 ·· 182

第 7 章 用图实现高速公路交通网 ··· **184**

  7.1 项目概述 ·· 184

  7.2 项目目标 ·· 184

  7.3 项目情境 ·· 185

  7.4 项目实施 ·· 186

    7.4.1 分析图的逻辑结构 ·· 186

    7.4.2 用邻接矩阵实现高速公路交通网 ·· 191

    7.4.3 用邻接表实现高速公路交通网 ·· 208

  7.5 项目拓展 ·· 220

  7.6 项目小结 ·· 221

  7.7 项目测验 ·· 221

第 8 章 用排序实现商品排名 ··· **224**

  8.1 项目概述 ·· 224

  8.2 项目目标 ·· 224

  8.3 项目情境 ·· 225

  8.4 项目实施 ·· 226

    8.4.1 分析商品排序中数据的逻辑结构 ·· 226

    8.4.2 用插入排序实现商品按价格排序 ·· 229

    8.4.3 用选择排序实现商品按价格排序 ·· 233

    8.4.4 用交换排序实现商品按价格排序 ·· 239

    8.4.5 用归并排序实现商品按价格排序 ·· 244

    8.4.6 用基数排序实现商品按品牌排序 ·· 246

  8.5 项目拓展 ·· 254

  8.6 项目小结 ·· 255

  8.7 项目测验 ·· 256

第 9 章　用查找实现手机通讯录 ········· 258

9.1　项目概述 ········· 258
9.2　项目目标 ········· 258
9.3　项目情境 ········· 258
9.4　项目实施 ········· 259
9.4.1　分析手机通讯录中数据的逻辑结构 ········· 259
9.4.2　用顺序查找技术查找联系人信息 ········· 262
9.4.3　用二分查找技术查找联系人信息 ········· 265
9.4.4　用分块查找技术查找联系人信息 ········· 268
9.4.5　用树表查找技术管理通讯录 ········· 271
9.4.6　用哈希查找技术查找联系人信息 ········· 278
9.5　项目拓展 ········· 285
9.6　项目小结 ········· 286
9.7　项目测验 ········· 287

参考文献 ········· 289

第 1 章　探索程序设计的过程

1.1　项目概述

软件是新一代信息技术的灵魂,是数字经济发展的基础,是制造强国、网络强国、数字中国建设的关键支撑。软件无处不在,与各个行业深度融合,于大数据、区块链、云计算、人工智能等新技术中,于各种硬件、系统中,于购物、娱乐、工作、学习各种应用中。近年来,我国软件和信息技术服务产业规模迅速扩大,技术水平显著提升,工信部发布的《"十四五"软件和信息技术服务业发展规划》指出到 2025 年,规模以上企业软件业务收入突破 14 万亿元,年均增长 12%以上。软件是计算机程序和相关文档的总称。程序是为实现特定目标或解决特定问题而用计算机语言编写的命令序列的集合,程序设计是给出解决特定问题程序的过程,是软件构造活动中的重要组成部分。

本章重点介绍程序设计的基本过程,通过程序设计的抽象、设计、实现三步骤,完成"编程统计学生的成绩"的逻辑建模、物理建模、程序编码任务,用图解析程序设计的基本过程。

1.2　项目目标

本章项目学习目标如表 1-1 所示。

表 1-1　项目学习目标

序　号	学 习 目 标	知 识 要 点
1	理解数据结构的基本术语	数据、数据元素、数据项、数据对象、数据结构、抽象数据类型
2	理解数据结构的三要素	逻辑结构:集合、线性表、树、图 存储结构:顺序存储结构、链式存储结构 数据运算:插入、删除、修改、排序、查找
3	理解算法的定义及其特性	算法的定义 算法的特性:输入、输出、确定性、有穷性、可行性 算法的度量:空间复杂度、时间复杂度
4	理解程序设计的基本过程	分析问题:定义抽象数据类型 设计程序:表示抽象数据类型 编写程序:实现抽象数据类型

1.3 项目情境

编程统计学生的成绩

1. 情境描述

程序员是一个技术含量很高的职业,代码能力是程序员的硬名片。代码是否规范、代码是否可扩展、代码是否高效等,都是判断代码能力高低的依据。

一家公司招聘程序员,出了一道编程题,题目的内容如下。

有一张学生成绩信息表,包含学号、姓名及数学、英语和信息技术三门课的成绩,要求编写一段程序,输入每个学生的数学、英语和信息技术的成绩后计算出他的总分和平均分,平均分保留小数点后两位,四舍五入,如表1-2所示。

表1-2 学生成绩信息表

学 号	姓 名	数 学	英 语	信息技术	总 分	平 均 分
1	刘琳	86	92	78	256	85.33
2	张华	90	75	86	251	83.67
3	陈露	75	76	72	223	74.33
4	王强	82	86	92	260	86.67
5	田艳	72	93	75	240	80.00
...	...	...	...	...	...	...

2. 基本要求

通过体验两种不同的程序代码,理解数据结构相关知识,具体任务如下。

(1) 上机体验给定的程序代码。

(2) 分析评价给定的程序代码。

(3) 总结计算机求解问题的步骤。

1.4 项目实施

1.4.1 体验学生成绩统计程序

【学习目标】

(1) 能正常运行程序1和程序2。

(2) 能理解程序1和程序2中的代码。

(3) 能评价程序1和程序2中的代码。

【任务描述】

在用计算机程序求解问题时,一个程序通常由数据输入、数据处理和数据输出三部分组成,三部分的不同实现方式也就编写出了不同的程序。下面通过体验两个应聘者编写的代码,比较两个程序的不同处,判断哪个程序更胜一筹。

【任务实施】

步骤一:体验学生成绩统计程序1

应聘者1编写的代码中,首先定义了 no、name、math、English、info、sum、average 7个

变量,用来存放表 1-2 中每位学生的学号、姓名、数学、英语、信息技术、总分、平均分信息。然后定义了一个循环用来输入学生各科成绩信息,统计后输出结果。循环体的代码分为三部分:第一部分将输入的每位学生的成绩信息存在对应的变量中;第二部分求总分和平均分,将计算的结果存储在 sum、average 中;第三部分将计算结果输出显示。代码如下。

```java
import java.util.Scanner;
public class StuScoreCal1 {
    public static void main(String[] args) {
        int no;                 //学号
        String name;            //姓名
        //数学、英语、信息技术、总分、平均分
        float math, English, info, sum, average;
        //从键盘输入学生成绩信息,统计后输出结果
        Scanner sc = new Scanner(System.in);
        char conflag = 'y';
        while (conflag == 'y') {
            //在一行中输入学号、姓名及数学、英语、信息技术分数后换行
            System.out.println("请输入学号、姓名及各科成绩:");
            no = sc.nextInt();
            name = sc.next();
            math = sc.nextFloat();
            english = sc.nextFloat();
            info = sc.nextFloat();
            sc.nextLine();
            //计算总分
            sum = math + english + info;
            //计算平均分
            average = sum / 3;
            //输出结果
            System.out.println("学号:" + no + " 姓名:" + name
                    + " 数学:" + math + " 英语:" + English
                    + " 信息技术:" + info + " 总分:" + sum
                    + ",平均分:" + average);
            //确定是否继续,输入 y 继续,其他终止程序
            System.out.println("按 y 键继续,按其他键结束:");
            conflag = sc.nextLine().charAt(0);
        }
        sc.close();             //关闭输入流
    }
}
```

步骤二:体验学生成绩统计程序 2

应聘者 2 在代码中,首先创建了一个类 Student,该类声明了 no、name、math、English、info、sum、average 7 个成员变量和一个构造函数,构造函数用来给成员变量赋值。重写了 toString(),将 Student 对象的属性按指定的格式返回。代码如下:

```java
//定义一个新的类用于表示学生成绩信息表中一条记录的信息
public class Student {
    int no;                                 // 学号
    String name;                            // 姓名
    // 数学、英语、信息技术、总分、平均值
    float math, English, info, sum, average;
    public Student(int no, String name, float math,
```

```java
                float English, float info) {
            this.no = no;
            this.name = name;
            this.math = math;
            this.English = English;
            this.info = info;
            this.sum = math + English + info;      // 计算当前学生的总分
            this.average = sum / 3;                // 计算当前学生的平均分
        }
        @Override
        public String toString() {
            return "[学号:" + no + ",姓名:" + name + ",数学:" + math + ",英语:" +
                    English + " 信息技术:" + info + " 总分:" + sum + ",平均分:" +
                    average + "]";
        }
    }
```

创建主类 StuScoreCal2，声明了一个 ArrayList 类型的变量 stuScorelst，用来存放表 1-2 中的学生成绩信息表。然后定义了两个循环，第一个循环用来存储和统计各学生的成绩信息，循环体的代码分为三部分：第一部分将输入的每位学生的成绩信息存储在 student 对象中，在调用 Student 类的构造函数创建 student 对象时，计算了该学生的成绩总分和平均分；第二部分将该 student 对象添加到学生信息表 stuScorelst；第三部分输出该学生成绩信息。第二个循环是输出整个学生成绩信息表。代码如下：

```java
import java.util.ArrayList;
import java.util.Scanner;
public class StuScoreCal2 {
    public static void main(String[] args) {
        // 创建一个学生信息表 stuScorelst
        ArrayList<Student> stuScorelst = new ArrayList<Student>();
        //从键盘输入学生成绩信息,将输入的信息存储在 stuScorelst 中
        Scanner sc = new Scanner(System.in);
        char conflag = 'y';
        while (conflag == 'y') {
            System.out.println("请输入学号、姓名及各科成绩:");
            // 用输入的学号、姓名及数学、英语、信息技术分数创建对象
            Student student = new Student(sc.nextInt(), sc.next(), sc.nextInt(), sc.nextInt(), sc.nextInt());
            sc.nextLine();
            // 将对象存到数组列表 stuScorelst 中
            stuScorelst.add(student);
            // 输出学生成绩
            System.out.println(student);
            // 确定是否继续,输入 y 继续,其他终止程序
            System.out.println("按 y 键继续,按其他键结束:");
            conflag = sc.nextLine().charAt(0);
        }
        sc.close();
        // 输出学生成绩表
        System.out.println("学生成绩信息表:");
        for (Student student : stuScorelst) {
            System.out.println(student);
        }
    }
}
```

步骤三：分析评价代码的质量

从代码的规范性看，两段代码都比较规范，一是命名规范，类名首字母大写，属性、方法以及对象名的首字母应小写；二是注释规范，对每个方法、属性都添加了注释；三是排版规范，一行的长度不超过60个字符，对代码进行了格式化排版；四是语句规范，符合Java语句编写要求。

从代码的高效性看，两段代码中的循环都为单层循环，循环的次数与输入的学生数成正比，都是人数的线性阶，效率相当。

从代码的可扩展性看，程序1在主类StuScoreCal1中重复利用简单变量保存输入的成绩信息，对成绩信息进行统计后，输出计算的结果，变量中只保存了最后录入的学生信息。程序2是首先定义了一个类Student，用于表示学生成绩信息表中一条记录的信息。然后在主类StuScoreCal2中，用Student类的对象存储一个学生的成绩，用ArrayList类对象存储整个学生成绩表。程序1和程序2最大的区别是对成绩信息的存储方式，程序1将成绩数据存在简单的变量中，目的是计算；程序2将成绩信息表存放在ArrayList类型的变量中，后续还可以调用ArrayList的方法对学生成绩信息表进行添加、删除、修改、查找等操作，ArrayList是Java集合框架中的一个类，底层使用了数据结构的顺序表，用它存储学生成绩信息表，使程序2比程序1更具有可扩展性。如在程序2中，在第一个循环后，增加了一个循环输出整个学生信息表，但程序1是无法做到这些的。

【任务评价】

请按表1-3查看是否掌握了本任务所学的内容。

表1-3 "体验学生成绩统计程序"完成情况评价表

序 号	鉴定评分点	分 值	评 分
1	能正确运行学生成绩统计程序1	20	
2	能正确运行学生成绩统计程序2	20	
3	能观察出程序1和程序2中不同之处	20	
4	能分析评价代码的规范性	20	
5	能分析评价代码的可扩展性	20	

1.4.2 认知数据结构

【学习目标】

(1) 理解数据结构的基本术语。
(2) 理解数据的逻辑结构。
(3) 理解数据的存储结构。
(4) 理解数据的操作(运算)。
(5) 理解数据结构的概念。

【任务描述】

在1.4.1节任务中，体验了学生成绩统计的程序1和程序2。程序1和程序2的最大区别在于学生成绩信息的存储方式不同，本任务将在1.4.1节任务的体验基础上，理解数据结构的相关概念，分析数据的逻辑关系及其存储方式，进而理解数据结构的基本概念。

【任务实施】
步骤一：理解数据结构的基本术语
1. 数据

数据是对客观事物的符号表示，在计算机科学中是指所有能输入计算机中并被计算机程序处理的符号的总称，是计算机程序加工的"原料"。正所谓"巧妇难为无米之炊"，强大的程序要"有下锅米"才可以完成强大的功能，否则就是无用的程序，这个"米"就是数据。

表1-2中学生成绩信息表为学生的成绩数据。对计算机科学而言，数据的含义极为广泛，符号、文字、数字、语音、图像、视频等都可以通过编码而归之于数据的范畴。数据是程序中最基本和最重要的处理对象。

2. 数据元素

数据元素是组成数据的、有一定意义的基本单位，在计算机中通常作为整体处理，也被称为记录。

图1-1是数据元素和数据项示意图。学生成绩信息表中单个学生的成绩信息用一个数据元素表示。

学号	姓名	数学	英语	信息技术	总分	平均分
1	刘琳	86	92	78	256	85.33
2	张华	90	75	86	251	83.67
3	陈露	75	76	72	223	74.33
4	王强	82	86	92	260	86.67
5	田艳	72	93	75	240	80.00
…	…	…	…	…	…	…

一个数据元素　　数据元素中的一个数据项

图1-1　数据元素和数据项

3. 数据项

数据项是组成数据元素的基本单位，一个数据元素可以由若干数据项组成。

在图1-1中，单个学生成绩构成的数据元素由学号、姓名、数学、英语、信息技术、总分、平均分7个数据项组成。

注意：数据元素是组成数据的基本单位，数据项是组成数据元素的基本单位，数据项是不可再分割的最小数据单位。在真正解决问题时，数据元素才是真正进行访问和处理的基本单位。例如，在讨论学生成绩数据时，讨论的是学生成绩信息表中的一行数据（即一个数据元素的信息），很少会离开姓名等基本信息，单独讨论各科成绩。

4. 数据对象

数据对象是性质相同的数据元素的集合，是数据的子集，如学生成绩信息表中全部学生数据或部分学生数据就是数据对象。性质相同的数据元素是指具有相同数量和类型的数据项。

因为数据对象是数据的子集，在实际应用中，处理的数据元素通常具有相同的性质，在不产生混淆的情况下，将数据对象简称为数据。

数据、数据对象、数据元素、数据项之间的关系如图1-2所示。数据对象是数据的一部分，数据元素是组成数据对象（数据）的基本单位，数据项是组成数据元素的基本单位。

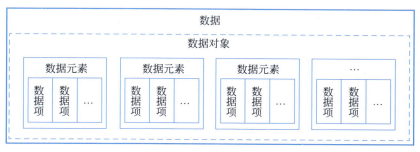

图 1-2　数据、数据对象、数据元素、数据项的关系

步骤二：理解数据的逻辑结构

在由数据元素组成的数据集合中,数据元素之间通常具有某些内在的联系。数据的逻辑结构就是从数据间的联系和组织方式来观察数据、分析数据,反映了数据元素之间的逻辑关系。数据的逻辑结构是面向用户的,反映了人们对数据的含义解释。一个逻辑结构可以用一组数据结点 D 和一个关系集合 R 来表示：(D,R),其中,D 是由有限个结点组成的集合,R 是定义在集合 D 上的逻辑关系。

视频讲解

根据数据元素之间关系的不同特性,通常有集合结构、线性结构、树状结构、图结构 4 类逻辑结构。

1. 集合结构

集合结构中的数据元素之间除了同属于一个集合的关系外,任何两个数据元素之间都没有逻辑关系,数据元素之间的关系是松散的。

例如,红色、黄色、蓝色同属色彩集合,但任何两个色彩元素之间没有逻辑关系,集合结构示例及示意图如图 1-3 所示。

(a) 色彩集合　　　　　　(b) 集合示意图

图 1-3　集合结构示例及示意图

2. 线性结构

线性结构中的数据元素间存在严格的一对一的关系,若数据非空,数据中有且仅有一个开始结点和一个终端结点,开始结点没有前驱但有一个后继,终端结点没有后继但有一个前驱,其余结点有且仅有一个前驱和一个后继。

在学生成绩信息表中,表中第一个学生的成绩信息为开始结点,最后一个学生的成绩信息为终端结点,第一个学生成绩信息只有一个后继,最后一个学生成绩信息只有一个前驱,其他学生的成绩信息有且只有一个直接前驱和一个直接后继,因此,学生成绩信息表的逻辑结构为线性结构。线性结构示例及示意图如图 1-4 所示。

3. 树状结构

树状结构中的数据元素间存在严格的一对多的关系,若数据非空,则它有一个称为根的结点,其余结点有且只有一个直接前驱,所有结点都可以有多个后继。

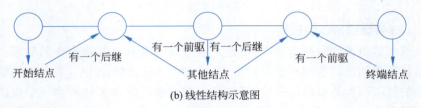

(a) 学生成绩信息表

(b) 线性结构示意图

图 1-4　线性结构示例及示意图

某学院组织架构可以形象地看成一棵树,树的根为"×××学院",这个根有民社学院、商学院、财管学院、外语学院、软件学院、电子学院、医学院、艺术学院 8 个子结点,每个子结点下面又有教研室,如软件学院下有软件开发、网络规划与设计等 7 个教研室,因此该组织架构的逻辑结构为树状结构。树状结构示例及示意图如图 1-5 所示。

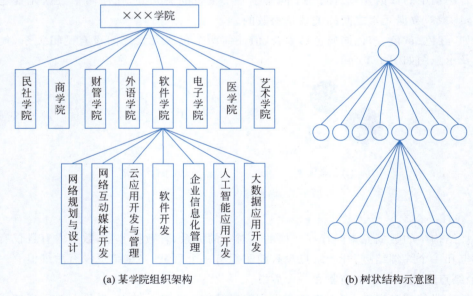

(a) 某学院组织架构　　　　　　　　(b) 树状结构示意图

图 1-5　树状结构示例及示意图

4. 图结构

图结构中的数据元素间存在严格的多对多的关系,若数据非空,则数据中的任何数据元素都可能有多个直接前驱和多个直接后继。

在微博中,两个人可以互相关注;在微信中,两个人可以互加好友。可以用图表示微博、微信等这些社交网络的好友关系。图结构示例及示意图如图 1-6 所示。

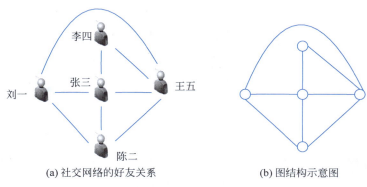

(a) 社交网络的好友关系　　　(b) 图结构示意图

图 1-6　图结构示例及示意图

从图 1-6 中可以看出，每一个人都与多个人互为好友，即结点间存在多对多的关系，如刘一与陈二、张三、王五互为好友，陈二与刘一、张三、王五互为好友，张三与刘一、陈二、李四、王五互为好友，李四与张三、王五互为好友，王五与刘一、陈二、张三、李四互为好友。

有时也将逻辑结构分为两大类，一类是线性结构，另一类是非线性结构。其中，树、图和集合都属于非线性结构。

步骤三：理解数据的存储结构

数据的存储结构是面向计算机的，是数据的逻辑结构在计算机中的实现形式，包括数据元素的表示和关系的表示，其目标是将数据元素及其逻辑关系存储到计算机内存中。数据的存储结构也称为物理结构。

视频讲解

在计算机中，数据元素由一个由若干位组合起来形成的一个位串来表示。例如，32 位表示一个整数，16 位表示一个字符，通常这个位串称为元素或结点。元素或结点可看成是数据元素在计算机中的映象。在一个程序中定义数据元素的数据类型时，就确定了数据元素如何在内存中存放。数据类型可以是系统提供的数据类型，也可以是自定义的数据类型，如学生成绩信息表中的数据元素类型为自定义类型。

数据元素之间的关系在计算机中有顺序存储和链式存储两种不同的表示方法，由此得到顺序存储结构和链式存储结构两种不同的存储结构。

1. 顺序存储结构

顺序存储结构是把数据元素存放在地址连续的存储单元里，借助元素在存储器中的相对位置来表示数据元素之间的逻辑关系，常用数组来实现。

例如，把 5 个整数{108,66,199,217,200}存放在地址为 1000 开始的一段连续的存储单元中，如图 1-7 所示。

顺序存储结构是一种最基本的存储表示方法，通常借助于程序设计语言中的数组来实现。

2. 链式存储结构

链式存储结构则借助于引用或指针来表示数据元素之间的逻辑关系，被存放的元素随机地存放在内存中再用指针将它们

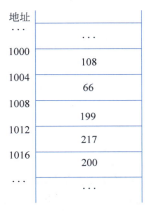

图 1-7　顺序存储结构

链接在一起。

将上面的 5 个数用链式存储结构来存储,如图 1-8 所示。

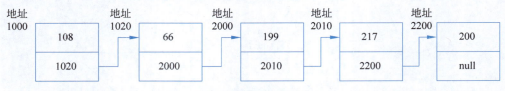

图 1-8　链式存储结构

在用链式存储结构存放时,数据元素在计算机中映射的结点由两部分组成,一是数据元素本身数据的表示,二是引用。通过引用将各数据元素按一定的方式链接起来,以表示数据元素之间的关系。图 1-8 中,第一个元素 108 和第二个元素的地址存储在地址为 1000 开始的内存单元中,第二个元素 66 和第三个元素的地址存放在 1020 开始的地址单元中,以此类推。每个元素在存储数据的同时还存储了下一个元素的地址,这样便将数据元素用指针链接起来。一个数据元素如何链接另一个数据元素则由数据元素之间的逻辑关系决定。

3. 存储学生成绩信息表

下面将学生成绩信息表中的每个数据元素映射到计算机存储中,这里用对象来存放该数据元素,假设 5 个数据元素在计算机内存的中地址依次为 9000、9100、8600、9060 和 9280,如图 1-9 所示。

用顺序存储结构表示数据元素之间的线性关系,序号为 1、2、3、4、5 的数据元素的地址分别存在连续的存储单元 3000、3004、3008、3012、3016 中。

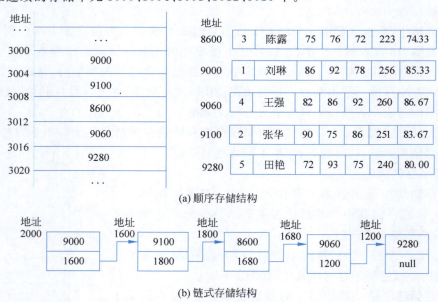

图 1-9　学生成绩信息表的顺序存储和链式存储示意图

用链式存储结构表示数据元素之间的线性关系,序号为 1、2、3、4、5 的数据元素的地址分别存在不连续的存储单元 2000、1600、1800、1680、1200 中,链中的结点还存放了下一个结点的地址,第一个结点存放了第二个结点的地址 1600,第二个结点存放了第三个结点的地址 1800,第三个结点存放了第四个结点的地址 1680,第四个结点存放了第五个结点的地址

1200，第五个结点不再指向任何结点，为空（null）。

步骤四：理解数据的操作

数据的操作是对数据进行某种方法的处理，也称数据的运算。将数据存放在计算机中的目的是实现一种或多种运算。例如，对学生成绩表可以进行一系列的运算，如增加学生成绩记录、求所有学生的平均分、求所有学生的总分等。

计算机最初用来解决数值运算的问题，处理的对象多为整型、实型或布尔类型这样的简单数值类型的数据。随着计算机和信息技术的飞速发展，计算机的应用不再局限于科学计算，更多地用于控制、管理、数据处理等非数值运算的问题，处理的对象有数值、字符、表格、图形、图像、音频、视频等各种不同类型的数据。据统计，当今处理非数值运算性问题占用了90%以上的机器时间。在编程统计学生的成绩中，程序1把问题抽象为数值运算问题，处理的数据对象为简单的实型类型，数据的运算是简单的数学运算。程序2把问题抽象为非数值问题，处理的数据为表格，数据的运算即可以对每个数据元素中的数据项进行数值运算，求平均分和总分，还实现了添加学生成绩等非数值运算。

只有当数据对象按一定的逻辑结构组织起来，并选择了适当的存储方式存储到计算机中时，与其相关的运算才有实现的基础，所以，数据的操作也可被认为是定义在数据逻辑结构上的操作，但操作的实现却要考虑数据的存储结构。

对于不同的数据逻辑结构，其对应的操作集可能不同，常用的操作有以下4种。

（1）新增操作：在数据对象中添加或在指定的位置中插入一个新的数据元素。

（2）删除操作：从数据对象中移走某个满足指定条件的数据元素。

（3）修改操作：对数据对象中某个满足指定条件的数据元素的值进行修改。

（4）查找操作：在数据对象中找出满足指定条件的数据元素。

步骤五：理解数据结构的概念

分析待处理的数据特性以及各处理数据之间存在的关系，在计算机中表示和存储数据成为计算机科学研究的主要内容之一，这是"数据结构"这门学科形成和发展的背景。1968年，美国的高德纳（D. E. Knuth）教授在其所写的《计算机程序设计艺术》第一卷《基本算法》中，较系统地阐述了数据的逻辑结构和存储结构及其操作，开创了数据结构的课程体系。同年，"数据结构"作为一门独立的课程，在计算机科学的学位课程中开始出现。

视频讲解

数据结构是一门研究非数值运算的程序设计问题中计算机的操作对象及其关系和操作的学科。

$$数据结构 = 数据元素 + 关系（结构）$$

关系包括三个组成部分：数据的逻辑结构、数据的存储结构和数据的运算。

一个数据结构是由数据元素依据某种逻辑联系组织起来的，对数据元素间逻辑关系的描述称为数据的逻辑结构；数据必须在计算机内存储，数据的存储结构是数据的逻辑结构的实现形式，是其在计算机内的表示，一个数据的逻辑结构可以有多种存储结构，且各种存储结构影响数据处理的效率。此外，讨论一个数据结构必须同时讨论在该数据结构上执行的操作才有意义，施加在数据上的操作即为数据的运算，它是定义在数据的逻辑结构上的。

在许多类型的程序的设计中，数据结构的选择是一个基本的设计考虑因素。许多大型系统的构造经验表明，系统实现的困难程度和系统构造的质量都依赖于是否选择了最优的数据结构。通常，确定了数据结构后，算法就容易得到了。有些时候事情也会反过来，根据特定算法来选择数据结构与之适应。不论哪种情况,选择合适的数据结构都是非常重要的。

> **小贴示**
>
> 软件行业是一个充满智慧和创新的行业,它要求从业人员具有较强的数据结构逻辑思维能力,该能力是软件编程人员将现实世界中的各类实际问题抽象成数据关系和算法,并用计算机语言表示与实现的能力,是软件人才必备的核心能力。
>
> 数据结构在计算机科学中列为核心课程之首,是计算机类专业其他专业课程学习的基础,数据结构逻辑思维能力的应用贯穿在计算机类专业的所有专业课程中。
>
> 数据结构的应用水平是区分软件开发、设计人员水平高低的重要标志之一,缺乏数据结构和算法的深厚功底,很难设计出高水平、具有专业水准的应用程序,它是软件类就业岗位招聘、专升本、研究生入学、软件设计师考试必考内容,因此学生对数据结构课程知识点的掌握、应用和拓展,将对毕业后编程能力的发展有着直接的影响。

【任务评价】

请按表1-4查看是否掌握了本任务所学的内容。

表1-4 "认知数据结构"完成情况评价表

序 号	鉴定评分点	分 值	评 分
1	能够区分出数据、数据对象、数据元素、数据项、数据结构等术语的含义	20	
2	理解数据的4种逻辑结构	20	
3	理解数据的两种存储结构	20	
4	理解数据的基本操作	20	
5	理解数据结构的基本概念	20	

1.4.3 认知算法

【学习目标】

(1)熟悉算法的概念和特性。

(2)熟悉算法的描述方法。

(3)熟悉算法性能度量的方法。

(4)理解算法与数据结构的关系。

【任务描述】

数据结构包括数据的逻辑结构、数据的存储结构和数据的运算三要素。其中,数据的运算是对数据施加的操作。针对数据上的每一种运算,包括功能描述和功能实现,前者是基于逻辑结构的,是用户定义的,是抽象的;后者是基于存储结构的,是用计算机语言表示的,其核心是找到用计算机实现这个运算的处理步骤,即算法。著名计算机科学家沃思曾提出一个经典公式:程序=数据结构+算法。本任务中将熟悉算法相关的知识。

【任务实施】

步骤一:熟悉算法的定义

在解决实际问题时,需要将基于问题的逻辑结构运算转换为基于存储结构的算法。算法是对特定问题求解步骤的一种描述,是指令的有限序列,其中每一条指令表示一个或多个

视频讲解

操作。

例如,求 1+2+3+…+100 的和,最通用的写法是

```
int i,sum = 0;
for(i = 1;i <= 100;i++){
    sum = sum + i;
}
System.out.println(sum);
```

上述代码是一种算法,因为它用有限的步骤产生了想要的结果。代码求解步骤如下。

(1) 将计数器的值设置为1。

(2) 求和。

(3) 按1递增计数器。

(4) 如果计数器小于或等于100,则转到第(2)步。

步骤二:熟悉算法的特征

算法一般具有以下5个特征。

(1) **输入**。一个算法可接受零个或多个输入。尽管对于绝大多数算法来说,输入参数是必需的,但对于个别情况,如打印"hello world!"这样的代码,不需要任何输入参数,因此算法的输入可以是零个。

(2) **输出**。一个算法必须有一个或多个输出。算法是一定需要输出的,如果不输出,编写的程序就没有意义。输出的形式可以是打印输出,也可以是返回一个或多个值。

(3) **确定性**。算法的每一条指令都有确定的含义,无二义性。算法的输出结果具有确定性,即在任何条件下,算法只有唯一的一条执行路径,对于相同的输入只能得出相同的输出。

(4) **有穷性**。在任何情况下,一个算法在执行有限步骤后,自动结束不会出现无限循环,并且每个步骤在可接受的时间内完成。

(5) **可行性**。算法中的每一步骤都可以通过已经实现的基本运算的有限次数执行得以实现。可行性意味着算法可以转换为程序上机运行,并得到正确的结果。

步骤三:熟悉算法的描述方法

描述算法的方法主要有三种形式:自然语言、伪代码和程序设计语言。自然语言用中文或英文文字来描述算法,其优点是简单、易懂,但严谨性不够;伪代码用一种类似于程序设计语言的语言,由于这种描述不是真正的程序设计语言,所以称为伪代码。伪代码介于自然语言和程序设计语言之间,其可以忽略程序设计语言中一些严格的语法规则与描述细节,且比程序设计语言更容易描述和被用户理解。相对于自然语言,伪代码能更容易地转换成能够直接在计算机上执行的程序设计语言,如统计学生平均分和总分算法采用伪代码描述表示如下。

```
//算法名称:统计成绩
//已知条件:学生成绩表包含学号、姓名及数学、英语和信息技术三门课的成绩
//算法功能:计算学生成绩表中的每个学生成绩的平均分和总分
//方法结果:学生成绩表中包含平均分和总分数据
compute(){
    for(对于学生成绩表中的每个学生s){
        s.平均分 = (s.数学 + s.英语 + s.信息技术)/3;
        s.总分 = (s.数学 + s.英语 + s.信息技术);
    }
}
```

用自然语言和伪代码描述算法能够抽象地描述算法设计的思想,但无法在计算机上运行,通常用在程序的物理建模阶段。实现数据结构和算法需要用程序设计语言描述,程序设计语言用某种具体的程序设计语言来描述算法,其优点是算法不用修改就可以直接在计算机上执行。但直接使用程序设计语言来描述算法并不容易,也不直观,往往要加入大量注释才能使用户明白。本书采用 Java 语言描述算法。前面编程统计学生的成绩的算法就是用 Java 语言描述的。

步骤四:熟悉算法的度量方法

视频讲解

对于一个特定的实际问题,可以找出很多解决问题的算法。例如,求 $1+2+3+\cdots+n$ 的和,其中,n 为正整数,图 1-10 给出了两种算法,第一种算法是用循环计数累加,第二种算法是用等差数列求和公式。

```
int sum1(int n) {
    int i, sum = 0;
    for (i = 1; i <= n; i++) {
        sum = sum + i;
    }
    return sum;
}
```

```
int sum2(int n) {
    int sum = 0;
    sum = (1 + n) * n / 2;
    return sum;
}
```

(a) 用循环计数累加　　　　　　(b) 用等差数列求和公式

图 1-10　求从 1 加到 n 的和

哪一种算法更高效呢?这就需要采用算法分析技术来评价算法的效率。算法分析的任务就是利用某种方法,对每一种算法讨论其各种复杂度,以此来评价该算法适用于哪一类问题,或者哪一类问题宜采用哪种算法。算法复杂度是度量算法优劣的重要依据。对于一个算法,复杂度的高低体现在运行该算法所需的计算机资源的多少上,所需资源越多,反映算法的复杂度越高;反之,所需资源越少,反映算法的复杂度越低。计算机资源主要包括时间资源和空间资源,因此,算法的复杂度通常体现在时间复杂度和空间复杂度上。下面从时间复杂度和空间复杂度两方面来分析和评价算法的效率。

1. 算法时间复杂度

算法时间复杂度的高低直接反映算法执行时间的长短,而算法的执行时间需通过依据该算法编制的程序在计算机上运行时所消耗的时间来度量。这种机器的消耗时间与下列因素有关。

(1) 书写算法的程序设计语言。

(2) 编译产生的机器语言代码的质量。

(3) 机器执行指令的速度。

(4) 问题的规模即处理问题时所处理的数据元素的个数。

在这 4 个因素中,前 3 个都与具体的机器有关,度量一个算法的效率应当抛开具体的机器,仅考虑算法本身的效率高低。因此,算法的效率只与问题的规模有关,或者说,算法的效率是问题规模的函数,如求 1~100 的和,问题的规模 n 就是 100。

一个算法花费的时间与算法中语句的执行次数成正比,哪个算法中语句执行次数多,它花费的时间就多。一个算法中的语句执行次数称为语句频度或时间频度,用 $T(n)$ 表示。算法执行的时间大致等于每条语句执行的时间 $\times T(n)$,也就是说,$T(n)$ 与算法执行的时间成正比,因此用 $T(n)$ 表示算法的执行时间。

图1-10(a)中用循环计数累加1～n的和的语句频度为$2n+3$次,计算如下。

```
int sum1(int n) {
        int i, sum = 0;                 /*执行1次*/
        for (i = 1; i <= n; i++) {      /*执行n+1次*/
            sum = sum + i;              /*执行n次*/
        }
        return sum;                     /*执行1次*/
}
```

图1-10(b)中用等差数列求和公式计算1～n的和的语句频度为3次,计算如下。

```
int sum2(int n) {
        int sum = 0;                    /*执行1次*/
        sum = (1 + n) * n / 2;          /*执行1次*/
        return sum;                     /*执行1次*/
    }
```

在第一种算法中,T是元素数n的线性函数,T直接与n成正比。在第二种算法中,T与n值无关,因此随着n值越来越大,第一种算法所花的时间比第二种算法花的时间越来越多。

一个算法的时间复杂度反映了程序运行从开始到结束所需要的时间,通常使用O表示,$T(n)=O(f(n))$。

其中,$f(n)$是算法中语句重复执行的次数随问题规模n增长的增长率函数。$T(n)$是算法的时间复杂度,它表示随问题规模n的增长,算法的运行时间的增长率和$f(n)$的增长率相同。常见的时间复杂度有以下几种。

(1) 常量阶:$O(1)$。
(2) 线性阶:$O(n)$。
(3) 平方阶:$O(n^2)$。
(4) 立方阶:$O(n^3)$。
(5) 对数阶:$O(\log_2 n)$,以2为底n的对数。
(6) 线性对数阶:$O(n\log_2 n)$。
(7) 指数阶:$O(2^n)$。

它们之间随n增长的关系是:
$$O(1) < O(\log_2 n) < O(n) < O(n\log_2 n) < O(n^2) < O(n^3) < O(2^n)$$

其中,$O(1)$是常量阶时间复杂度,时间效率最优,然后依次是对数阶、线性阶、线性对数阶、平方阶、立方阶、指数阶等,指数阶的时间复杂度是最差的。

2. 算法空间复杂度

算法程序在计算机存储器上所占用的存储空间,包括①存储算法本身所占用的存储空间;②算法的输入输出数据所占用的存储空间;③算法在运行过程中临时占用的存储空间。

存储算法本身所占用的存储空间与算法书写的长短成正比,要压缩这方面的存储空间,就必须编写出较短的算法。

算法的输入输出数据所占用的存储空间是由要解决的问题决定的,是通过参数表由调用函数传递而来的,它不随本算法的不同而改变。

算法在运行过程中临时占用的存储空间随算法的不同而异,有的算法只需要占用少量的临时工作单元,而且不随问题规模的大小而改变,我们称这种算法是"就地"进行的,是节省存储的算法;有的算法需要占用的临时工作单元数与解决问题的规模 n 有关,它随着 n 的增大而增大,当 n 较大时,将占用较多的存储单元。

一个算法的空间复杂度只考虑在运行过程中临时占用的存储空间大小,一般也作为问题规模 n 的函数,以数量级形式给出,记作 $S(n)=O(f(n))$。

在图 1-10 中,临时变量 i、sum 的空间都不随着处理数据量变化,因此它的空间复杂度 $S(n)=O(1)$。

例如,求斐波那契序列程序中,创建了一个一维数组 fibArray,占用的存储空间大小为 n,这段代码的空间复杂度为 $S(n)=O(n)$。

```java
int[] fibcnacci(int n) {
    int[] fibArray = new int[n + 1]; //n
    fibArray[0] = 0;
    fibArray[1] = 1;
    for (int i = 2; i <= n ; i++) {
        fibArray[i] = fibArray[i - 1] + fibArray [i - 2];
    }
    return fibArray;
}
```

内存通常可以扩展,因为可增加计算机的内存量,但是时间是不可以扩展的,因此通常考虑时间要比考虑内存空间的情况多。本课程的范围也仅限于确定算法的时间复杂度。

步骤五:理解算法与数据结构的关系

算法建立在数据结构之上,对数据结构的操作需要用算法来描述。例如,线性表和树都有遍历、插入、删除、查找、排序等操作。通过研究算法,能够更深刻地理解对数据结构的操作。算法设计依赖于数据的逻辑结构,算法实现依赖于数据的存储结构。例如,线性表的插入和删除操作,若采用顺序存储结构,由于数据元素是相邻存储的,则插入前和删除后都必须移动一些元素;若采用链式存储结构,插入或删除一个元素时,只需要改变相关结点的链接关系无须移动元素。实现一种抽象数据类型,需要选择合适的存储结构,使对数据的操作所花费的时间短,占用的存储空间少。

【任务评价】

请按表 1-5 查看是否掌握了本任务所学的内容。

表 1-5 "认知算法"完成情况评价表

序 号	鉴定评分点	分 值	评 分
1	熟悉算法的定义	15	
2	熟悉算法的特性	20	
3	熟悉算法的描述	20	
4	熟悉算法时间复杂度	30	
5	熟悉算法空间复杂度	15	

1.4.4 探索程序设计

【学习目标】

（1）熟悉数据类型与抽象数据类型。
（2）熟悉计算机解决问题的一般步骤。
（3）熟悉本书解决问题的思路。

【任务描述】

在计算机解决问题过程中，不同角色的人关注的视角不一样，问题提出者关注的是"做什么"的问题，程序设计者关注的是"怎么做"的问题，程序编写者关注的是"怎么做成"的问题。本任务结合前面所学的知识，总结计算机解决问题的基本步骤及本书解决问题的基本思路，为后面的学习打下基础。

视频讲解

【任务实施】

步骤一：理解数据类型

数据类型是一组性质相同的值的集合和定义在此集合上的一组操作的总称，是程序设计语言中已经实现了的"数据结构"。

在用高级语言编写程序时，通常要明确程序中存储数据的变量、常量的数据类型，每个数据都有一个所属的、确定的数据类型，一个数据的数据类型描述了三方面的内容：数据的性质、取值范围（数据集合）和允许进行的操作。不同类型的变量，其性质不同，所能取的值的范围不同，所能进行的操作或运算也不同。例如，Java 中整数类型的数据，取值范围为 $-2^{31} \sim 2^{31}-1$，允许进行的操作有算术运算（+，-，*，/，%）、关系运算（<，>，<=，>=，==，!=）和赋值运算（=）等。

按值是否可分解，将数据类型分为以下两类。

（1）原子类型：其值不可分解，通常由语言直接提供，如 Java 语言中的 int、float、double 等。

（2）结构类型：其值可以分解为若干部分（分量或数据项），是程序员自定义的，如结构体、类等。

每一种程序设计语言都提供了一些内置的数据类型，也称为基本数据类型。Java 语言中提供了 8 种基本数据类型，分别为整型（byte、short、int、long）、浮点型（float、double）、布尔型（boolean）和字符型（char）。基本数据类型的值是不可分解的，是一种只能作为一个整体来进行处理的数据类型，为原子类型。当数据对象是由若干不同类型的数据成分组合而成的复杂数据时，程序设计语言的基本数据类型就不能满足需求，它还必须提供引入新的数据类型的手段。在 Java 语言中，引入新的数据类型的手段是类的声明。类的对象是新的类型的实例，类的成员变量确定了新的数据类型的数据表示方法和存储结构，类的构造函数和成员函数确定了新的数据类型的操作。具有新的数据类型的数据将各个不同的成分按某种结构组合成一个整体，因此类为结构类型；反过来，又可以将这个整体的各个不同的成分进行分解，并且它的成分可以是基本数据类型，也可以是新引入的数据类型。例如，学生成绩统计程序 2 中，类 Student 就是新引入的数据类型，它将整型类型的学号 no、字符串类型的姓名 name 及浮点类型的成绩数学 math、英语 English、信息技术 info、总分 sum、平均分 average 组合成一个整体。

步骤二：理解抽象数据类型

1. 数据抽象

数据抽象是指定义和实现相分离，即将一种类型的数据及操作的逻辑含义与具体的实现分离。抽象是抽取反映问题本质，忽略其非本质的细节。也就是在问题求解过程中只要求关注"做什么"，而不是"怎么做"的过程。因为用户在使用数据时通常会将注意力放在想要用这些数据去"做什么"，想不到如何在计算机中表示这些数据。程序设计语言提供的数据类型是抽象的，仅描述数据的特性和对数据操作的语法规则，并没有说明这些数据类型是如何实现的。程序设计语言实现了它定义的数据类型的各种操作，程序员按照语法规则使用数据类型，只考虑对数据执行什么操作，而不必关心这些操作是怎么实现的。例如，在对两个整数进行加法运算时，并不关心它们在计算中是如何存储表示的；同样，连接两个字符串时并不需要知道它们的内部表示。这种把使用与实现分离开来的做法称为数据抽象。

2. 抽象数据类型

数据的抽象通过抽象数据类型（Abstract Data Type，ADT）来表示，ADT 定义了一个数据逻辑结构（数据的值的集合及关系）以及在此结构上的一组操作。

数据类型和抽象数据类型可以看成一种概念。例如，各种计算机都拥有的整数类型就是一个抽象数据类型，尽管实现方法不同，但它们的数学特性相同。抽象数据类型的特征是实现与操作分离，从而实现封装。

就像《超级玛丽》这个经典的任天堂游戏，里面的游戏主角是马里奥，我们给它定义了基本操作，如前进、后退、跳、打子弹等。这就是一个抽象数据类型，定义了一个数据对象、对象中各元素之间的关系及对数据元素的操作。至于到底是哪些操作，这只能由设计者根据实际需要来定。像马里奥可能开始只能走和跳，后来发现应该增加一种打子弹的操作，再后来又有了按住打子弹键后前进就有跑的操作。这都是根据实际情况来定的。

事实上，抽象数据类型体现了程序设计中问题分解和信息隐藏的特征。它把问题分解为多个规模较小且容易处理的问题，然后把每个功能模块实现为一个独立单元，通过一次或多次调用来实现整个问题。它具有以下两个显著的特征。

（1）数据抽象：用 ADT 描述程序处理的实体时，强调的是其本质特征、所能完成的功能以及它和外部用户的接口（即外部使用它的方法）。

（2）数据封装：将实体的外部特性和其内部实现细节分离，并对外部隐藏其内部实现细节。

3. 抽象数据类型的形式化定义

$ADT = (D, R, P)$，其中，D 表示数据对象；R 表示在 D 上关系的集合；P 表示在 D 上操作的集合。

基本格式：

ADT 抽象数据类型名{

数据对象 D；<数据对象的定义>

数据关系 R；<数据关系的定义>

基本操作 P；<基本操作的定义>

}

在 Java 语言中，抽象数据类型的描述可采用两种方法：第一种是用抽象类（abstract

class)表示,抽象类型的实现用继承该抽象类的子类表示;第二种是用 Java 接口(interface)表示,抽象类型的实现用实现该接口的类表示。本书在描述抽象数据类型定义时,数据对象和数据关系用文字描述,基本操作用接口描述。

步骤三:探索问题求解的过程

结合当前程序设计思想和面向对象思想,根据前面实现学生成绩统计问题的过程,可将计算机解决问题的步骤总结为抽象、设计、实现三步,如图 1-11 所示。

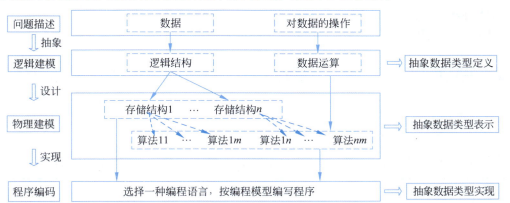

图 1-11　程序设计的基本过程

1. 抽象,解决"做什么"的问题

抽象,是逻辑建模的过程,解决的是"做什么"的问题。一是逻辑结构建模,从问题中提取操作的对象,找出这些操作对象之间的关系,然后用数据模型加以描述。二是数据运算建模,从问题中抽取施加在操作对象的运算。将数据的逻辑结构及其在该结构上的一组运算进行封装就得到了抽象数据类型(Abstract Data Type,ADT)的定义。

2. 设计,解决"怎么做"的问题

设计,围绕抽象数据类型定义,对程序进行设计,得到表达解决问题方法的物理模型。一是存储结构设计,找出计算机中表示和存储数据逻辑结构的方法。一种数据的逻辑结构在计算机中有多种存储方法,即一种逻辑结构对应多种存储结构。二是算法设计,将逻辑结构上的数据运算转换成计算机可执行的指令,即算法。因为算法依赖于数据的存储结构,每种不同的存储结构又可设计出多个不同的算法,因此程序设计的实质是对确定的问题选择一种好的结构,加上设计一种好的算法。这一步完成后,抽象数据类型中的逻辑结构映射成了存储结构,数据运算映射成了可在计算机上执行的算法。

3. 实现,解决"怎么做成"的问题

实现,选择一种高级语言,编写程序,实现抽象数据类型,运行调试,直到得到最终解决问题的程序。本书选择 Java 语言实现抽象数据类型。

通过探索计算机解决问题的步骤,可以得出编程的过程就是分析数据的逻辑结构和运算,设计数据的存储结构和算法,最终用代码实现的过程,即程序=数据结构+算法。

步骤四:熟悉本书解题的思路

在本书中用 Java 类实现数据结构的抽象数据类型,遵循下面的解题思路。

(1) 用数据类型(包括值类型和引用类型)表示数据结构中的数据元素(后面也称结点)。

(2) 用顺序存储结构或链式存储结构表示数据元素之间的关系。

（3）用接口定义在数据结构上的基本操作。

（4）将数据结构的表示代码及对接口所定义操作的实现代码封装在类中，用类表示某种数据结构所对应的抽象数据类型。

（5）通过使用实现抽象数据类型的 Java 类解决实际应用的问题。

在后面可以看到抽象数据类型（在 Java 中用类表示）实现了数据结构实现和数据结构应用的分离。

【任务评价】

请按表 1-6 查看是否掌握了本任务所学的内容。

表 1-6 "探索问题求解的过程"完成情况评价表

序 号	鉴定评分点	分 值	评 分
1	熟悉数据类型的含义	20	
2	理解抽象数据类型	30	
3	熟悉程序设计的过程	30	
4	熟悉本书用计算机解决问题的思路	20	

1.5 项目拓展

1. 问题描述

用户与计算机一起做猜拳游戏，用户与计算机统称为玩家。玩家有三个战略：石头、剪刀、布。游戏胜负规则为：石头胜剪刀，剪刀胜布，布胜石头。如果二人出手相同则不分胜负，不加分、不减分；二人出手不同，胜者加 1 分，负者减 1 分。人机猜拳输赢组合矩阵如图 1-12 所示。

人 \ 机	石头	剪刀	布
石头	（石头，石头） （0，0）	（石头，剪刀） （1，-1）	（石头，布） （-1，1）
剪刀	（剪刀，石头） （-1，1）	（剪刀，剪刀） （0，0）	（剪刀，布） （1，-1）
布	（布，石头） （1，-1）	（布，剪刀） （-1，1）	（布，布） （0，0）

图 1-12 人机猜拳输赢组合矩阵

2. 基本要求

写程序实现人机猜拳游戏，探索计算机解决问题的过程，编写要求如下。

（1）计算机由程序代码随机猜拳，用户输入数字猜拳，数字 1 代表石头，2 代表剪刀，3 代表布。

（2）编程记录用户的姓名、得分及猜拳输赢信息。

就让我们从这个大多都玩过的孩时的游戏"石头、剪刀、布"一锤定胜负的游戏编程开始数据结构这门课程的学习之旅吧！

1.6 项目小结

运用计算机求解现实世界中的问题,最关键的是要考虑处理对象在计算机中的表示、处理方法和效率,这是数据结构的研究内容,它涉及数据的逻辑结构、数据的存储结构和数据的操作三方面。

(1) 数据的逻辑结构是面向用户的,以数据间的联系和组织方式来观察数据、分析数据,反映了数据元素之间的逻辑关系,与数据的存储位置无关。根据数据元素之间关系的不同特性,通常有集合结构、线性结构、树状结构、图结构四类基本结构。

(2) 数据的存储结构是面向计算机的,是数据的逻辑结构在计算机中的实现形式,包括数据元素的表示和关系的表示,其目标是将数据元素及其逻辑关系存储到计算机内存中。数据的存储结构也称为物理结构,有两种存储结构:顺序存储结构和链式存储结构。数据的存储结构通常用程序设计语言的数据类型加以描述。对于简单的数据可以使用程序设计语言中内置的基本数据类型来描述;对于复杂的数据则要根据实际情况,使用自定义的数据类型。在 Java 语言中,引入自定义数据类型的手段是声明类。

(3) 数据的操作是对数据进行某种方法的处理,也称为数据的运算。只有当数据对象按一定的逻辑结构组织起来,并选择了适当的存储方式存储到计算机中时,与其相关的运算才有了实现的基础,所以,数据的操作也可被认为是定义在数据逻辑结构上的操作,但操作的实现却是要考虑数据的存储结构。

(4) 抽象数据类型是一个数据的逻辑结构和定义在该数据结构上的一组操作。抽象数据类型的定义仅取决于一组逻辑特性,而与其在计算机内部如何表示和实现无关。开发者通过抽象数据类型的操作方法来访问抽象数据类型中的逻辑结构,而不管这个逻辑结构内部各种操作是如何实现的。本书使用 Java 的接口来描述抽象数据类型,抽象数据类型的实现采用实现该接口的类来表示。

(5) 算法是对特定问题求解步骤的一种描述,它是指令的有限序列,其中每一条指令表示一个或多个操作,算法具有五个重要的特征:有穷性、确定性、输入、输出、可行性。

(6) 对于一个特定的实际问题,可以找出很多解决问题的算法,编程人员要想办法从中选一个效率高的算法,这就需要有一个机制来评价算法。通常对一个算法的评价可以从算法执行的时间与算法所占用的内存空间两方面来进行。本书重点讨论了算法执行的时间,一个算法的时间复杂度反映了程序运行从开始到结束所需要的时间,通常使用 O 表示。$T(n)=O(f(n))$ 中, $f(n)$ 是算法中基本操作重复执行的次数随问题规模 n 增长的增长率函数。

(7) 运用计算机求解现实世界中的问题,进行程序设计的步骤总结为抽象、设计、实现三步,通过问题的抽象得到逻辑模型,通过设计得到物理模型,通过实现得到程序。本项目完成了"编程学生成绩统计"任务的逻辑建模、物理建模、程序编码。

1.7 项目测验

一、选择题

1. 下列选项中,不可再分割的最小数据单位是(　　)。

A. 数据　　　　　　B. 数据元素　　　　C. 数据对象　　　　D. 数据项

2. 在解决问题时,下列选项中哪个才是真正进行访问和处理的基本单位?(　　)

A. 数据　　　　　　B. 数据元素　　　　C. 数据对象　　　　D. 数据项

3. 下列选项中不属于逻辑结构的是(　　)。

A. 线性结构　　　　B. 链式结构　　　　C. 树状结构　　　　D. 图结构

4 采用顺序存储结构表示数据时,相邻的数据元素的存储地址(　　)。

　　A. 一定连续　　　　　　　　　　　　B. 一定不连续

　　C. 不一定连续　　　　　　　　　　　D. 部分连续、部分不连续

5. 什么是算法?(　　)

A. 算法就是计算的方法

B. 算法是对特定问题求解步骤的一种描述

C. 算法是一个数学公式

D. 算法是对事物逻辑的特定解释

6. 下列说法不正确的是(　　)。

A. 对于一个算法,其时间复杂度和空间复杂度往往是相互影响的

B. 当追求一个较好的时间复杂度时,可能会使空间复杂度的性能变差,即可能导致占用较多的存储空间

C. 当追求一个较好的空间复杂度时,可能会使时间复杂度的性能变差,即可能导致占用较长的运行时间

D. 当时间复杂度与空间复杂度产生矛盾时,应优先考虑空间复杂度,因为内存可以扩展,而时间是不可以扩展的

7. 使用计算机求解数学问题在数据结构问题的分类中属于哪类问题?(　　)

A. 数学问题　　　　B. 逻辑问题　　　　C. 数值问题　　　　D. 信息问题

8. 处理人类社会或者自然界的某些事物、某些信息,如数据、文字、事物、事物的运动过程及思维过程的问题在数据结构问题的分类中属于哪类问题?(　　)

A. 非数值问题　　　B. 数值问题　　　　C. 逻辑问题　　　　D. 事物问题

9. 从问题到程序的过程实质是(　　)。

A. 对不确定的问题设计数据结构和算法的过程

B. 对确定的问题设计数据结构和算法的过程

C. 对事物的理解和操纵的过程

D. 对事物的数据设计与计算的过程

10. 下列说法中不正确的是(　　)。

A. 程序＝数据＋算法

B. 高德纳(D. E. Knuth)教授在其所写的《计算机程序设计与数据结构》中较系统地阐述了数据的逻辑结构和存储结构

C. 数据结构课程可以提升学生编程的逻辑思维能力及程序设计能力

D. 数据结构的应用水平是区分软件开发、设计人员水平高低的重要标志之一

二、判断题

1. 数据的运算描述是定义在数据的逻辑结构上的。(　　)

2. 数据运算的实现是基于数据的逻辑结构的。（　　）

3. 一个数据结构中，如果数据元素值发生改变，则它的逻辑结构也随之改变。（　　）

4. 非线性结构中，每个元素最多只有一个前驱元素。（　　）

5. 在下面的程序段中，对 x 的赋值语句的时间复杂度为 $O(n^2)$。（　　）

```
for(k=1;k<=n;k++)
    for(j=1;j<=n;j++)
        x=x+1;
```

6. 从逻辑上可以把数据结构分为线性结构和非线性结构。（　　）

7. 算法的时间复杂度一般与算法的空间复杂度成正比。（　　）

8. 程序就是算法，但算法不一定是程序。（　　）

9. 一个数据的逻辑结构可以有多种存储结构，且各种存储结构影响数据处理的效率。（　　）

10. 程序设计的步骤总结为抽象、设计、实现三步。（　　）

第 2 章 用线性表实现诗词大赛

2.1 项目概述

线性表是一种常见的数据结构,在实际中有着广泛的应用。各类信息表的管理,如对图书信息的添加、修改、删除、查找。多项式的表达与计算,可以表示为线性表,多项式中非零项的系数和指数组成的数据元素序列构成了线性表。著名的约瑟夫环问题中,可以用线性表求解圆圈中最后剩下的数字。线性表通常是以栈、队列、字符串、数组等特殊的形式来使用。几乎所有的程序语言中都包含数组这种数据结构,一个数组中的若干数据元素是按照顺序存储在相邻的计算机内存中,这就是一种典型的线性表。

本项目将重点介绍线性表的顺序存储结构——顺序表和线性表的链式存储结构——链表(单链表、双向链表、循环链表),以及在不同存储结构上线性表的基本操作的实现方法。应用本项目实现的线性表及 Java 中线性表的实现类 ArrayList 类和 LinkedList 类编程模拟诗词大赛的比赛过程。

2.2 项目目标

本章项目学习目标如表 2-1 所示。

表 2-1 项目学习目标

序 号	能 力 目 标	知 识 要 点
1	理解线性表的逻辑结构	线性表的基本概念、基本操作、抽象数据类型
2	理解线性表的顺序与链式存储结构及其算法实现	线性表顺序存储:顺序表 线性表链式存储:单链表、双向链表、循环链表
3	熟悉 Java 的线性表实现类	线性表顺序存储实现类:ArrayList＜E＞ 线性表链式存储实现类:LinkedList＜E＞
4	能在实际问题中找出线性表并用线性表解决实际问题	使用线性表解决诗词大赛中随机组卷问题
5	线性表的时间复杂度	插入、删除、查找常用算法的时间复杂度计算方法

2.3 项目情境

编程实现诗词大赛

1. 情境描述

《中国诗词大会》是中央电视台首档全民参与的诗词节目,节目以"赏中华诗词、寻文化基因、品生活之美"为基本宗旨,力求通过对诗词知识的比拼及赏析,带动全民重温那些曾经学过的古诗词,分享诗词之美,感受诗词之趣,从古人的智慧和情怀中汲取营养,涵养心灵。图 2-1 为《中国诗词大会》第五季比赛现场。

图 2-1 《中国诗词大会》第五季比赛现场

每场比赛都由个人追逐赛、攻擂资格争夺赛、擂主争夺赛三部分组成。在个人追逐赛中,由 4 位挑战者分别上台与百人团共同答题,如果百人团选手答错,其盾牌将会被击碎,击碎人数量即为台上挑战者的得分。每位挑战者最多答 5 道题,答错进入绝对反击,进行自救,自救成功将继续答题,失败将终止答题。4 位选手中总分最高者直接进入擂主争夺赛。

本教学情境模拟个人追逐赛,省略绝对反击环节,答错即终止答题,题目类型为单选题,题目的格式如表 2-2 所示,每道题由编号、题干、选项和答案 4 部分组成。

表 2-2 诗词大赛题库信息表

题 号	题 干	选 项	答 案
1	"但愿人长久,千里共婵娟"中的"婵娟"指的是	A. 月亮 B. 姻缘 C. 太阳	A
2	"千门万户曈曈日,总把新桃换旧符"中的"新桃"指的是	A. 早开的桃花 B. 新的桃符 C. 新年的寿桃馒头	B
3	"商女不知亡国恨,隔江犹唱后庭花"中的"国"是指哪个朝代	A. 商朝 B. 陈朝 C. 唐朝	B
4	"爆竹声中一岁除,春风送暖入屠苏"中的"屠苏"指的是	A. 苏州 B. 房屋 C. 酒	C
5	"月上柳梢头,人约黄昏后"描写的是哪个传统节日	A. 中秋节 B. 元宵节 C. 端午节	B

续表

题号	题干	选项	答案
6	"一道残阳铺水中,半江瑟瑟半江红"中的"瑟瑟"是什么意思	A. 碧绿 B. 寒冷 C. 寂寥	A
7	"路漫漫其修远兮,吾将上下而求索"是谁的名言	A. 孔子 B. 屈原 C. 司马迁	B
8	"纸上得来终觉浅,绝知此事要躬行"是谁的名言	A. 王安石 B. 范仲淹 C. 陆游	C
9	"天时不如地利,地利不如人和"出自	A. 孟子 B. 庄子 C. 老子	A
10	"朝辞白帝彩云间,千里江陵一日还"中的"还"的目的地是哪里	A. 白帝城 B. 江陵 C. 长安	B
11	"桃花潭水深千尺,不及汪伦送我情"中的"我"指的是谁	A. 杜甫 B. 李白 C. 白居易	B
12	"独在异乡为异客,每逢佳节倍思亲"中的"佳节"指的是哪个节日	A. 清明 B. 中秋 C. 重阳	C
13	"接天莲叶无穷碧,映日荷花别样红"描写的是哪里的荷花	A. 无锡太湖 B. 扬州瘦西湖 C. 杭州西湖	C
14	"两岸猿声啼不住,轻舟已过万重山"中的"轻舟"此时正在哪条河流上行驶	A. 长江 B. 黄河 C. 京杭大运河	A
15	"斜日庭前风袅袅,碧油千片漏红珠"赞美的是哪种对象	A. 石榴 B. 樱桃 C. 辣椒	B
16	"采得百花成蜜后,为谁辛苦为谁甜"赞美的是哪种对象	A. 蝴蝶 B. 蜜蜂 C. 蜻蜓	B
17	"勿以恶小而为之,勿以善小而不为"是谁说的	A. 诸葛亮 B. 曹操 C. 刘备	C
18	"衣带渐宽终不悔,为伊消得人憔悴"中的"消得"是什么意思	A. 消瘦得 B. 消耗得 C. 值得	C
19	"不以规矩,不成方圆"中的"规矩"的意思是	A. 法律条文 B. 美德善行 C. 圆规曲尺	A
20	"父母教,须敬听;父母责,须顺承"来劝谕人们要尊敬父母,这句话出自	A. 弟子规 B. 三字经 C. 千字文	A

2. 基本要求

编写程序模拟中国诗词大会的个人追逐赛比赛过程,要求如下。

(1) 模拟4位挑战者与百人选手团的比拼过程。

(2) 比赛结束后,选出4位挑战者中总分最高的挑战者。

2.4 项目实施

2.4.1 分析线性表的逻辑结构

视频讲解

【学习目标】

(1) 理解线性表的定义及特点。

(2) 理解线性表的抽象数据类型。

【任务描述】

在用计算机解决一个具体的问题时,首先对问题抽象,进行逻辑建模。一是确定数据对象的逻辑结构,即从诗词大赛问题中提取操作的数据对象,找出构成数据对象的数据元素之间的关系。二是确定为求解问题需要对数据对象进行的操作或运算,从诗词大赛问题中抽取相应的运算。最后将数据的逻辑结构及在该结构上的运算进行封装得到抽象数据类型。

【任务实施】

步骤一:分析线性表的逻辑结构

在诗词大赛问题中,表2-2中诗词大赛题库信息表构成了诗词大赛问题要处理的数据对象,该数据对象由若干道题目组成,每一道题为一个数据元素,每个数据元素由题号、题干、选项和答案4个数据项组成。信息表中第一道题目可视为开始结点,它的前面无记录;最后一道题目视为终止结点,它的后面无记录;其他的题目则各有一道也只有一道上一题和下一题,具有这种特点的逻辑结构称为线性表。

线性表是由 $n(n \geqslant 0)$ 个相同类型的数据元素构成的有限序列,通常表示为 $(a_0, a_1, \cdots, a_i, a_{i+1}, \cdots, a_{n-1})$。其中,下标 i 表示数据元素在线性表中的位序,n 为线性表的表长,当 $n=0$ 时,此线性表为空表。

> 小贴示
>
> 线性表中每个元素 a_i 中的 i 表示元素的位置,平时数数时是从1开始,第一个元素 i 的值为1,但在计算机编程语言中,用数组存储元素时,数组的下标是从0开始的,即线性表中数数为 i 的元素在计算机中存储在下标为 $i-1$ 的位置上。为了编程的方便,设元素的逻辑位置也从0开始编号,以确保元素的逻辑位置号与计算机存储下标一致。

线性表中的数据元素 a_i 仅是一个抽象的符号,在不同的场合下代表不同的含义,它可能是一个字母、数字、记录或更复杂的信息。数据元素类型多种多样,但同一线性表中的元素必定具有相同的特性,即属于同一数据对象。图2-2中所有数据元素都为数字,图2-3中所有数据元素都为图片。又如,表2-2中的题库信息表中的所有题目构成了一个线性表,a_i 在这里表示一道题目,该题由题号、题干、选项和答案4个数据项组成。

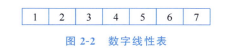

图2-2 数字线性表

图2-3 图片线性表

数据元素非空的线性表具有下面的特点。

(1) 有且仅有一个开始结点 a_0,它没有直接前驱,而仅有一个直接后继 a_1。

(2) 有且仅有一个终端结点 a_{n-1},它没有直接后继,而仅有一个直接前驱 a_{n-2}。

(3) 除第一个结点 a_0 外,线性表中的其他结点 $a_i(1 \leqslant i \leqslant n-1)$ 都有且仅有一个直接前驱 a_{i-1}。

(4) 除最后一个结点 a_{n-1} 外,线性中的其他结点 $a_i(0 \leqslant i \leqslant n-2)$ 都有且仅有一个直接后继 a_{i+1}。

步骤二:分析线性表的基本运算

诗词大赛问题中题库信息表的逻辑结构为线性表,初始化线性表后,对线性表的操作主要有以下几种。

(1) 添加元素：将新的数据元素添加在线性表的末尾。

(2) 插入元素：在线性表中指定的位置插入一个新的数据元素。

(3) 删除元素：删除线性表中指定位置的数据元素。

(4) 定位元素：返回指定数据元素在线性表中首次出现的位置。

(5) 取表元素：返回线性表指定位置的数据元素。

(6) 替换元素：替换线性表指定位置的元素为新的数据元素，并返回该元素。

(7) 求表长度：返回线性表中所有数据元素的个数。

(8) 清空线性表：清除线性表中的所有元素。

(9) 判断线性表是否为空：如线性表不包含任何数据元素则返回 true，否则返回 false。

步骤三：定义线性表的抽象数据类型

根据对线性表的逻辑结构及基本操作的认识，得到线性表的抽象数据类型。

ADT List

数据对象：

$$D = \{a_i \mid 0 \leqslant i \leqslant n-1, n \geqslant 0, a_i \text{ 为 } E \text{ 类型}\}$$

数据关系：

$$R = \{<a_i, a_{i+1}> \mid a_i, a_{i+1} \in D, i = 0, \cdots, n-2\}$$

基本操作：

将对线性表的基本操作定义在接口 IList 中，当存储结构确定后通过实现接口来完成这些基本操作的具体实现，确保算法定义和实现的分离。

```java
public interface IList<E> {
    boolean add(E a);              //添加元素
    boolean add(int i, E a);       //插入元素
    E remove(int i);               //删除元素
    int indexOf(E a);              //定位元素
    E get(int i);                  //取表元素
    E set(int i, E a);             //替换元素
    int size();                    //求线性表长度
    boolean isEmpty();             //判断线性表是否为空
    void clear();                  //清空线性表
}
```

为了保证线性表基本操作对任何类型的数据都适用，数据元素的类型使用泛型。在实际应用线性表时，元素的类型可以用实际的数据类型来代替，例如，用简单的整型或者用户自定义的更复杂的类型来代替。在诗词大赛问题中，数据元素的类型为自定义的题目类型。

【任务评价】

请按表 2-3 查看是否掌握了本任务所学的内容。

表 2-3 "分析线性表的逻辑结构"完成情况评价表

序　号	鉴定评分点	分　值	评　分
1	能理解线性表的定义和特点	25	
2	能理解线性表的基本运算	25	
3	能理解线性表的抽象数据类型	25	
4	能从实际问题中识别出线性表	25	

2.4.2 用顺序表实现诗词大赛

【学习目标】
(1) 掌握线性表的顺序存储结构。
(2) 掌握顺序表的算法实现方法。
(3) 能用顺序表实现诗词大赛。

【任务描述】
在 2.4.1 节的任务中,已分析出诗词大赛问题的试题信息表的逻辑结构为线性表,并定义了线性表的抽象数据类型。接下来,考虑将逻辑结构为线性表的试题信息表存储到计算机中去,进行存储结构的设计。存储结构有顺序存储结构和链式存储结构两种,线性表采用顺序存储的方式存储就称为顺序表。本任务将线性表的逻辑结构映射成顺序存储结构,并基于顺序存储结构实现线性表的基本操作,最后将已实现的顺序表应用在诗词大赛问题中,编写程序实现诗词大赛。

【任务实施】
步骤一:将线性表的逻辑结构映射成顺序表存储结构
将线性表的数据元素按逻辑顺序依次存放在一组地址连续的存储单元里,用这种方法存储的线性表简称顺序表。

视频讲解

在顺序表的存储结构中,假设每个数据元素在存储器中占用 k 个存储单元,下标为 0 的数据元素的内存地址为 $\text{Loc}(a_0)$,则数据元素 a_i 的下标为 i,其内存地址为
$$\text{Loc}(a_i) = \text{Loc}(a_0) + i \times k$$
顺序表的存储结构示意图如图 2-4 所示。

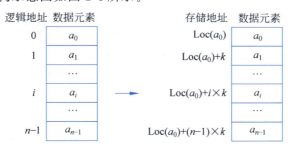

图 2-4 顺序表的存储结构示意图

顺序表的存储结构可以用编程语言的一维数组来表示。创建顺序表就是创建一个一维数组用于存放线性表的数据元素,创建过程如下。

(1) 创建一个类 SeqList,实现接口 IList,声明三个存储变量 data、maxsize 和 n,依次表示存储线性表中数据元素的数组、数组的最大容量、数组的实际长度。数组的元素类型使用泛型,以实现不同数据类型的线性表间代码的重用;在数组中插入或删除数据元素,数组的实际表长是可变的,用 n 字段表示数组的实际长度。

(2) 在构造函数中,对存储变量 data、maxsize 和 n 进行初始化。maxsize 的值为构造函数参数中 maxsize 的值,n 的值为 0。在 Java 中,声明的数组变量是在 JVM 的栈内存中分配空间,创建的数组空间是在 JVM 的堆内存中分配的,程序根据构造函数中指定的组件类型和长度创建数组空间,并为每个数组元素空间设置初值,因泛型数据类型为引用数据

类型,因此数组元素默认值都为 null,不指向任何数据。创建完数组空间后,会将数组空间的首地址存储到 data 变量中,通过 data 变量可以访问到数组对象空间中的每个元素。引用类型数组的初始化过程如图 2-5 所示。

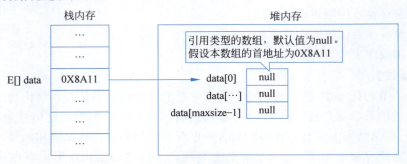

图 2-5 引用类型数组的初始化过程

引用类型数组的初始化代码如下。

```java
import java.lang.reflect.Array;
public class SeqList<E> implements ILinarList<E> {
    private E[] data;              //存储顺序表中数据元素的数组
    private int maxsize;           //顺序表的最大容量
    private int n;                 //顺序表的实际长度
    //初始化线性表
    @SuppressWarnings("unchecked")
    public SeqList(Class<E> type, int maxsize) {
        this.maxsize = maxsize;
        n = 0;
        data = (E[]) Array.newInstance(type, maxsize);
    }
    //实现接口的代码
}
```

步骤二:基于顺序表存储结构实现线性表的基本操作

1. 求表长度、判断为空、清空顺序表、判断为满

因为求表长度、判断为空、清空顺序表及顺序表特有的判断为满操作在其他操作中复用,在这里先实现,实现代码如下。

```java
//求顺序表长度
    public int size() {
        return n;
    }
    //判断顺序表是否为空
    public boolean isEmpty() {
        return n == 0;
    }
    //判断顺序表是否为满
    public boolean isFull() {
        return n == maxsize;
    }
//清空顺序表
    public void clear() {
        n = 0;
    }
```

以上 4 个操作的时间复杂度均为 $O(1)$。

2. 添加元素 boolean add(E a)

添加元素在线性表末尾处添加元素 a，假设线性表中已有 $n(0 \leqslant n \leqslant \text{maxsize}-1)$ 个数据元素，在下标位置 n 处插入一个新的数据元素，如图 2-6 所示。

视频讲解

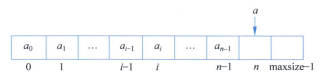

图 2-6　拟在下标 n 处存放 a

(1) 若插入下标位置 $n = \text{maxsize}$，则无法插入，否则转入步骤(2)。

(2) 将元素 a 放在下标位置为 n 的存储位置上，如图 2-7 所示。

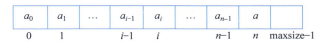

图 2-7　在下标 n 处存放 a

(3) 实际长度 n 的值加 1，元素 a 的下标变成 $n-1$，如图 2-8 所示。

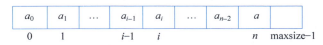

图 2-8　n 的值加 1，最后一个元素的下标为 $n-1$

```
//添加元素,将元素添加在顺序表的末尾
    public boolean add(E a) {
        if (!isFull()) {
            data[n++] = a;
            return true;
        } else
            return false;
    }
```

本算法的时间复杂度为 $O(1)$。

3. 插入元素 boolean add(int i, E a)

插入元素是指假设线性表中已有 $n(0 \leqslant n < \text{maxsize}-1)$ 个数据元素，在下标位置 $i(0 \leqslant i \leqslant n)$ 处插入一个新的数据元素。

视频讲解

(1) 指定插入下标位置 i，如图 2-9 所示，若插入下标位置 $i < 0$ 或 $i > n$，则无法插入，否则转入步骤(2)。

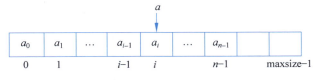

图 2-9　在位置 i 处插入 a

(2) 将下标位置为 $i \sim n-1$ 存储位置上的元素(共 $n-i$ 个数据元素)依次后移后，将新的数据元素置于 i 位置上，如图 2-10 所示。

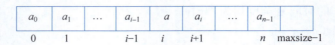

图 2-10　在位置 i 处插入 a 后的状态

(3) 使顺序表长度 n 加 1，如图 2-11 所示。

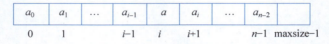

图 2-11　顺序表长度加 1

```
//插入元素,将元素添加在顺序表指定的下标位置 i 处
public boolean add(int i, E a) {
    if (i < 0 || i > n)
        throw new IndexOutOfBoundsException("i 越界");
    if (!isFull()) {
        for (int j = n - 1; j >= i; j--) {
            data[j + 1] = data[j];
        }
        data[i] = a;
        n++;
        return true;
    } else
        return false;
}
```

本算法的时间主要耗费在移动元素上，移动元素的次数取决于插入元素的位置，插入元素的有效位置是 $0\sim n$，共有 $n+1$ 个位置可以插入元素。

(1) 当 $i=0$ 时移动次数为 n，达到最大值。

(2) 当 $i=n$ 时移动次数为 0，达到最小值。

(3) 其他情况需要移动 data$[i\cdots n-1]$ 之间的元素，移动的次数为 $(n-1)-i+1=n-i$。

假设每个位置上插入元素的概率相同，p_i 是在第 i 个位置上插入一个元素的概率，则 $p_i=\dfrac{1}{n+1}$，这样长度为 n 的线性表中插入一个元素时所需要移动元素的平均次数为

$$E=\sum_{i=0}^{n}p_i(n-i)=\dfrac{1}{n+1}\sum_{i=0}^{n}(n-i)=\dfrac{1}{n+1}\times\dfrac{n\times(n+1)}{2}=\dfrac{n}{2}$$

因此插入元素算法的时间复杂度为 $O(n)$。

4. 删除操作 remove(int i)

假设顺序表中已有 $n(1\leqslant n\leqslant\text{maxsize})$ 个数据元素，删除指定下标位置 i 的数据元素。

(1) 如果顺序表为空，或者不符合 $0\leqslant i\leqslant\text{size}-1$，则提示没有要删除的元素；否则转入步骤(2)。删除前的顺序表如图 2-12 所示。

图 2-12　删除前的顺序表

视频讲解

（2）将第 $i+1$ 到第 $n-1$ 下标位置上数据元素（共 $n-1-i$ 个数据元素）依次前移，如图 2-13 所示。

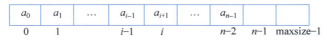

图 2-13　删除后的顺序表

（3）使顺序表的表长度 n 减 1，如图 2-14 所示。

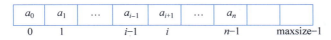

图 2-14　顺序表的长度 n 减 1

```
//删除元素,删除顺序表的第 i 个数据元素
public E remove(int i) {
    if (i < 0 || i >= n)
        throw new IndexOutOfBoundsException("下标越界");
    if (!isEmpty()) {
        E oldValue = data[i];
        for (int j = i; j < n - 1; j++) {
            data[j] = data[j + 1];
        }
        data[--n] = null; //清除最后一个元素
        return oldValue;
    } else
        return null;
}
```

本算法的时间主要耗费在移动元素上，移动元素的次数取决于删除元素的位置，删除元素的有效位置是 $0 \sim n-1$，共有 n 个位置可以删除元素。

（1）当 $i=0$ 时移动次数为 $n-1$，达到最大值。

（2）当 $i=n-1$ 时移动次数为 0，达到最小值。

（3）其他情况需要移动 $data[i+1 \cdots n-1]$ 之间的元素，移动的次数为 $(n-1)-(i+1)+1 = n-i-1$。

假设在每个位置上删除元素的概率相同，p_i 是在第 i 个位置上删除一个元素的概率，则 $p_i = \dfrac{1}{n}$，这样在长度为 n 的线性表中删除一个元素时所需要移动元素的平均次数为

$$E = \sum_{i=0}^{n-1} p_i (n-i-1) = \frac{1}{n} \sum_{i=0}^{n-1} (n-i-1) = \frac{1}{n} \times \frac{n \times (n-1)}{2} = \frac{n-1}{2}$$

因此删除元素算法的时间复杂度为 $O(n)$。

5．定位操作 int indexOf(E a)

依次比较顺序表中数据元素的值是否与 a 相等，如果相等，返回 a 在顺序表中首先出现的下标位置，否则返回 -1。

```
//定位元素,返回对象 a 在顺序表中首先出现的下标位置,如果不存在 a 则返回 -1
public int indexOf(E a) {
    for (int i = 0; i < n; i++)
        if (a.equals(data[i]))
```

```
            return i;
    return -1;
}
```

本算法的时间主要耗费在比较元素上,比较元素的次数取决于定位元素的位置,定位元素的有效位置是 $0 \sim n-1$,共有 n 个位置。

(1) 当 $i=0$ 时比较次数为 1,达到最小值。

(2) 当 $i=n-1$ 时比较次数为 n,达到最大值。

(3) 其他位置需要比较 data$[0 \cdots i]$ 之间的元素,比较的次数为 $i+1$。

假设在每个位置上比较元素的概率相同,p_i 是定位在第 i 个位置上元素的概率,则 $p_i = \frac{1}{n}$,这样在长度为 n 的线性表中定位一个元素时需要比较元素的平均次数为

$$E = \sum_{i=0}^{n-1} p_i(i+1) = \frac{1}{n} \sum_{i=0}^{n-1} (i+1) = \frac{1}{n} \times \frac{n \times (n+1)}{2} = \frac{n+1}{2}$$

因此定位元素算法的时间复杂度为 $O(n)$。

6. 取表元素 E get(int i)

返回顺序表中指定下标位置 i 处的数据元素。

```
//取表元素,返回顺序表中指定下标位置i处的数据元素
    public E get(int i) {
        if (i<0 || i>=n)
            throw new IndexOutOfBoundsException("下标越界");
        return data[i];
    }
```

在取表元素中,主要是对一个给定的 i 进行两次比较,判定其是否是在 $0 \leq i \leq n-1$ 范围内,所以时间复杂度为 $O(1)$。

7. 替换元素 E set(int i, E a)

当指定的 i 不合法时抛出下标越界异常,将下标为 i 的元素值修改为 a,返回修改后的元素。

```
//替换元素,将第i下标位置的元素的值修改为a,返回修改后的元素
    public E set(int i, E a) {
        if (i<0 || i>=n)
            throw new IndexOutOfBoundsException("下标越界");
        data[i] = a;
        return data[i];
    }
```

本算法时间复杂度为 $O(1)$。

步骤三:对顺序表的基本操作进行测试

编写测试类 TestList,对前面创建的接口 IList 和顺序表类 SeqList 进行测试,通过菜单完成测试线性表的基本运算。

```
import java.util.Scanner;
public class TestList {
    public static void main(String[] args) {
```

```java
IList<Integer> list = new SeqList<Integer>(Integer.class, 50);
int[] data = { 23, 45, 3, 7, 6, 945 };
Scanner sc = new Scanner(System.in);
System.out.println(" -------------------------------- ");
System.out.println("操作选项菜单");
System.out.println("1.添加元素");
System.out.println("2.插入元素");
System.out.println("3.删除元素");
System.out.println("4.定位元素");
System.out.println("5.取表元素");
System.out.println("6.替换元素");
System.out.println("7.显示线性表");
System.out.println("0.退出");
System.out.println(" -------------------------------- ");
char ch;
do {
    System.out.print("请输入操作选项:");
    ch = sc.next().charAt(0);
    switch (ch) {
    case '1':
        for (int i = 0; i < data.length; i++) {
            list.add(data[i]);
        }
        System.out.println("添加操作成功!");
        break;
    case '2':
        System.out.println("请输入要插入的位置:");
        //位置是从 1 开始的
        int loc = sc.nextInt();
        System.out.println("请输入要插入该位置的值:");
        int num = sc.nextInt();
        list.add(loc - 1, num);
        System.out.println("插入操作成功!");
        break;
    case '3':
        System.out.print("请输入要删除元素的位置:");
        loc = sc.nextInt();
        list.remove(loc - 1);
        System.out.println("删除操作成功");
        break;
    case '4':
        System.out.print("请输入要查找元素:");
        num = sc.nextInt();
        System.out.println(num + "在列表中的位置为:" + (list.indexOf(num) + 1));
        break;
    case '5':
        System.out.print("请输入要查找元素的位置:");
        loc = sc.nextInt();
        System.out.println(loc + "位置上的元素为:" + list.get(loc - 1));
        break;
    case '6':
        System.out.print("请输入要替换元素的位置:");
        loc = sc.nextInt();
        System.out.print("请输入要替换元素的新值:");
        num = sc.nextInt();
        int x = list.set(loc - 1, num);
```

```
                System.out.println(loc + "位置上的元素为:" + x);
                break;
            case '7':
                System.out.print("线性表中的元素有:");
                for(int i = 0;i < list.size();i++){
                    System.out.print(list.get(i) + " ");
                }
                System.out.println();
                break;
            }
        } while (ch != '0');
        sc.close();
    }
}
```

步骤四：用顺序表实现诗词大赛问题的编程

1. 创建数据元素类 QuestionNode

表 2-1 中的试题信息表的每一道试题由题号、题干、选项和答案 4 个数据项组成，不是基本的数据类型，需要自定义一个类型来表示该数据元素，这里通过定义一个类 QuestionNode 来表示。每一道试题通过构造函数创建，试题中的数据项通过该类的 get 方法获取。

```
public class QuestionNode {
    //题号
    private int no;
    //题干
    private String content;
    //选项
    private String question;
    //答案
    private String answer;
    public QuestionNode(int no,String content, String question, String answer) {
        this.no = no;
        this.content = content;
        this.question = question;
        this.answer = answer;
    }
    public int getNo() {
        return no;
    }
    public String getContent() {
        return content;
    }
    public String getQuestion() {
        return question;
    }
    public String getAnswer() {
        return answer;
    }
}
```

2. 创建比赛类 Contest

创建比赛类 Contest，在该类中声明一个线性表 questionList，并在构造函数中，使用

FileInputStream、InputStreamReader 和 BufferedReader 流将比赛题库从 question.txt 文件中输入程序的 questionList 表中,题目用顺序表的形式存放。

```java
public class Contest {
    //存放大赛试题信息表
    IList<QuestionNode> questionList;
    //存放4个选手的分数
    int[] scores = new int[4];
    public Contest() {
        questionList = new SeqList<QuestionNode>(QuestionNode.class, 20);
        BufferedReader br;
        try {
            br = new BufferedReader(new InputStreamReader(new FileInputStream("question.txt"), "UTF-8"));
            String question = null;
            while ((question = br.readLine()) != null) {
                //split对字符串以给定的字符进行分隔,得到字符串数组;"\\|"就是表示"|",
                //因|属于正则中的元字符
                String[] item = question.split("\\|");
                questionList.add(new QuestionNode(Integer.parseInt(item[0]), item[1], item[2], item[3]));
            }
        } catch (Exception e) {
            e.printStackTrace();
        }
    }
}
```

3. 模拟诗词大赛比赛过程

在 Contest 类中创建 contest()方法,模拟 4 位挑战者与百人选手团比拼过程。在该方法中使用了 Math.random()函数,用于随机抽取题目及随机产生 1~100 答错题目的人数。Math.random()的作用是产生 0~1 之间(包括 0,但不包括 1)的一个 double 值。公式为

Math.random()×(n−m)+m,生成 m~n(不包含)的随机数。

Math.random()×(n−m+1)+m,生成 m~n(包含)的随机数。

例如,int number=(int)(Math.random()×(5−1)+1),取值是[1,5]之间的整数,不包括 5,如需要包括 5,计算式为 int number=(int)(Math.random()×(5−1+1)+1)。

百人团答错题的人数通过公式(int)(Math.random()×(100−1+1) + 1)随机产生。

```java
public void contest() {
    //存放4个选手的分数
    int[] scores = new int[4];
    //获取控制台的输入
    Scanner sc = new Scanner(System.in);
    for (int i = 0; i < 4; i++) {
        System.out.println("当前正在答题的是:" + (i+1) + "号选手!");
        for (int j = 0; j < 5; j++) {
            //从题库中任意抽取一道题目
            int k = (int)( Math.random() * questionList.size() );
            System.out.println("第" + (j+1) + "题:");
            //显示题干
            System.out.println(questionList.get(k).getContent());
```

```java
                    //显示选项
            System.out.println(questionList.get(k).getQuestion());
                    //从控制台获取一行文字
            String reply = sc.next();
                    //获取抽到的题目答案
            String answer = questionList.get(k).getAnswer();
            System.out.println("正确的答案是:" + answer);
                    //从题库中删除抽到的题目
            questionList.remove(k);
                    //根据挑战者答题情况计算得分
            if (reply.compareTo(answer) == 0) {
                    //随机产生1~100的数字,代表答错题目的人数
                int errnum = (int) (Math.random() * (100 - 1 + 1) + 1);
                scores[i] = scores[i] + errnum;
                System.out.println("恭喜你答对了,你击败了" + errnum + "人,当前总分是:" + scores[i]);
            }
            else
            {
                System.out.println("你答错了!你最终的得分是:" + scores[i]);
                System.out.println();
                break;
            }
            System.out.println();
        }
        sc.close();
        int max = scores[0];
        int no = 1;
        for (int i = 0; i < scores.length; i++) {
            System.out.println(i + 1 + "号选手得分:" + scores[i]);
            if (scores[i] > max) {
                max = scores[i];
                no = i + 1;
            }
        }
        System.out.println("得分最高的选手是:" + no + "号,分数为:" + max);
    }
```

4. 找出得分最高的选手

在 Contest 类中,创建 maxScore() 方法,显示 4 位挑战者得分,并找出得分最高的选手。

```java
public void maxScore() {
    int max = scores[0];
    int no = 1;
    for (int i = 0; i < scores.length; i++) {
        System.out.println(i + 1 + "号选手得分:" + scores[i]);
        if (scores[i] > max) {
            max = scores[i];
            no = i + 1;
        }
    }
    System.out.println("得分最高的选手是:" + no + "号,分数为:" + max);
}
```

5. 测试诗词大赛程序

在 Contest 类中创建 main() 方法，调用 contest() 方法，体验诗词大赛的比赛过程。

```
public static void main(String[] args) {
    Contest contest = new Contest();
    contest.contest();
    contest.maxScore();
}
```

【任务评价】

请按表 2-4 查看是否掌握了本任务所学的内容。

表 2-4 "用顺序表实现诗词大赛"完成情况评价表

序 号	鉴定评分点	分 值	评 分
1	能理解顺序表的定义和存储特点	20	
2	能进行顺序表的算法设计	20	
3	能编程实现顺序表	25	
4	能编程测试顺序表	15	
5	能在诗词大赛问题中应用顺序表	20	

2.4.3 用单链表实现诗词大赛

【学习目标】

(1) 理解单链表的存储结构。

(2) 掌握单链表的基本操作实现方法。

【任务描述】

用顺序表实现诗词大赛的特点是逻辑上相邻的两个元素在物理位置上也相邻，因此表中任一元素的存储位置可用一个简单、直观的公式来表示。然而，这个特点也带来了顺序存储结构的两个缺点：其一，需要预先规定好数组的最大长度，在给长度变化较大的线性表预先分配空间时，必须按最大空间分配，使存储空间不能得到充分利用；其二，在进行插入或删除操作时，需移动大量元素，降低了程序的执行效率。为了解决这些问题，引入链式存储结构，用链式存储结构存储的线性表叫链表。链表不要求逻辑上相邻的元素在物理位置上也相邻，通过每个结点的引用域组织各个结点之间的逻辑关系。链表又可以分为单链表、双链表、循环链表等多种类型。本任务将线性表的逻辑结构映射成单链表存储结构，并基于单链表存储结构实现线性表的基本操作，然后用单链表实现诗词大赛的编程。

【任务实施】

步骤一：将线性表的逻辑结构映射成单链表存储结构

链表是用一组任意的存储单元来存储线性表中的数据元素，这组存储单元可以是连续的，也可以是不连续的。那么怎么表示两个数据元素逻辑上的相邻关系呢？即如何表示数据元素之间的线性关系呢？为此，在存储数据元素时，除了存储数据元素本身的信息外，还要存储与它相邻数据元素的存储地址信息。这两部分信息组成该数据元素的存储映像(image)，称为结点(node)。把存储数据元素本身信息的域叫作结点的数据域(data domain)，把存储与它相邻数据元素的存储地址信息的域叫作结点的引用域(reference domain)。线性表通过每个结点的引用域形成了一根"链条"，这就是"链表"名称的由来。

视频讲解

| data | next |

图 2-15　单链表的结点结构

如果结点的引用域只存储该结点直接后继结点的存储地址,则该链表叫作单链表。把该引用域叫作 next。单链表结点的结构如图 2-15 所示,图中 data 表示结点的数据域。

假设有一线性表$\{a_0,a_1,a_2,a_3,a_4,a_5\}$,用单链表存储的内存示意图如图 2-16 所示。从图中可以看出,逻辑相邻的两元素如 a_0,a_1 的存储空间是不连续的,通过在 a_0 的引用域存放 a_1 的存储位置 2000:1060,表示了 a_0 和 a_1 逻辑上的邻接。

地址	数据域	引用域
2000:1000	头指针	2000:1030
2000:1010	a_2	2000:1040
2000:1020	a_5	null
2000:1030	a_0	2000:1060
2000:1040	a_3	2000:1050
2000:1050	a_4	2000:1020
2000:1060	a_1	2000:1010

图 2-16　单链表的内存示意图

图 2-17 为图 2-16 的带头结点单链表的结点示意图。单链表是最简单的链表,其中每个结点指向列表中的下一个结点,最后一个结点不指向任何其他结点,它指向 null,指向 null 的结点代表链表结束。

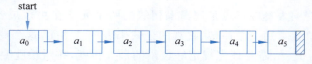

图 2-17　带头结点单链表的结点示意图

基于对单链表的理解,现将线性表的逻辑结构映射成单链表存储结构。

(1) 创建一个单链表类 SLinkList<E>,该类实现接口 IList<E>,接口中定义的基本操作的算法实现在步骤二完成。

(2) 创建一个内部类 Node<E>,表示单链表的结点类型,包含两个成员变量:data 是结点数据域,类型为泛型;next 是下一个结点的引用域,类型为 Node<E>。

(3) 声明一个为单链表结点类型的 start 变量,用来指向单链表的第一个结点。

(4) 在单链表的构造函数中将 start 变量的值赋为 null。

```java
public class SLinkList<E> implements IList<E> {
    private class Node<E> {
        E data;
        Node<E> next;
        Node(E data, Node<E> next) {
            this.data = data;
            this.next = next;
        }
    }
```

```
    private Node<E> start;          //单链表的头引用
//初始化线性表
    public SLinkList() {
        start = null;
    }
}
```

步骤二：基于单链表存储结构实现线性表的基本操作

在前面,单链表类 SLinkList<E>通过实现接口 IList<E>,已经产生了需要实现的基本操作的成员方法,下面基于单链表的存储结构,对成员方法的算法进行设计并编码实现。

1. 求表长度、清空、判断为空

求表长度是从开始结点遍历整个单链表,统计元素的个数。清空单链表只需将单链表的头结点置为 null。判断为空只需判断头结点是否为 null。

```
//求单链表长度
    public int size() {
        int n = 0;
        Node<E> p = start;
        while(p!= null) {
            n++;
            p = p.next;
        }
        return n;
    }
//清空单链表
    public void clear() {
        start = null;
    }
//判断单链表是否为空
    public boolean isEmpty() {
        return start == null;
    }
}
```

求表长时,从开始结点起,遍历整个单链表,统计元素个数,时间复杂度为 $O(n)$,清空和判断为空的时间复杂度为 $O(1)$。

2. 添加元素 boolean add(E a)

添加元素即在单链表末尾添加一个新的结点。

(1) 为新结点分配内存并为数据字段分配值,如图 2-18 所示。

视频讲解

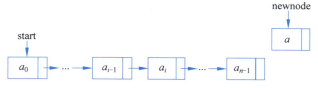

图 2-18 添加元素为新结点分配内存和值

(2) 如果头结点 start 为 null,使 start 指向新结点,否则转向(3)。
(3) 找到链表中的最后一个结点,将它标记为 current,如图 2-19 所示。
(4) 使 current 的 next 字段指向新结点,如图 2-20 所示。

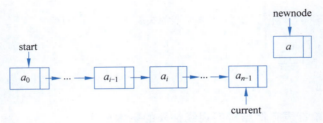

图 2-19　添加元素标记最后一个结点为当前结点

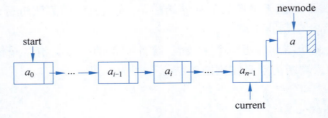

图 2-20　添加元素当前结点指向新结点

```java
//添加元素,将元素添加在单链表的末尾
public boolean add(E a) {
    Node<E> newnode = new Node<E>(a, null);
    if (start == null) {
        start = newnode;
    } else {
        Node<E> current = start;
        while (current.next != null) {
            current = current.next;
        }
        current.next = newnode;
    }
    return true;
}
```

本算法的时间主要消耗在移动操作上,移动次数为 n,算法时间复杂度为 $O(n)$。

3. 插入元素 add(int i, E a)

插入元素是在单链表中指定的位置 i 插入元素 a。若插入位置 $i<0$ 或者 $i>$size()则无法插入,返回 false;否则进入下列步骤。

第一种情况:在头结点前插入元素。

(1) 为新结点分配内存并为数据字段分配值,如图 2-21 所示。

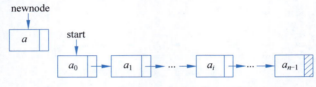

图 2-21　插入元素——为新结点分配内存和值

(2) 使新结点的 next 字段指向链表中的第一个结点,如图 2-22 所示。

(3) 使 start 指向新结点,如图 2-23 所示。

第二种情况:在指定下标位置 $i(1 \leqslant i \leqslant$size())插入元素。

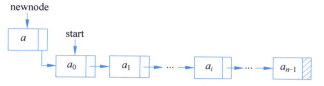

图 2-22　插入元素——新结点的 next 字段指向链表中的第一个结点

图 2-23　插入元素——start 指向新结点

（1）为新结点分配内存并为数据字段分配值，如图 2-24 所示。

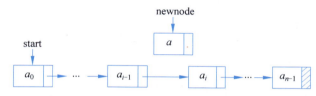

图 2-24　插入元素——为新结点分配内存并为数据字段分配值

（2）用 previous 变量标记要插入结点的前一个结点，如图 2-25 所示。
① 使 previous 变量指向第一个结点。
② 比较 previous 所指结点的下标是否为下标 $i-1$，否则重复步骤③。
③ 使 previous 指向链表中的下一个结点。

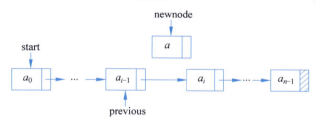

图 2-25　插入元素——标注位置 i 的前一个结点

（3）新结点的 next 字段指向 previous 的 next 字段所指定的结点，如图 2-26 所示。

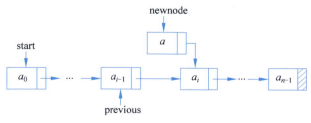

图 2-26　插入元素——新结点的 next 字段指向当前结点

（4）使 previous 的 next 字段指向新结点，如图 2-27 所示。

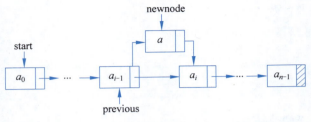

图 2-27 插入元素——前一个结点的 next 字段指向新结点

```
//在单链表的第 i 个下标位置插入一个数据元素
public boolean add(int i, E a) {
    if (i < 0 || i > size() || a == null) {
        return false;
    }
    Node< E > newnode = new Node< E >(a, null);
    //在单链表的开始插入一个元素
    if (i == 0) {
        newnode.next = start;
        start = newnode;
        return true;
    }
    //在单链表的两个元素间插入一个元素
    Node< E > previous = start;
    int j = 0;
    while (previous != null && j < i − 1) {
        previous = previous.next;
        j++;
    }
    if (previous != null && j == i − 1) {
        newnode.next = previous.next;
        previous.next = newnode;
    }
    return true;
```

本算法的时间主要耗费在遍历查找插入位置上,查找次数取决于插入位置,有效位置是 $0 \sim n$,共有 $n+1$ 个位置。

(1) 当 $i=0$ 时遍历查找次数为 0,达到最小值。

(2) 当 $i=n$ 时遍历查找次数为 n,达到最大值。

(3) 其他位置需要比较 $data[1 \cdots n-1]$ 之间的元素,遍历的次数为 i。

假设查找每个位置上元素的概率相同,p_i 是定位在第 i 个位置上元素的概率,则 $p_i = \dfrac{1}{n+1}$,这样在长度为 n 的线性表中定位一个元素时需要比较元素的平均次数为

$$E = \sum_{i=0}^{n} p_i(i) = \frac{1}{n+1} \sum_{i=0}^{n} (i) = \frac{1}{n+1} \times \frac{n \times (n+1)}{2} = \frac{n}{2}$$

因此插入元素算法的时间复杂度为 $O(n)$。

4. 删除操作 remove(int i)

从单链表中删除指定下标位置的结点,若删除位置 $i<0$ 或者 $i>\mathrm{size}()-1$,则无法删除,返回 null,否则进入下列步骤。

(1) 使 previous 变量引用 a_{i-1},如图 2-28 所示。具体步骤如下。

① 将 previous 设置为 start。
② 比较 previous 所指结点的下标和下标 $i-1$，不同则重复步骤③。
③ 使 previous 指向链表中的下一个结点。

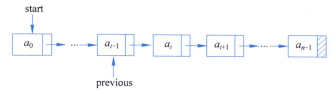

图 2-28　定位要删除的结点的前一个结点

（2）当 previous 指定结点的下标位置为 $i-1$ 时，使 previous 的 next 字段指向 a_i 的 next，如图 2-29 所示。

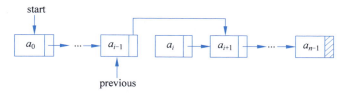

图 2-29　当前结点的前一个结点指向当前结点下一个结点

（3）a_i 结点因为无引用，其所占用的空间自动被垃圾回收系统回收。

```
//删除单链表中索引位置为 i 的数据元素
public E remove(int i) {
    if (i < 0 || i > size() - 1) {
        return null;
    }
    E oldValue = null;
    if (i == 0 && start != null) {
        start = start.next;
        oldValue = start.data;
        return oldValue;
    }
    Node<E> previous = start;
    int j = 0;
    while (j < i - 1) {
        previous = previous.next;
        j++;
    }
    if (j == i - 1) {
        oldValue = previous.next.data;
        previous.next = previous.next.next;
    }
    return oldValue;
}
```

本算法的时间主要耗费在遍历查找删除位置上，查找次数取决于删除位置，有效位置是 $0 \sim n-1$，共有 n 个位置。

（1）当 $i=0$ 时遍历查找次数为 1，达到最小值。
（2）当 $i=n-1$ 时遍历查找次数为 n，达到最大值。

（3）其他位置需要比较 data[1…n−1] 之间的元素，遍历的次数为 i。

假设查找每个位置上元素的概率相同，p_i 是定位在第 i 个位置上元素的概率，则 $p_i = \frac{1}{n}$，这样在长度为 n 的线性表中定位一个元素时需要查找元素的平均次数为

$$E = \sum_{i=0}^{n-1} p_i(i+1) = \frac{1}{n} \sum_{i=0}^{n-1} (i+1) = \frac{1}{n} \times \frac{n \times (n+1)}{2} = \frac{n+1}{2}$$

因此，在单链表中删除元素算法的时间复杂度为 $O(n)$。

5. 取表元素 get(int i)和定位元素 indexOf(E a)

取表元素和定位元素是指根据给定的下标值或结点值，搜索对应该下标值或结点值的结点。具体过程如下。

（1）将单链表的起始结点标记为当前结点 current，如图 2-30 所示。

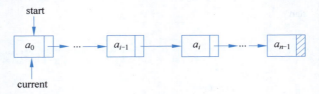

图 2-30　标记起始结点为当前结点

（2）如果单链表不为空链表，比较要查找结点的下标位置 i 或结点值是否与 current 所指向结点的下标位置或值相等，如果不等，current 指向下一个结点，找到该结点时，返回 current，如图 2-31 所示。

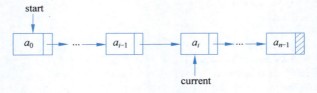

图 2-31　查找结点

（3）当 current 为 null 时，表示没有找到指定的结点，如图 2-32 所示。

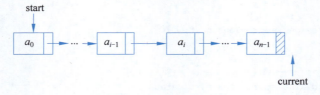

图 2-32　当前结点为 null

```
//在单链表中查找数据元素 a 的下标位置
    public int indexOf(E a) {
        int i = 0;
        for (Node<E> current = start; current != null;
        current = current.next) {
            if (a!= null && a.equals(current.data)) return i;
            if(a == null && current.data == a)return i;
            i++;
```

```
        }
        return -1;
    }
```

该算法的主要运算是比较,比较的次数与给定值在表中的位置和表长有关。当给定值与第一个结点的值相等时,比较次数为 1;当给定值与最后一个结点的值相等时,比较次数为 n。所以,平均比较次数为 $(n+1)/2$,时间复杂度为 $O(n)$。

```
//获得单链表的下标位置为 i 的数据元素
public E get(int i) {
    if (i < 0 || i > size() - 1) {
        throw new IllegalArgumentException("i 不在有效的范围内");
    }
    E a = null;
    Node< E > current = start;
    int j = 0;
    while (j < i) {
        current = current.next;
        j++;
    }
    if (j == i) {
        a = current.data;
    }
    return a;
}
```

该算法的主要操作是遍历操作,遍历的次数与给定的下标和表长有关。当给定值为 0 时,遍历次数为 1;当给序号为 $n-1$ 时,遍历次数为 n。所以,平均遍历次数为 $(n+1)/2$,时间复杂度为 $O(n)$。

6. 替换元素 E set(int i, E a)

将下标为 i 的元素值修改为 a,返回修改后的元素。

```
//替换元素,将第 i 个下标位置的元素的值修改为 a,返回修改后的元素
public E set(int i, E a) {
    if (i < 0 || i > size() - 1) {
        throw new IllegalArgumentException("i 不在有效的范围内");
    }
    Node< E > current = start;
    int j = 0;
    while ( j < i) {
        current = current.next;
        j++;
    }
    if (j == i) {
        current.data = a;
    }
    return a;
}
```

该算法的主要操作是遍历操作,遍历的次数与给定的下标和表长有关。当给定值为 0 时,遍历次数为 1;当给序号为 $n-1$ 时,遍历次数为 n。所以,平均遍历次数为 $(n+1)/2$,时间复杂度为 $O(n)$。

步骤三：对单链表的基本操作进行测试

将测试顺序表中的代码

IList < Integer > list = **new** SeqList < Integer >(Integer.**class**, 50);

替换为

IList < Integer > list = **new** SLinkList < Integer >();

即可进行单链表的测试了。

步骤四：用单链表实现诗词大赛问题的编程

在诗词大赛的 Contest 类中存放大赛试题信息表的变量 questionList 为接口类型 IList，可用任何实现了 IList 接口的类实例化，SLinkList 类实现了该接口，因此属性 questionList 可引用 SLinkList 类的实例对象。

将 Contest 类的构造函数中的代码：

questionList = **new** SeqList < QuestionNode >(QuestionNode.**class**, 20);

替换为

questionList = **new** SLinkList < QuestionNode >();

【任务评价】

请按表 2-5 查看是否掌握了本任务所学的内容。

表 2-5 "用单链表实现诗词大赛"完成情况评价表

序 号	鉴定评分点	分 值	评 分
1	能理解单链表的定义和存储特点	20	
2	能进行单链表的算法设计	20	
3	能编程实现单链表	25	
4	能编程测试单链表	15	
5	能在诗词大赛问题中应用单链表	20	

2.4.4 用双向链表实现诗词大赛

【学习目标】

（1）理解双向链表的存储结构。

（2）掌握双向链表的基本操作实现方法。

【任务描述】

前面介绍的单链表允许从一个结点直接访问它的后继结点，所以找直接后继结点的时间复杂度是 $O(1)$。但是，要找某个结点的直接前驱结点，只能从表的头引用开始遍历各结点。也就是说，找直接前驱结点的时间复杂度是 $O(n)$，n 是单链表的长度。如果希望找直接前驱结点和直接后继结点的时间复杂度都是 $O(1)$，可以使用双向链表。本任务将线性表的逻辑结构映射成双向链表存储结构，并基于双向链表存储结构实现线性表的基本操作，然后用双向链表实现诗词大赛的编程。

【任务实施】

步骤一：将线性表的逻辑结构映射成双向链表存储结构

双向链表也叫双链表，是链表的一种，它的每个数据结点中都有两个指针，分别指向直接后继和直接前驱。所以，从双向链表中的任意一个结点开始，都可以很方便地访问它的前驱结点和后继结点。

双向链表在结点中设两个引用域,一个保存直接前驱结点的地址 prev,一个保存直接后继结点的地址 next,这样的链表就是双向链表。双向链表结点的定义与单链表的结点的定义很相似,只是双向链表多了一个字段 prev。双向链表的结点示意图如图 2-33 所示。

图 2-33　双向链表的结点示意图

基于对双向链表的理解,现将线性表的逻辑结构映射成双向链表存储结构。

(1) 创建一个双向链表类 DLinkList<E>,该类实现接口 IList<E>,接口中定义的基本操作的算法实现在步骤二完成。

(2) 创建一个内部类 Node<E>,表示双向链表的结点类型,包含三个成员变量:data 是结点数据域,类型为泛型;prev 是上一个结点的引用域,类型为 Node<E>;next 是下一个结点的引用域,类型为 Node<E>。

(3) 声明一个双向链表结点类型的 start 变量,用来指向双向链表的第一个结点。

(4) 在双向链表的构造函数中将 start 变量的值赋为 null。

```java
public class DLinkList<E> implements ILinarList<E> {
    private Node<E> start; //双向链表的头引用
    private static class Node<E> {
        E data;
        Node<E> prev;
        Node<E> next;
        Node(E data, Node<E> prev, Node<E> next) {
            this.data = data;
            this.next = next;
            this.prev = prev;
        }
    }
    //初始化双向链表
    public DLinkList()
    {
        start = null;
    }
}
```

步骤二:基于双向链表存储结构实现线性表的基本操作

在双向链表中,有些操作如求长度、取元素、定位、替换元素的算法中仅涉及后继指针,此时双向链表的算法和单链表的算法均相同。但对前插和删除操作,双向链表需同时修改后继和前驱两个指针,相比单链表要复杂一些。

1. 添加元素 boolean add(E a)

添加元素即在双向链表末尾插入一个新的结点。

(1) 为新结点分配内存并为数据字段分配值,如图 2-34 所示。

(2) 如果头结点 start 为 null,使 start 指向新结点,否则转向(3)。

(3) 找到链表中的最后一个结点,将它标记为 current,如图 2-35 所示。

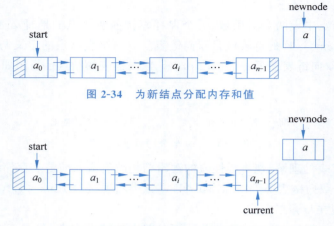

图 2-34　为新结点分配内存和值

图 2-35　标记最后一个结点为当前结点

（4）使 current 的 next 字段指向新结点，新结点的 prev 字段指向 current 所引用结点，如图 2-36 所示。

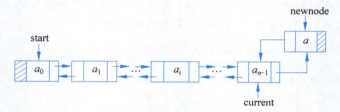

图 2-36　当前结点指向新结点

```
//添加元素,将元素添加在双向链表的末尾
    public boolean add(E a) {
        Node<E> newnode = new Node<E>(a, null, null);
        if (start == null) {
            start = newnode;
        } else {
            Node<E> current = start;
            while (current.next != null) {
                current = current.next;
            }
            current.next = newnode;
            newnode.prev = current;
        }
        return true;
    }
}
```

本算法的时间复杂度为 $O(n)$。

2. 插入元素 add(int i, E a)

插入元素是在双向链表中指定的位置 i 插入元素 a。若插入位置 $i<0$ 或者 $i>$size() 则无法插入，返回 false；否则进入下列步骤。

第一种情况：在头结点前插入元素。

（1）为新结点分配内存，为新结点的数据字段赋值，如图 2-37 所示。

图 2-37 创建一个新结点

（2）使新结点的 next 字段指向 start，如图 2-38 所示。

图 2-38 使新结点的 next 字段指向 start

（3）如果不为空链表，使 start 的 prev 字段指向新结点，如图 2-39 所示。

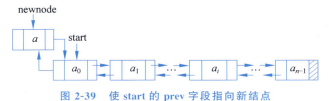

图 2-39 使 start 的 prev 字段指向新结点

（4）使 start 指向新结点，如图 2-40 所示。

图 2-40 使 start 指向新结点

第二种情况：在指定下标位置 $i(1 \leqslant i \leqslant \text{size}())$ 插入元素。

（1）为新结点分配内存并为数据字段分配值，如图 2-41 所示。

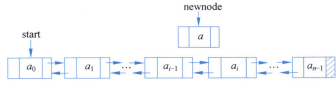

图 2-41 为新结点分配内存并为数据字段分配值

（2）根据下标 i 的值确定要插入结点的前一个结点，将该结点标记为 previous，如图 2-42 所示。

（3）使新结点的 next 指向 previous 的下一个结点，如图 2-43 所示。

（4）将新结点的 prev 指向 previous，如图 2-44 所示。

（5）使 previous 下一个结点的 prev 指向新结点，如图 2-45 所示。

（6）使 previous 的 next 指向新结点，如图 2-46 所示。

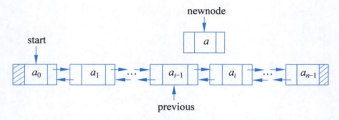

图 2-42 标注下标位置 i 的前一个结点

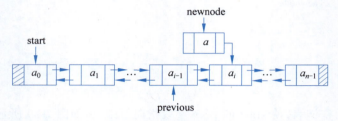

图 2-43 新结点的 next 指向 previous 的下一个结点

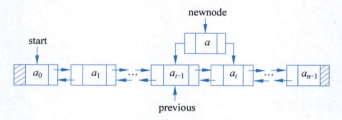

图 2-44 新结点的 prev 指向 previous

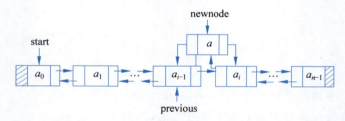

图 2-45 使 previous 的下一个结点的 prev 指向新结点

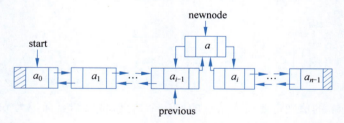

图 2-46 使 previous 的 next 指向新结点

```java
//在双向链表的第 i 下标位置前插入一个数据元素
public boolean add(int i, E a) {
    if (i < 0 || i > size() || a == null)
        return false;
```

```
        Node<E> newnode = new Node<E>(a, null, null);
        //在空链表或第一个元素前插入第一个元素
        if (i == 0) {
            newnode.next = start;
            if(start!= null) start.prev = newnode;
            start = newnode;
            return true;
        }
        //双向链表的两个元素间插入一个元素
        Node<E> previous = start;
        int j = 0;
        while (previous != null && j < i - 1) {
            previous = previous.next;
            j++;
        }
        if (previous != null && j == i - 1) {
            newnode.next = previous.next;
            newnode.prev = previous;
            previous.next.prev = newnode;
            previous.next = newnode;
        }
        return true;
}
```

本算法的时间复杂度为 $O(n)$。

3. 删除元素 remove(int i)

从双向链表中删除指定下标位置的结点,若删除位置 $i<0$ 或者 $i>$size()-1,则无法删除,返回 null;否则进入下列步骤。

第一种情况:要删除的结点为双向链表的第一个结点。

(1) 将 start 指向 start 的下一个结点,如图 2-47 所示。

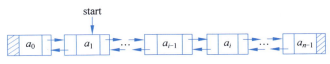

图 2-47 将 start 指向 start 的下一个结点

(2) 将 start 指向结点的 prev 设置为 null,如图 2-48 所示。

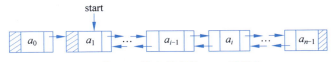

图 2-48 将 start 指向结点的 prev 设置为 null

第二种情况:要删除的结点非双向链表的第一个结点。

(1) 使 previous 变量指向 a_{i-1},如图 2-49 所示。具体步骤如下。

① 将 previous 设置为 start。

② 比较 previous 下标位置和要删除结点的前一个结点的下标位置 $i-1$,直到相等,否则转向③。

③ 使 previous 指向链表中的下一个结点。

(2) 当 previous 指向结点的下标为 $i-1$ 时,使 previous 的 next 指向 a_i 的 next,即指

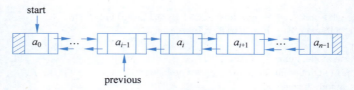

图 2-49　定位要删除的结点的前一个结点

向 a_{i+1}，如图 2-50 所示。

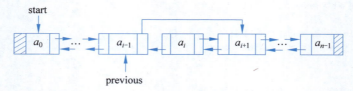

图 2-50　previous 的 next 指向 a_i 的 next

（3）通过 previous.next 定位到 a_{i+1}，使 a_{i+1} 的 prev 指向 previous 结点 a_{i-1}，如图 2-51 所示。

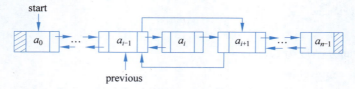

图 2-51　使 a_{i+1} 的 prev 指向 previous 结点 a_{i-1}

```java
//删除双向链表中下标位置为 i 的数据元素
public E remove(int i) {
    if (i < 0 || i > size() - 1) {
        return null;
    }
    E oldValue = null;
    if (i == 0 && start != null) {
        oldValue = start.data;
        start = start.next;
        start.prev = null;
        return oldValue;
    }
    Node<E> previous = start;
    int j = 0;
    while (j < i - 1) {
        previous = previous.next;
        j++;
    }
    oldValue = previous.next.data;
    previous.next = previous.next.next;
    previous.next.next.prev = previous;
    return oldValue;
}
```

本算法的时间复杂度为 $O(n)$。

步骤三：对双向链表的基本操作进行测试

将测试单链表中的代码：

  IList < Integer > list = **new** SLinkList < Integer >();

替换为

  IList < Integer > list = **new** DLinkList < Integer >();

即可进行双向链表的测试了。

步骤四：用双向链表实现诗词大赛问题的编程

在诗词大赛的 Contest 类中存放大赛试题信息表的变量 questionList 为接口类型 IList，可用任何实现了 IList 接口的类实例化，DLinkList 类实现了该接口，因此属性 questionList 可引用 DLinkList 类的实例对象。

将 Contest 类的构造函数中的代码：

  questionList = **new** SLinkList < QuestionNode >();

替换为

  questionList = **new** DLinkList < QuestionNode >();

【任务评价】

请按表 2-6 查看是否掌握了本任务所学的内容。

表 2-6 "用双向链表实现诗词大赛"完成情况评价表

序　号	鉴定评分点	分　值	评　分
1	能理解双向链表的定义和存储特点	20	
2	能进行双向链表的算法设计	20	
3	能编程实现双向链表	25	
4	能编程测试双向链表	15	
5	能在诗词大赛问题中应用双向链表	20	

2.4.5 用循环链表实现诗词大赛

【学习目标】

（1）理解循环链表的存储结构。

（2）掌握循环链表的基本操作实现方法。

【任务描述】

将单链表中终端结点的指针端由空指针改为指向头结点，就使整个单链表形成一个环，这种头尾相接的单链表称为单循环链表，简称循环链表。循环链表解决了如何从链表中一个结点出发，访问到链表的全部结点。本任务将线性表的逻辑结构映射成循环链表存储结构，并基于循环链表存储结构实现线性表的基本操作，然后用循环链表实现诗词大赛的编程。

【任务实施】

步骤一：将线性表的逻辑结构映射成循环链表存储结构

循环单链表是单链表的另一种形式，不同的是循环单链表中最后一个结点的指针不再是空的，而是指向头结点，整个链表形成一个环，这样从链表中任一结点出发都可找到表中其他结点。图 2-52 为带头指针的循环链表示意图。

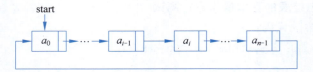

图 2-52　带头指针的循环链表示意图

若仅用头指针标识循环链表,访问第一个结点的时间复杂度为 $O(1)$,但访问最后一个结点的时间复杂度为 $O(n)$。若用尾指针标识循环链表,则不论是访问第一个结点还是访问最后一个结点,其时间复杂度都是 $O(1)$,所以在实际应用中,往往使用尾指针来标识循环链表。图 2-53 是带尾指针的循环链表示意图。

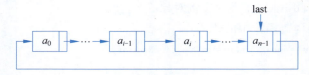

图 2-53　带尾指针的循环链表示意图

可以看出,用循环链表表示线性表的逻辑关系与单链表的表示方法一样,不同的是最后一个元素的 next 的值不能为 null,而是存储链表中第一个元素的地址。

基于对循环链表的理解,现将线性表的逻辑结构映射成循环链表存储结构。

(1) 创建一个循环链表类 CLinkList<E>,该类实现接口 IList<E>,接口中定义的基本操作的算法实现在步骤二中完成。

(2) 创建一个内部类 Node<E>,表示循环链表的结点类型,包含两个成员变量:data 是结点数据域,类型为泛型;next 是下一个结点的引用域,类型为 Node<E>。

(3) 声明一个为循环链表结点类型的 last 变量,用来指向循环链表的最后一个结点。

(4) 在循环链表的构造函数中将 last 变量的值初始化为 null。

```java
public class CLinkList<E> implements IList<E> {
    private class Node<E> {
        E data;
        Node<E> next;
        Ncde(E data, Node<E> next) {
            this.data = data;
            this.next = next;
        }
    }
    private Node<E> last;                //循环链表的尾引用
    //初始化循环链表
    public CLinkList() {
        last = null;
    }
}
```

步骤二:基于循环链表存储结构实现线性表的基本操作

在前面,双向链表类 DLinkList<E>通过实现接口 IList<E>,已经产生了需要实现的基本操作的成员方法,下面基于循环链表的存储结构,对成员方法的算法进行设计并编码实现。

1. 求表长度、清空、判断为空

求表长度从开始结点遍历整个循环链表，统计元素的个数。清空循环链表只需将循环链表的尾结点引用 last 置为 null。判断为空只需判断尾结点引用 last 是否为 null。

```
//求循环链表的长度
public int size() {
    int size = 0;
    if (last != null) {
        Node<E> p = last.next;
        do {
            size++;
            p = p.next;
        } while (p != last.next);
    }
    return size;
}
//清空循环链表
public void clear() {
    Last = null;
}
//判断循环链表是否为空
public boolean isEmpty() {
    return last == null;
}
```

求表长时，从开始结点起，遍历整个循环链表，统计元素个数，时间复杂度为 $O(n)$，清空和判断为空的时间复杂度为 $O(1)$。

2. 添加元素 boolean add(E a)

视频讲解

添加元素即在循环链表末尾添加一个新的结点。

（1）为新结点分配内存并为数据字段分配值，如图 2-54 所示。

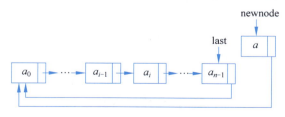

图 2-54　新结点分配内存和值

（2）如果尾结点引用 last 为 null，使 last 指向新结点，新结点的 next 域指向 last，否则转向(3)。

（3）将新结点的 next 指向第一个结点，即 last.next，如图 2-55 所示。

图 2-55　将新结点的 next 指向第一个结点

(4) 尾结点引用 last 的 next 字段指向新结点,如图 2-56 所示。

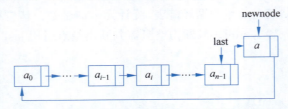

图 2-56 尾结点引用 last 的 next 字段指向新结点

(5) 尾结点引用 last 指向新结点,如图 2-57 所示。

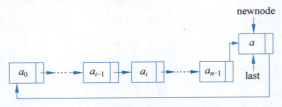

图 2-57 尾结点引用 last 指向新结点

```java
//添加元素,将元素添加在循环链表的末尾
public boolean add(E a) {
    Node<E> newnode = new Node<E>(a, null);
    if (last == null) {
        last = newnode;
        newnode.next = last;
    } else {
        newnode.next = last.next;
        last.next = newnode;
        last = newnode;
    }
    return true;
}
```

本算法的时间复杂度为 $O(1)$。

3. 插入元素 add(int i, E a)

插入元素是在循环链表中指定的位置 i 插入元素 a。若插入位置 $i<0$ 或者 $i>$ size() 则无法插入,返回 false;否则进入下列步骤。

第一种情况:在头结点前插入元素。

(1) 为新结点分配内存并为数据字段分配值,如图 2-58 所示。

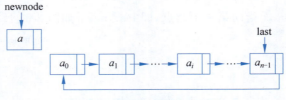

图 2-58 新结点分配内存和值

(2) 使新结点的 next 字段指向链表中的第一个结点,如图 2-59 所示。
(3) 使尾结点的 next 指向新结点,如图 2-60 所示。

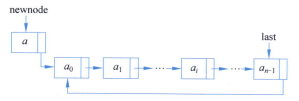

图 2-59 新结点的 next 字段指向链表中的第一个结点

图 2-60 使尾结点的 next 指向新结点

第二种情况：在指定下标位置 $i(1 \leqslant i \leqslant \text{size}())$ 插入元素。
（1）为新结点分配内存并为数据字段分配值，如图 2-61 所示。

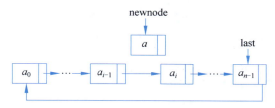

图 2-61 新结点分配内存并为数据字段分配值

（2）用 previous 变量标记要插入结点的前一个结点，如图 2-62 所示。
① 使 previous 变量指向第一个结点。
② 比较 previous 所指结点的下标和下标 $i-1$，直到相等，否则重复步骤③。
③ 使 previous 指向链表中的下一个结点。

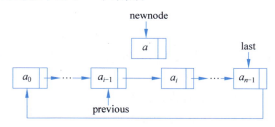

图 2-62 标注位置 i 的前一个结点

（3）新结点的 next 字段指向 previous 的 next 字段所指定的结点，如图 2-63 所示。

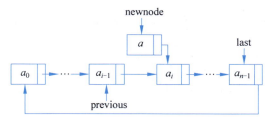

图 2-63 新结点的 next 字段指向 previous 的 next 字段所指定的结点

(4) 使 previous 的 next 字段指向新结点,如图 2-64 所示。

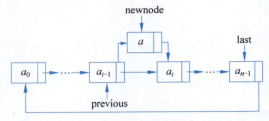

图 2-64　前一个结点的 next 字段指向新结点

```
//在循环链表的第 i 个下标位置前插入一个数据元素
public boolean add(int i, E a) {
    if (i < 0 || i > size() || a == null) {
        return false;
    }
    Node< E > newnode = new Node< E >(a, null);
    //在循环链表的开始插入一个元素
    if (i == 0) {
        newnode.next = last.next;
        last.next = newnode;
        return true;
    }
    //在循环链表的两个元素间插入一个元素
    Node< E > previous = last.next;
    int j = 0;
    while (j < i - 1) {
        previous = previous.next;
        j++;
    }
    if (j == i - 1) {
        newnode.next = previous.next;
        previous.next = newnode;
    }
    return true;
}
```

本算法的时间主要耗费在遍历查找插入位置上,查找次数取决于插入位置,有效位置是 $0 \sim n$,共有 $n+1$ 个位置。

(1) 当 $i=0$ 时遍历查找次数为 0,达到最小值。

(2) 当 $i=n$ 时遍历查找次数为 n,达到最大值。

(3) 其他位置需要比较 data[$1\cdots n-1$]之间的元素,遍历的次数为 i。

假设查找每个位置上元素的概率相同,p_i 是定位在第 i 个位置上元素的概率,则 $p_i = \frac{1}{n+1}$,这样在长度为 n 的线性表中定位一个元素时需要比较元素的平均次数为

$$E = \sum_{i=0}^{n} p_i(i) = \frac{1}{n+1} \sum_{i=0}^{n} (i) = \frac{1}{n+1} \times \frac{n \times (n+1)}{2} = \frac{n}{2}$$

因此插入元素算法的时间复杂度为 $O(n)$。

4. 删除操作 remove(int i)

从循环链表中删除指定下标位置的结点,若删除位置 $i<0$ 或者 $i>\text{size}()-1$,则无法

删除,返回 null;否则进入下列步骤。

(1) 使 previous 变量引用 a_{i-1},如图 2-65 所示。具体步骤如下。

① 将 previous 设置为 last.next。

② 比较 previous 所指结点的下标和下标 $i-1$,不同则重复步骤③。

③ 使 previous 指向链表中的下一个结点。

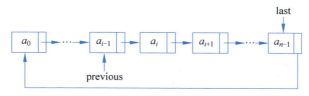

图 2-65　定位要删除的结点的前一个结点

(2) 当 previous 指定结点的下标位置为 $i-1$ 时,使 previous 的 next 字段指向 a_i 的 next,如图 2-66 所示。

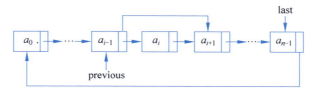

图 2-66　当前结点的前一个结点指向当前结点下一个结点

(3) a_i 结点因为无引用,其所占用的空间自动被垃圾回收系统回收。

```java
//删除循环链表中下标位置为 i 的数据元素
public E remove(int i) {
    if (i < 0 || i > size() - 1) {
        return null;
    }
    E oldValue = null;
    //删除循环链表的第一个结点
    if (i == 0 && last != null) {
        oldValue = last.next.data;
        last = last.next.next;
        return oldValue;
    }
    //删除循环链表的非第一个结点
    Node<E> previous = last.next;
    int j = 0;
    while (j < i - 1) {
        previous = previous.next;
        j++;
    }
    if (j == i - 1) {
        oldValue = previous.next.data;
        previous.next = previous.next.next;
    }
    return oldValue;
}
```

本算法的时间主要耗费在遍历查找删除位置上,查找次数取决于删除位置,有效位置是

$0 \sim n-1$,时间复杂度为 $O(n)$。

5. 取表元素 get(int i) 和定位元素 indexOf(E a)

取表元素和定位元素是指根据给定的下标值或结点值,搜索对应该下标值或结点值的结点。具体过程如下。

(1) 如果循环链表不为空链表,将循环链表的起始结点标记为当前结点 current,如图 2-67 所示。

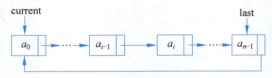

图 2-67　标记起始结点为当前结点

(2) 比较要查找结点的下标位置 i 或结点值是否与 current 所指向结点的下标位置或值相等,如果不等,current 指向下一个结点,找到该结点时,返回 current,如图 2-68 所示。

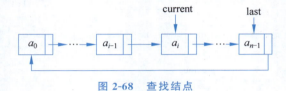

图 2-68　查找结点

(3) 当 current 遍历完所有元素,又指向起点元素 last.next 时,表示没有找到指定的结点,如图 2-69 所示。

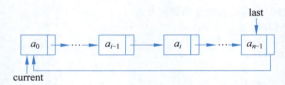

图 2-69　当前结点为 null

```
//在循环表中查找数据元素 a 的下标位置
    public int indexOf(E a) {
        if (!isEmpty()) {
            int i = 0;
            Node<E> current = last.next;
            do {
                if (a != null && a.equals(current.data))
                    return i;
                current = current.next;
                i++;
            } while (current != last.next);
        }
        return -1;
    }
```

该算法的主要运算是比较,比较的次数与给定值在表中的位置和表长有关。当给定值与第一个结点的值相等时,比较次数为 1;当给定值与最后一个结点的值相等时,比较次数为 n。所以,平均比较次数为 $(n+1)/2$,时间复杂度为 $O(n)$。

```
//获得循环链表的下标位置 i 处的数据元素
public E get(int i) {
    if (i < 0 || i > size() - 1) {
        throw new IllegalArgumentException("i 不在有效的范围内");
    }
    E a = null;
    Node<E> current = last.next;
    int j = 0;
    while (j < i) {
        current = current.next;
        j++;
    }
    if (j == i) {
        a = current.data;
    }
    return a;
}
```

该算法的主要操作是遍历操作,遍历的次数与给定的下标和表长有关。当给定值为 0 时,遍历次数为 1;当给定序号为 $n-1$ 时,遍历次数为 n。所以,平均遍历次数为 $(n+1)/2$,时间复杂度为 $O(n)$。

6. 替换元素 E set(int i, E a)

将下标为 i 的元素值修改为 a,返回修改后的元素。

```
//替换元素,将下标位置 i 处的元素的值修改为 a,返回修改后的元素
public E set(int i, E a) {
    if (i < 0 || i > size() - 1) {
        throw new IllegalArgumentException("i 不在有效的范围内");
    }
    Node<E> current = last.next;
    int j = 0;
    while (j < i) {
        current = current.next;
        j++;
    }
    if (j == i) {
        current.data = a;
    }
    return a;
}
```

该算法的主要操作是遍历操作,与取元素操作一样,时间复杂度为 $O(n)$。

步骤三:对循环链表的基本操作进行测试

将测试双向链表中的代码:

IList<Integer> list = new DLinkList<Integer>();

替换为

IList<Integer> list = new CLinkList<Integer>();

即可进行双向链表的测试了。

步骤四:用循环链表实现诗词大赛问题的编程

在诗词大赛的 Contest 类中存放大赛试题信息表的变量 questionList 为接口类型

IList，可用任何实现了 IList 接口的类实例化，CLinkList 类实现了该接口，因此属性 questionList 可引用 CLinkList 类的实例对象。

将 Contest 类的构造函数中的代码：

questionList = new DLinkList<QuestionNode>();

替换为：

questionList = new CLinkList<QuestionNode>();

【任务评价】

请按表 2-7 查看是否掌握了本任务所学的内容。

表 2-7 "用循环链表实现诗词大赛"完成情况评价表

序号	鉴定评分点	分值	评分
1	能理解循环链表的定义和存储特点	20	
2	能进行循环链表的算法设计	20	
3	能编程实现循环链表	25	
4	能编程测试循环链表	15	
5	能在诗词大赛问题中应用循环链表	20	

2.4.6 用 Java 类实现诗词大赛

【学习目标】

(1) 掌握 Java 中的 ArrayList<E>类的使用方法。

(2) 掌握 Java 中的 LinkedList<E>类的使用方法。

【任务描述】

在前面的任务中，先后使用顺序表、单链表、双向链表、循环链表实现了线性表的接口 IList。实际上，Java 类库自身也提供了线性表接口 List，它是 Collection 接口的子接口，其元素为对象序列。ArrayList 类、LinkedList 类是线性表接口 List 的两种典型的实现，其中，ArrayList 类采用动态数组存储对象序列，是顺序存储结构的线性表在 Java 语言中的实现；LinkedList 类采用双向链表存储对象序列，是链式存储结构的线性表在 Java 语言中的实现。本任务使用 Java 类库中的 ArrayList 和 LinkedList 实现诗词大赛。

【任务实施】

步骤一：熟悉 ArrayList 类和 LinkedList 类

ArrayList 类和 LinkedList 类都实现了对线性表接口 List 的最基本的操作，常用的成员方法如下。

(1) public boolean add(E e)：将指定的元素添加到此列表的尾部。

(2) public void add(int i, E e)：将指定的元素插入此列表中的指定位置。

(3) public E remove(int i)：移除此列表中指定位置上的元素。向左移动所有后续元素(将其下标减 1)。

(4) public int indexOf(Object o)：返回此列表中首次出现的指定元素的下标，或如果此列表不包含元素，则返回-1。

(5) public E get(int i)：返回此列表中指定位置上的元素。

(6) public int size()：返回列表中的元素数。

(7) public void clear()：移除此列表中的所有元素。
(8) public boolean isEmpty()：如果列表中没有元素，则返回 true。

步骤二：使用 ArrayList 类实现诗词大赛

在文件的开头导入包，修改 Contest 中属性 questionList 的实例类型为 ArrayList 类型，运行程序，观察结果。

```
import java.util.ArrayList;
questionList = new ArrayList<QuestionNode>();
```

步骤三：使用 LinkedList 类实现诗词大赛

在文件的开头导入包，修改 Contest 中属性 questionList 的实例类型为 LinkedList 类型，运行程序，观察结果。

```
import java.util.LinkedList;
questionList = new LinkedList<QuestionNode>();
```

【任务评价】

请按表 2-8 查看是否掌握了本任务所学的内容。

表 2-8　"用 Java 类实现诗词大赛"完成情况评价表

序 号	鉴定评分点	分 值	评 分
1	会使用 Java 的 ArrayList 类表示诗词大赛	20	
2	会使用 Java 的 LinkedList 类表示诗词大赛	20	
3	能够在 Java 开发环境上编写程序并正确地运行程序	40	

2.5　项目拓展

1. 问题描述

约瑟夫环问题是计算机科学和数学中的经典问题，在计算机编程的算法中又称为"丢手绢问题"。假设编号为 $1,2,3,\cdots,n$ 的 n 个人按顺时针方向围坐一圈，每人持有一个随机生成的密码 m（为 1~5 的随机整数）。如图 2-70 所示为一个约瑟夫环示例。从指定编号为 1 的人开始，按顺时针方向自 1 开始顺序报数，报到指定数 m 时停止报数，报 m 的人出列，并将他的密码作为新的 m 值，从他在顺时针方向的下一个人开始，重新从 1 报数，以此类推，直至所有的人全部出列为止。图 2-70 中的约瑟夫环出列的顺序为 $(1,1)\rightarrow(2,4)\rightarrow(6,1)\rightarrow(7,5)\rightarrow(12,3)\rightarrow(5,1)\rightarrow(8,5)\rightarrow(4,3)\rightarrow(11,1)\rightarrow(3,4)\rightarrow(10,5)\rightarrow(9,1)$。

图 2-70　约瑟夫环示例

2. 基本要求

(1) 为约瑟夫环中的结点动态生成 1~5 的密码。
(2) 显示约瑟夫环中每个结点出列的顺序。

2.6　项目小结

本章在介绍线性表的基本概念和抽象数据类型的基础上,重点介绍了线性表及其操作在计算机中的表示和实现方法,并在诗词大赛问题中应用了线性表。

(1) 线性关系是数据元素之间最简单的一种关系,线性表就是具有这种简单关系的一种典型的数据结构。线性表通常采用顺序存储和链式存储两种不同的存储结构。用顺序存储的线性表称为顺序表,而用链式存储的线性表称为链表。

(2) 顺序表用一组地址连续的存储单元依次存储线性表的数据元素,具有易用、空间开销小以及可对数据元素进行高效随机存取的优点,但也具有不便于进行插入和删除操作和需预先分配存储空间的缺点。它是静态数据存储方式的理想选择。

(3) 链表分为单链表、双向链表和循环链表。单链表中,每个结点包含结点的信息和链表中下一个结点的地址。单链表只可以按一个方向遍历。将单链表中最后一个结点指回到列表中的第一个结点,可以将单链表变成循环链表。在双向链表中,每个结点需要存储结点的信息、下一个结点的地址、前一个结点的地址。双向链表能够以正向和逆向遍历整个列表。

(4) 链表适用于经常进行插入和删除操作的线性表,同样适用于无法确定长度或长度经常变化的线性表,但也具有不便于按位序号进行存取操作,只能进行顺序存取的缺点,它是动态数据存储方式的理想选择。

(5) 顺序表的整体时间复杂度比单链表要低,当数据元素的类型相对简单,不涉及深拷贝时,数据元素相对稳定,访问操作远多于插入和删除操作时选择顺序表;当数据元素的类型相对复杂,复制操作相对耗时,数据元素不稳定,需要经常插入和删除,访问操作较少时选择单链表。

(6) 本章以诗词大赛问题为主线,分析诗词大赛的主要数据对象为题库信息表,而该表由包含编号、题干、选项和答案 4 个数据项的数据元素组成,数据元素之间为线性关系,对数据对象的操作有添加、删除、查找等操作,先后用顺序表、单链表、双向链、循环链表及 Java 语言中的 ArrayList 类和 LinkedList 类存储了题库信息表,通过对题库信息表的操作实现了诗词大赛模拟过程。

2.7　项目测验

一、选择题

1. 线性表是(　　)。
    A. 一个有限序列,可以为空
    B. 一个有限序列,不能为空
    C. 一个无限序列,可以为空
    D. 一个无序序列,不能为空
2. 用链表表示线性表的优点是(　　)。
    A. 便于随机存取
    B. 花费的存储空间较顺序存储少
    C. 便于插入和删除

D. 数据元素的物理顺序与逻辑顺序相同

3. 对顺序存储的线性表,设其长度为 n,在任何位置上插入或删除操作都是等概率的。插入一个元素时平均要移动表中的(　　)个元素。

  A. $n/2$ B. $(n+1)/2$ C. $(n-1)/2$ D. n

4. 循环链表的主要优点是(　　)。

  A. 不再需要头指针了

  B. 已知某个结点的位置后,能够容易找到它的直接前驱

  C. 在进行插入、删除运算时,能更好地保证链表不断开

  D. 从表中的任意结点出发都能扫描到整个链表

5. 若某线性表中最常用的操作是在最后一个元素之后插入一个元素和删除第一个元素,则采用(　　)存储方式最节省运算时间。

  A. 单链表   B. 仅有头指针的单循环链表

  C. 双链表   D. 仅有尾指针的单循环链表

6. 给定 n 个结点的向量,建立一个有序单链表的时间复杂度是(　　)。

  A. $O(1)$ B. $O(n)$ C. $O(n^2)$ D. $O(n\log_2 n)$

7. 线性表采用链表存储时,其存放各个元素的单元地址是(　　)。

  A. 连续与否均可以   B. 部分地址必须是连续的

  C. 一定是不连续的   D. 必须是连续的

8. 链表不具备的特点是(　　)。

  A. 插入删除不需要移动元素   B. 所需空间与其长度成正比

  C. 不必事先估计存储空间   D. 可随机访问任一结点

9. 设线性表中有 n 个元素,以下操作中哪个在单链表上实现要比在顺序表上实现效率高?(　　)

  A. 交换第 i 个元素和第 $n-i+1$ 个元素的值

  B. 在第 n 个元素的后面插入一个新元素

  C. 顺序输出前 k 个元素

  D. 删除指定位置元素的后一个元素

10. 如果最常用的操作是取第 i 个元素及前驱元素,则采用存储方式最节省时间的是(　　)。

  A. 单链表   B. 循环单链表

  C. 顺序表   D. 双链表

二、判断题

1. 线性表中每个元素都有一个前驱元素和一个后继元素。(　　)
2. 线性表中所有元素的排列顺序必须从小到大或从大到小。(　　)
3. 线性表的插入、删除总是伴随着大量数据的移动。(　　)
4. 线性表中的所有数据元素的数据类型必须相同。(　　)
5. 线性表的顺序存储结构优于链式存储结构。(　　)
6. 在循环单链表中,从表中任一结点出发都可以通过前后移动操作遍历整个循环链表。(　　)

7. 在单链表中,可以从头结点开始查找任何一个结点。(   )

8. 在双向链表中,可以从任一结点开始沿着同一方向查找到任何其他结点。(   )

9. 若某线性表最常用的操作是存取任一指定序号的元素和在最后进行插入和删除运算,则利用顺序表存储最节省时间。(   )

10. 对于顺序存储的长度为 n 的线性表,访问结点和增加结点的时间复杂度分别对应为 $O(1)$ 和 $O(n)$。(   )

第 3 章　用栈实现迷宫探路

3.1　项目概述

栈是计算机术语中比较重要的概念,在计算机中有广泛的运用。程序员无时无刻不在应用栈,函数的调用是间接使用栈的最好例子,可以说栈的一个最重要的应用就是函数的调用。栈典型的应用还有判断平衡符号、实现表达式的求值(中缀表达式转后缀表达式的问题以及后缀表达式求值问题)、在路径探索中实现路径的保存。本章中的迷宫探路问题就是用栈保存搜索的路径的实例。

本章将重点介绍栈的顺序存储结构和链式存储结构,以及栈在不同存储结构中基本操作的实现,并应用本章实现的栈及 Java 中栈的实现类 Stack 类和 LinkedList 类来解决迷宫探路问题。

3.2　项目目标

本章项目学习目标如表 3-1 所示。

表 3-1　项目学习目标

序　号	学 习 目 标	知 识 要 点
1	理解栈的逻辑结构	栈的基本概念、基本操作、抽象数据类型
2	理解栈的顺序与链式存储结构及其算法实现	栈的顺序存储:顺序栈 栈的链式存储:链式栈
3	熟悉 Java 中栈的实现类	栈的顺序存储实现类:Stack＜E＞ 栈的链式存储实现类:LinkedList＜E＞
4	能在实际问题中找出栈并用栈解决实际问题	使用栈解决迷宫探路问题

3.3　项目情境

编程实现迷宫探路

1. 情境描述

迷宫(maze)是一个矩形区域,它有一个入口和一个出口,入口位于迷宫的左上角,出口位于迷宫的右下角,在迷宫的内部包含不能穿越的墙或障碍物,如图 3-1 所示。迷宫探路问

视频讲解

题是寻找一条从入口到出口的路径,该路径是由一组位置构成的,每个位置上都没有障碍,且每个位置(第一个除外)都是前一个位置的东、南、西或北的邻居,如图 3-2 所示。

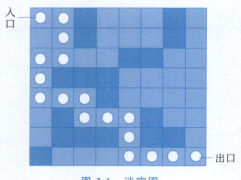

图 3-1　迷宫图　　　　　　　　　图 3-2　迷宫任意位置的 4 种移动方向

迷宫探路的基本思路是从迷宫的入口出发,沿正东方向顺时针对当前位置相邻的东、南、西、北 4 个位置依次进行判断,搜索可通行的位置。如果有,移动到这个新的相邻位置上,如果新位置是迷宫出口,那么已经找到了一条路径,搜索工作结束;否则从这个新位置开始继续搜索通往出口的路径。若当前位置四周均无通路,则将当前位置从路径中删除,顺着当前位置的上一个位置的下一方向继续走,直到到达出口(找到一条通路)或退回到入口(迷宫没有出路)时结束。

2. 基本要求

编写程序搜索迷宫通路,如果找到通路,显示"找到可到达路径",并显示路径的位置信息;如路径没有找到,提示"没有可到达路径"。

3.4　项目实施

3.4.1　分析栈的逻辑结构

视频讲解

【学习目标】

(1) 熟悉栈的逻辑结构。
(2) 熟悉栈的基本操作。
(3) 熟悉栈的抽象数据类型。

【任务描述】

为完成迷宫探路编程任务,首先对问题抽象,建立问题的抽象数据类型。一是确定数据对象的逻辑结构,找出构成数据对象的数据元素之间的关系。二是确定为求解问题需要对数据对象进行的操作或运算。最后将数据的逻辑结构及其在该结构上的运算进行封装得到抽象数据类型。

【任务实施】

步骤一：分析栈的逻辑结构

在迷宫探路问题中有两个数据对象,一个是迷宫,另一个是通路。

迷宫是一个矩形区域,用二维数组 $maze[m][n]$ 表示,$maze[i][j]=0$ 或 1,其中,0 表示不通,1 表示可通。当从某点向下试探时,中间点有 4 个方向(东、南、西、北)可以试探,而 4 个角点有 2 个方向,其他边缘点有 3 个方向。为使问题简单化,用 maze[m+2][n+2] 来表示迷宫,设迷宫的四周的值全部为 0。这样可以使每个点的试探方向全部为 4,不用再判断当前点的试探方向有几个,这与迷宫周围是墙壁这一实际问题一致,如图 3-3 所示。图 3-4 给出了图 3-3 对应的迷宫矩阵。

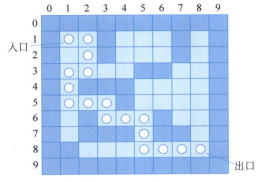

图 3-3 四周为墙壁的迷宫

图 3-4 迷宫的矩阵描述

通路是探路的过程中形成的由若干可通位置组成的路径,该位置用坐标 (x,y,d) 表示,其中,x 表示迷宫矩阵 maze 上的行,y 表示迷宫矩阵 maze 上的列,d 表示前进的方向,东、南、西、北用 0、1、2、3 表示。

迷宫探路是一个动态的过程,在探索的过程中,每个点有 4 个方向去试探。假设从当前位置向前试探的方向为从正东沿顺时针方向进行,当最新位置的四周均无通路时就需要删除最新加入的位置。在图 3-3 中,最初的探索路径为 $(1,1,0) \rightarrow (1,2,1) \rightarrow (2,2,1) \rightarrow (3,2,0) \rightarrow (3,3,0) \rightarrow (3,4,3) \rightarrow (2,4,0) \rightarrow (2,5,0) \rightarrow (2,6,3) \rightarrow (1,6,2) \rightarrow (1,5,2)$,但走到 (1,4) 时,无法再探索下去,就需要探索该路径末端位置的其他方向。如果有一个方向通,修改该位置的方向;如果没有通的方向,就从路径中删除该位置,这样依次删除 (1,5,2)、(1,6,2)、(2,6,3)、(2,5,0)、(2,4,0)、(3,4,3)、(3,3,0),直到 (3,2) 点,才可以找到一个往西通行的点 (3,1),修改 (3,2,0) 为 (3,2,2)。按照这样的思路,找到了一条可通行的路:$(1,1,0) \rightarrow (1,2,1) \rightarrow (2,2,1) \rightarrow (3,2,2) \rightarrow (3,1,1) \rightarrow (4,1,1) \rightarrow (5,1,0) \rightarrow (5,2,0) \rightarrow (5,3,1) \rightarrow (6,3,0) \rightarrow (6,4,0) \rightarrow (6,5,1) \rightarrow (7,5,1) \rightarrow (8,5,0) \rightarrow (8,6,0) \rightarrow (8,7,0) \rightarrow (8,8,-1)$。到达终点时,前进的方向值为 -1。

可以看到,可通的路径中除第一个加入的位置和最后一个加入的位置外,其余位置都只有一个前驱和一个后继,因此该路径是一个线性表,每个位置都是线性表中的一个结点。在没有找到出口前,探索通路末端结点的相邻位置,可通则加入通路变成新的末端结点,若四周均无通路,则删除该结点。因此通路所形成的线性表只在一端进行插入和删除,具有这种特点的线性表称为栈。

1. 栈的定义

栈(stack)是一种特殊的线性表,是一种只允许在表的一端进行插入或删除操作的线性表。表中允许进行插入和删除操作的一端称为栈顶,最下面的那一端称为栈底。栈顶是动态的,它由一个称为栈顶指针的位置指示器指示。当栈中没有数据元素时,称为空栈。栈的插入操作称为进栈或入栈,栈的删除操作称为出栈或退栈。

若给定一个栈 $s=(a_0,a_1,a_2,\cdots,a_{n-1})$,如图3-5所示。在图中,$a_0$ 为栈底元素,a_{n-1} 为栈顶元素,元素 a_i 位于元素 a_{i-1} 之上。栈中元素按 $a_0,a_1,a_2,\cdots,a_{n-1}$ 的次序进栈,如果从这个栈中取出所有的元素,则出栈次序为 $a_{n-1},a_{n-2},\cdots,a_0$。

例如,一个数列(23,45,3,7,3,945),先对其进行入栈操作,则入栈顺序为(23,45,3,7,3,945);再对其进行出栈操作,则出栈顺序为(945,3,7,3,45,23)。入栈出栈就像只有一个口的长筒,先把数据一个个放入筒内,而拿出的时候只有先拿走上边的,才能拿走下边的。

2. 栈的特征

栈的主要特点是"后进先出",即后进栈的元素先处理。因此栈又称为后进先出(Last In First Out,LIFO)表。

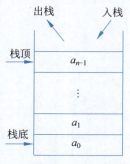

图 3-5　栈结构示意图

在图3-5中,栈中元素按 $a_0,a_1,a_2,\cdots,a_{n-1}$ 的次序进栈,而出栈次序为 $a_{n-1},a_{n-2},\cdots,a_0$。平常生活中洗碗也是一个"后进先出"的栈的例子,可以把洗净的一摞碗看作一个栈。在通常情况下,最先洗净的碗总是放在最底下,后洗净的碗总是摞在最顶上。在使用时,却是从顶上拿取,也就是说,后洗的先取用(后摞上的先取用)。如果把洗净的碗"摞上"称为进栈,把"取碗"称为出栈,那么上例的特点是后进栈的先出栈。然而,摞起来的碗实际上是一个线性表,只不过"进栈"和"出栈",或者说,元素的插入和删除是在线性表的一端进行而已。

步骤二:分析栈的基本运算

迷宫探路问题中的若干可通位置形成的通路构成了栈,对栈的运算主要有以下几种。

(1) 初始化栈:也就是产生一个新的空栈。

(2) 入栈:在栈顶添加一个数据元素。入栈示意图如图3-6所示。

图 3-6　入栈示意图

(3) 出栈:删除栈顶数据元素。出栈示意图如图3-7所示。

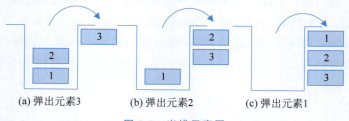

图 3-7　出栈示意图

(4) 读栈顶元素:获取栈中当前栈顶的数据元素,栈中数据元素不变。

(5) 求栈长度:获取栈中的数据元素个数。

（6）判断栈空：判断栈中是否有数据元素。

步骤三：定义栈的抽象数据类型

根据对栈的逻辑结构及基本运算的认识，得到栈的抽象数据类型。

ADT 栈(stack)

数据对象：

$$D=\{a_i\,|\,0\leqslant i\leqslant n-1,n\geqslant 0,a_i\ 为\ E\ 类型\}$$

数据关系：

$$R=\{<a_i,a_{i+1}>|\,a_i,a_{i+1}\in D,i=0,\cdots,n-2\}$$

数据运算：

将对栈的基本操作定义在接口 IStack 中，当存储结构确定后通过实现接口来实现这些基本操作，来确保算法定义和实现的分离。

```
public interface IStack<E> {
    void init();              //创建一个空的栈
    E push(E a);              //入栈
    E pop();                  //出栈
    E peek();                 //取栈顶元素
    int size();               //返回栈中元素的个数
    boolean empty();          //判断栈是否为空
}
```

除初始化栈运算在实现栈的类的构造函数中实现外，栈的其他运算定义在接口 IStack 中，当存储结构确定后通过实现接口来完成这些基本运算的具体实现，确保运算的定义和实现的分离。

> **小贴示**
>
> 栈是计算机术语中比较重要的概念，在计算机中有广泛的运用。程序员无时无刻不在应用栈，函数的调用、浏览器的"前进"和"后退"、表达式的求值都是栈的重要应用。
>
> 本项目中，用栈保存迷宫路径搜索过程中产生的路径，迷宫探路告诉我们前进的路有多条，一条不通时，不要气馁，暂且后退继续尝试下一条，只要坚持，一定会找到成功的通路。

【任务评价】

请按表 3-2 查看是否掌握了本任务所学的内容。

表 3-2 "分析栈的逻辑结构"完成情况评价表

序　号	鉴定评分点	分　值	评　分
1	能理解栈的定义和特点	25	
2	能理解栈的基本操作	25	
3	能理解栈的抽象数据类型	25	
4	能从迷宫探路问题中识别出栈	25	

3.4.2 用顺序栈实现迷宫探路

【学习目标】

（1）掌握栈的顺序存储结构。

(2) 掌握顺序栈的实现方法。
(3) 能用顺序栈实现迷宫探路。

【任务描述】

在 3.1 节的任务中,已分析出迷宫探路问题中通路的逻辑结构为栈,并定义了栈的抽象数据类型。接下来考虑将逻辑结构为栈的通路存储到计算机中去,进行存储结构的设计。存储结构有顺序存储结构和链式存储结构两种,本任务将栈的逻辑结构映射成顺序存储结构,并基于顺序存储结构实现栈的基本运算,最后,将实现的顺序栈应用在迷宫探路问题中,编写程序实现迷宫探路。

【任务实施】

步骤一:将栈的逻辑结构映射成顺序存储结构

1. 顺序栈的定义及存储结构

用一片连续的存储空间来存储栈中的数据元素,这样的栈称为顺序栈(sequence stack)。

类似于顺序表,用一维数组来存放顺序栈中的数据元素。栈顶指示器 top 用来指示数组下标,top 随着插入和删除而变化,当栈为空时,top=-1。顺序栈的栈顶指示器 top 与栈中数据元素的关系如图 3-8 所示。

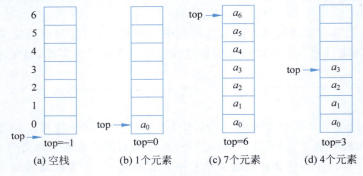

图 3-8 栈的动态示意图

当有数据元素入栈时,栈顶指示器 top 加 1;当有数据元素出栈时,栈顶指示器 top 减 1;当栈为空时,栈顶指示器 top 为-1。栈中元素的个数可由 top+1 求得。

2. 基于顺序存储结构创建顺序栈类

(1) 创建一个顺序栈类 SeqStack<E>,该类实现接口 IStack<E>,接口中定义的基本运算的算法实现在步骤二完成。

(2) 定义三个类变量 data、maxsize、top。其中,data 为一维数组,用来存储栈中的数据元素,元素类型为泛型,以实现不同数据类型的顺序栈间代码的重用。因为用数组存储顺序栈,需预先为顺序栈分配最大存储空间,maxsize 为表示顺序栈的最大容量。由于栈顶元素经常变动,设置一个变量 top 表示栈顶,top 的范围是 0~maxsize-1,如果顺序栈为空,top=-1。

```
public class SeqStack<E> implements IStack<E> {
    private E[] data;                    //数组用于存储顺序栈中的数据元素
    private int maxsize;                 //顺序栈的最大容量
```

```
    private int top;                    //顺序栈的栈顶指示器
//初始化栈
    ...
//IStack 接口中定义的运算方法
}
```

步骤二：完成顺序栈的基本运算

1. 初始化顺序栈

初始化顺序栈就是创建一个空栈，即调用 SeqStack<E>的构造函数，申请顺序存储空间，具体执行下面的步骤。

（1）初始化 maxsize 为实际值。

（2）为数组申请可以存储 maxsize 个数据元素的存储空间，数据元素的类型由实际应用而定。

（3）初始化 top 的值为－1。

```
//初始化栈
public SeqStack(Class<E> type, int size) {
    data = (E[]) Array.newInstance(type, size);
    maxsize = size;
    top = -1;
}
```

2. 求栈的长度 size()

因栈顶指示器的值为栈中最后一个元素的下标，而下标是从 0 开始的，因此求栈长度可用 top+1 计算得出。

```
//求栈的长度
public int size() {
    return top + 1;
}
```

此算法的时间复杂度为 $O(1)$。

3. 判断顺序栈是否为空 empty()

当栈顶指示器 top 的值为－1 时，顺序栈为空。

```
//判断栈是否为空
public boolean empty() {
    return top == -1;
}
```

此算法的时间复杂度为 $O(1)$。

4. 判断顺序栈是否为满 isFull()

maxsize 表示顺序栈的最大长度容量，top 的值为顺序栈顶的下标，当 top 的值为 maxsize－1 时，顺序栈中元素个数为 maxsize，达到了最大容量。

```
//判断栈是否为满
public boolean isFull() {
    return top == maxsize - 1;
}
```

此算法的时间复杂度为 $O(1)$。

5. 入栈操作 push(E a)

假设顺序栈顶端元素的索引保存在变量 top 中,栈中已有 top+1($0 \leqslant$(top+1)$\leqslant$ maxsize-1)个数据元素,push 操作是将一个给定的数据元素保存在栈的最顶端,如图 3-9 所示为元素 a 即将入栈,需要执行以下步骤。

(1) 判断栈是否是满的,如果是,返回 false;否则执行下面的步骤。
(2) 设置 top 的值为 top+1,top 指向要入栈元素的位置,如图 3-10 所示。
(3) 设置 top 所指向的位置的值为入栈元素的值,如图 3-11 所示。

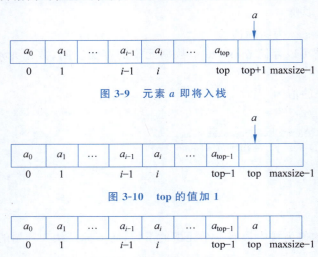

图 3-9　元素 a 即将入栈

图 3-10　top 的值加 1

图 3-11　设置下标为 top 的数组元素的值为 a

```
//入栈操作
public E push(E a) {
    if (isFull())
        return null;
    data[++top] = a;
    return a;
}
```

此算法的时间复杂度为 $O(1)$。

6. 出栈操作 pop()

出栈操作是从栈的顶部取出数据,在图 3-12 中,取出 a_{top} 元素,并从栈中删除该元素,执行以下的步骤。

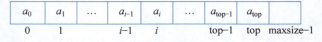

图 3-12　拟取出栈的顶部元素 a_{top}

(1) 检查栈中是否含有元素,如果无,返回 null;否则执行下面的步骤。
(2) 获取栈顶指针 top 指向的元素。
(3) 将栈顶指针 top 的值减 1,如图 3-13 所示,无法再通过栈顶指针访问出栈的元素。

图 3-13　将栈顶指针 top 的值减 1

```
//出栈操作
    public E pop() {
        E a = null;
        if (!empty()) {
            a = data[top--];
        }
        return a;
    }
```

此算法的时间复杂度为 $O(1)$。

7. 取栈顶元素 peek()

取栈顶元素操作与出栈操作相似,只是取栈顶元素操作不改变原有栈,不删除取出的元素。

（1）检查栈中是否含有元素,如果无,返回 null；否则执行下面的步骤。

（2）获取栈顶指针 top 指向的元素。

```
//获取栈顶数据元素
    public E peek() {
        E a = null;
        if (!empty()) {
            a = data[top];
        }
        return a;
    }
```

此算法的时间复杂度为 $O(1)$。

步骤三：对顺序栈实现的基本运算算法进行测试

```
public class TestStack {
    public static void main(String[] args) {
        int[] data = {23,45,3,7,6,945};
        IStack< Integer > stack = new SeqStack< Integer >(Integer.class,data.length);
        //入栈操作
        System.out.println(" ******* 入栈操作 ******* ");
        for(int i = 0; i< data.length; i++){
            stack.push(data[i]);
            System.out.println(data[i] + " 入栈");
        }
        int size = stack.size();
        //出栈操作
        System.out.println(" ******* 出栈操作 ******* ");
        for(int i = 0; i< size; i++){
            System.out.println(stack.pop() + " 出栈 ");
        }
    }
}
```

步骤四：用顺序栈实现迷宫探路

1. 创建栈中数据元素类 Point

定义一个内部类 Point，用来表示栈中的数据元素位置点，有 x、y、d 三个成员变量，依次表示该点所在行坐标、列坐标及前进的方向。

```java
public class Point{
    public int x,y,d;                           //行坐标、列坐标及前进的方向
    public Point(int x ,int y,int d){
        this.x = x;
        this.y = y;
        this.d = d;
    }
}
```

2. 创建迷宫类 Migong

（1）创建一个迷宫类 Migong，定义了四个类变量 maze、row、col、sta。其中，maze 为二维数组，用来存放迷宫；row 表示迷宫矩阵的行数，col 表示迷宫矩阵的列数，sta 为存放路径的栈。

（2）在 Migong 类的构造函数中对类变量进行初始化。根据构造函数传入二维数组，构造行数和列数加 2 的新的迷宫矩阵，并创建可容纳迷宫矩阵中数据元素的栈。

```java
public class Migong {
    int[][] maze;                       //迷宫矩阵
    int row,col;                        //迷宫矩阵的行和列
    IStack< Point > sta;                //存放路径的栈
    public Migong(int[][] map) {
        row = map.length + 2;
        col = map[0].length + 2;
        maze = new int[row][col];
        for (int i = 1; i < row − 1; i++)
            for (int j = 1; j < col − 1; j++)
                maze[i][j] = map[i − 1][j − 1];
        sta = new SeqStack< Point >(Point.class,row * col);
    }
}
```

 知识点回顾

在迷宫探路问题中，使用了二维数组存放迷宫。

1）二维数组的概念

二维数组其实也是个一维数组，只不过该一维数组的每个元素又都是一个一维数组。

2）二维数组的声明和初始化

（1）定义二维数组。

数据类型[ ][ ] 数组名＝new 数据类型[二维数组的长度][一维数组的长度];

例如：int[ ][ ] array＝new int[1][2]; //数组有默认值，int 类型默认值为 0

（2）定义并初始化二维数组。

元素的数据类型[ ][ ] 二维数组名＝new 元素的数据类型[ ][ ]{

　　　　　　{元素1,元素2,元素3,…},
　　　　　　{第二行的值列表},
　　　　　　…
　　　　　　{第n行的值列表}
　　　　};
　　可简化为
　　元素的数据类型[ ][ ] 二维数组的名称＝{
　　　　　　{元素1,元素2,元素3,…},
　　　　　　{第二行的值列表},
　　　　　　…
　　　　　　{第n行的值列表}
　　　　};
　例如：
int[ ][ ] array＝new int[ ][ ]{{1,2,3},{4,5,6},{7,8,9}};
//或者省略 new int[ ][ ]
int[ ][ ] array＝{{1,2,3},{4,5,6},{7,8,9}};
　3) 二维数组的本质
　array 数组有3个数据元素 array[0]、array[1]、array[2],如图3-14(a)所示。而这3个元素又都存着一个一维数组,array[0]存放着地址 0x001,array[1]存放着地址 0x002,array[2]存放着地址 0x003,如图3-14(b)所示。因此 array[0][1]、array[0][2]、array[0][3]就是读取 0x001 地址所在的一组数据的三个元数的值1、2、3。

　二维数组也可以看成一个二维表,行×列组成的二维表,array.length 是二维数组中的主数组的长度,可以表示数组的行数;array[i].length 是其中分数组的长度,即第 i 行的长度,也是第 i 行的列数。

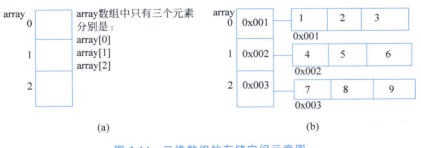

图 3-14　二维数组的存储空间示意图

3. 实现迷宫探路运算

(1) 探索通路:public boolean findPath()。

　在迷宫类 Migong 中,定义 findpath()方法,该方法通过使用栈存储结构及其基本运算探找从迷宫的入口到出口的通路。栈中数据元素用类 Point 表示,该类拥有 x、y、d 三个成员变量,依次表示该点所在行坐标、列坐标及前进的方向。

```java
//探测通路
public boolean findPath() {
    Point point = null;                    //表示正在试探的位置点
    int x, y, d;                           //当前位置的坐标及前进的方向
    int x1 = 0, y1 = 0;                    //下一个位置的坐标
    point = new Point(1, 1, -1);           //入口位置点
    path.push(point);                       //入口位置点入栈
    while (!path.empty()) {
        point = path.pop();
        x = point.x;
        y = point.y;
        d = point.d + 1;                   //当前位置的下一个方向
        //根据当前位置前进的方向计算下一个位置的坐标
        while (d < 4) {
            switch (d) {
            case 0://向东前进
                x1 = x;
                y1 = y + 1;
                break;
            case 1:                        //向南前进
                x1 = x + 1;
                y1 = y;
                break;
            case 2:                        //向西前进
                x1 = x;
                y1 = y - 1;
                break;
            case 3://向北前进
                x1 = x - 1;
                y1 = y;
                break;
            }
            //如果下一个位置是可通的,当前位置入栈
            //探测下一个位置是否是可通的
            if (maze[x1][y1] == 1) {
                point = new Point(x, y, d);
                path.push(point);
                //变换最新可通位置为当前位置
                x = x1;
                y = y1;
                //表示该位置已被访问过
                maze[x][y] = -1;
                //如果该位置是出口,找到通路;否则,将探测方向设置为东
                if (x == row - 2 && y == col - 2) {
                    point = new Point(x, y, -1);
                    path.push(point);
                    return true; /* 迷宫有通路 */
                } else
                    d = 0;
            } else
                d++;
        }
    }
    return false;                          /* 迷宫无通路 */
}
```

（2）获取通路：public IStack<Point> getPath()。

在迷宫类 Migong 中，定义 getPath()方法，用于获取迷宫通路，该方法返回的是栈的类型，如果栈不为空表示有通路，如果为空，表示无通路。

```java
//获取通路
public Point[] getpath() {
    Point[] points = new Point[path.size()];
    for (int i = points.length - 1; i >= 0; i--) {
        points[i] = path.pop();
    }
    return points;
}
```

4. 编写主类测试迷宫

创建一个测试类 TestMigong，对迷宫探路的运算算法进行测试。

```java
public class TestMigong {
    public static void main(String[] args) {
        int[][] map = { { 1, 1, 0, 1, 1, 1, 0, 1 },
                        { 1, 1, 0, 1, 1, 1, 0, 1 },
                        { 1, 1, 1, 1, 0, 0, 1, 1 },
                        { 1, 0, 0, 0, 1, 1, 1, 1 },
                        { 1, 1, 1, 0, 1, 1, 1, 1 },
                        { 1, 0, 1, 1, 0, 1, 1 },
                        { 1, 0, 0, 0, 1, 0, 0, 1 },
                        { 0, 1, 1, 1, 1, 1, 1, 1 } };
        int row = map.length, col = map[0].length;
        System.out.println("迷宫矩阵:");
        for (int i = 0; i < row; i++) {
            for (int j = 0; j < col; j++) {
                System.out.print(map[i][j] + " ");
            }
            System.out.println();
        }
        Migong migong = new Migong(map);
        if (migong.findPath()) {
            Point[] points = migong.getpath();
            System.out.println("可到达路径:");
            for (int i = 0; i < points.length; i++) {
                System.out.print("(" + points[i].x + ","
                                     + points[i].y + ") ");
            }
        }
        else {
            System.out.println("没有可到达路径!");
        }
    }
}
```

【任务评价】

请按表 3-3 查看是否掌握了本任务所学的内容。

表 3-3 "用顺序栈实现迷宫探路"完成情况评价表

序 号	鉴定评分点	分 值	评 分
1	能理解顺序栈的定义和存储特点	20	
2	能够进行顺序栈的算法设计	20	

续表

序　号	鉴定评分点	分　值	评　分
3	能编程实现顺序栈	20	
4	能对顺序栈进行测试	20	
5	能应用顺序栈实现迷宫探路	20	

3.4.3　用链栈实现迷宫探路

【学习目标】

（1）理解栈的链式存储结构。

（2）掌握链栈基本运算的实现方法。

（3）能用链栈实现迷宫探路。

【任务描述】

前面用顺序栈实现了迷宫探路，但在用顺序栈存储通路时，是有容量限制的，最大容量为 maxsize，如果超过了这个容量，新探到的位置就无法加入通路中。为了解决这个问题，可以采用链式存储结构存储迷宫通路。本任务将栈的逻辑结构映射成链式存储结构，基于链式存储结构实现栈的基本运算，并将链栈应用在迷宫探路问题中。

视频讲解

【任务实施】

步骤一：将栈的逻辑结构映射成链式存储结构

1. 理解栈的链式存储结构

用链式存储结构存储的栈称为链栈。使用链栈的优点在于它能够克服用数组实现的顺序栈空间利用率不高的特点，但是需要为每个栈元素分配额外的指针空间用来存放指针域。

链栈通常用单链表来表示，如图 3-15 所示，它的实现是单链表的简化。所以，链栈结点的结构与单链表结点的结构一样，由数据域 data 和引用域 next 两部分组成，如图 3-16 所示。由于链栈的操作只是在一端进行，为了操作方便，把栈顶设在链表的头部，并且不需要头结点。

图 3-15　链栈的结构示意图　　　　图 3-16　链栈的结点结构

2. 基于链式存储结构创建链栈类

（1）创建一个链栈类 LinkStack<E>，该类实现接口 IStack<E>，接口中定义的基本运算的算法实现在步骤二完成。

（2）创建一个内部类 Node，表示链栈的结点类型，包含两个成员变量：data 是结点数据域，类型为泛型；next 是下一个结点的引用域，类型为 Node。

（3）定义一个类变量 top，为栈顶指示器，指向单链表的头结点。

```
public class LinkStack<E> implements IStack<E> {
    private class Node {
        E data;
        Node next;
```

```
        public Node(E data) {
            this.data = data;
        }
    }
    private Node top;  //栈顶指示器
    //初始化链栈
    ...
    //IStack 接口中定义的运算方法
    ...
}
```

步骤二：完成链栈类中栈的基本运算算法

1. 初始化链栈

初始化链栈就是创建一个空栈，即调用 LinkStack＜E＞类的构造函数，初始化类变量设置栈顶指示器 top 为 null。

```
//初始化链栈
public LinkStack() {
    top = null;
}
```

此算法的时间复杂度为 $O(1)$。

2. 求链栈长度：size( )

求链栈长度就是统计栈中数据元素的个数。

```
//求栈的长度
    public int size() {
        int size = 0;
        Node p = top;
        while (p != null) {
            size++;
            p = p.next;
        }
        return size;
    }
```

此算法的时间复杂度为 $O(n)$。

3. 判断为空：empty( )

判断为空是判断栈顶指示器 top 的值是否为 null。

```
//判断链栈是否为空
    public boolean empty() {
        return top == null;
    }
```

此算法的时间复杂度为 $O(1)$。

4. 入栈操作：push(E a)

入栈操作是将一个给定的数据元素保存在栈的最顶端，在链栈中，就是在单链表的起始处插入一个新结点。需要执行以下的步骤。

（1）创建一个新结点，为新结点分配内存和值，如图 3-17 所示。

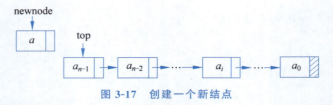

图 3-17　创建一个新结点

（2）如果栈不为空，将新结点的 next 指向栈顶指示器 top 所指向的结点，如图 3-18 所示。

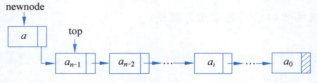

图 3-18　新结点的 next 指向 top 所指向的结点

（3）将栈顶指示器 top 指向新结点，如图 3-19 所示。

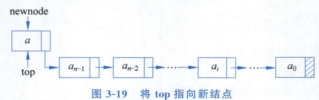

图 3-19　将 top 指向新结点

```java
//入栈操作
public E push(E a) {
    Node newnode = new Node(a);
    if (!empty())
        newnode.next = top;
    top = newnode;
    return a;
}
```

此算法的时间复杂度为 $O(1)$。

5. 出栈操作：pop()

出栈操作是从栈的顶部取出数据，即从链栈的起始处删除一个结点。需要执行以下的步骤。

视频讲解

（1）如果栈不为空，获取栈顶指示器 top 所指向结点的值。

（2）将栈顶指示器 top 指向单链表中下一个结点，如图 3-20 所示。

图 3-20　top 指向下一个结点

（3）返回获取的栈顶结点的值，栈为空时返回 null。

```java
//出栈操作
public E pcp() {
```

```
            E a = null;
            if (!empty())
            {
                a = top.data;
                top = top.next;
            }
            return a;
}
```

此算法的时间复杂度为 $O(1)$。

6. 取栈顶元素：peek()

取栈顶元素操作与出栈操作相似，只是取栈顶元素操作不改变原有栈，不删除取出的元素。

（1）如果栈不为空，获取栈顶指示器 top 所指向结点的值。

（2）返回获取的栈顶结点的值，栈为空时返回 null。

```
//获取栈顶数据元素
    public E peek() {
        E a = null;
        if (!empty())
            {
                a = top.data;
            }
        return a;
    }
```

此算法的时间复杂度为 $O(1)$。

步骤三：对链栈实现的基本运算的算法进行测试

将测试顺序栈中的代码：

IStack < Integer > stack = new
SeqStack < Integer >(Integer.class, data.length);

替换为

IStack < Integer > stack = new LinkStack < Integer >();

即可进行链栈的测试了。

步骤四：用链栈实现迷宫探路

在迷宫类 Migong 中用于存放路径的栈属性 sta 为接口类型 IStack，可用任何实现了 IStack 接口的类实例化，LinkStack 类实现该接口，因此属性 sta 可引用 LinkStack 类的实例对象。下面是迷宫 Migong 类中用顺序栈实现迷宫路径搜索问题的求解时构造函数的代码。

```
public Migong(int[][] map) {
    row = map.length + 2;
    col = map[0].length + 2;
    path = new SeqStack < Point >(Point.class, row * col);
    maze = new int[row][col];
    for (int i = 1; i < row - 1; i++)
        for (int j = 1; j < col - 1; j++)
            maze[i][j] = map[i - 1][j - 1];
}
```

将上面代码中矩形框中的代码换为

path = **new** LinkStack < Point >();

就完成了用链式栈实现迷宫路径搜索问题的求解服务。

【任务评价】

请按表 3-4 查看是否掌握了本任务所学的内容。

表 3-4 "用链栈实现迷宫探路"完成情况评价表

序 号	鉴定评分点	分 值	评 分
1	能理解链栈的定义和存储特点	20	
2	能进行链栈的算法设计	20	
3	能编程实现链栈	20	
4	能对链栈进行测试	20	
5	能够编写程序用链栈实现迷宫探路	20	

3.4.4 用 Java 类库实现迷宫探路

【学习目标】

（1）熟悉 Java 中的 java.util.Stack 类。

（2）熟悉 Java 中的 java.util.LinkedList 类实现栈操作的方法。

【任务描述】

在前面的任务中，先后使用顺序栈、链栈实现了栈的接口 IStack。实际上，Java 类库自身也提供了栈相关的类的 java.util.Stack 和 java.util.LinkedList 类，本任务使用 Java 类库中的 Stack 类和 LinkedList 类实现迷宫探路。

【任务实施】

步骤一：熟悉 Stack 类和 LinkedList 类

在 J2SDK 1.4.2 中，位于 java.util 包中的 Stack 类实现了顺序栈的功能，LinkedList 类提供了在列表开始和结尾添加与删除和显示数据元素的方法，使用这些方法把一个 LinkedList 当作链式栈使用。

1. Stack 类的方法

Stack 是 Vector 的一个子类，它实现标准的后进先出堆栈。Stack 只定义了创建空堆栈的默认构造方法。Stack 类里面主要实现的有以下几个方法。

（1）Object push(Object element)：把元素压入栈。

（2）Object pop()：移除堆栈顶部的对象，并返回该对象。

（3）Object peek()：返回栈顶端的元素，但不从堆栈中移除它。

（4）boolean empty()：判断堆栈是否为空。有时可能会看到使用 isEmpty()判断堆栈是否为空，它与 empty()从结果上来看并无区别，前者继承自 Vector，后者为 Stack 类自己定义的方法。

2. LinkedList 栈操作方法

（1）public E push(E e)：把数据元素压入栈顶部，并返回该数据元素。

（2）public E pop()：移除栈顶部的数据元素，并返回该数据元素。

（3）public E peek()：查看栈顶部的数据元素，但不从栈中移除它。

(4) public int search(Object o)或 int indexOf(Object o)：返回指定数据元素在栈中的位置。

(5) public boolean empty()或 public boolean isEmpty()：测试栈是否为空。

步骤二：使用 Stack 类实现迷宫探路

(1) 在文件的开头导入包。

`import java.util.Stack;`

(2) 修改栈的类型。将 Migong 类中属性 path 声明为 Stack 类型并实例化为 Stack。

(3) 编译运行程序，观察运行结果。

步骤三：使用 LinkedList 类实现迷宫探路

(1) 在文件的开头导入包。

`import java.util.LinkedList;`

(2) 修改栈的类型。将 Migong 类中属性 path 声明为 LinkedList 类型并实例化为 LinkedList 对象。

(3) 编译运行程序，观察运行结果。

【任务评价】

请按表 3-5 查看是否掌握了本任务所学的内容。

表 3-5 "用 Java 类库实现迷宫探路"完成情况评价表

序　号	鉴定评分点	分　值	评　分
1	熟悉 Java 类库中 Stack 类有关栈运算相关方法	20	
2	会使用 Java 类库中 Stack 类表示迷宫路径	20	
3	熟悉 Java 类库中 LinkedList 类有关栈运算相关方法	20	
4	会使用 Java 类库中 Stack 类表示迷宫路径	20	
5	能够用 Stack 类和 LinkedList 类实现迷宫探路	20	

3.5　项目拓展

1. 问题描述

汉诺塔问题来自一个古老的传说：在世界刚被创建时有一座钻石宝塔 A，其上有 64 个金碟，如图 3-21 所示。所有碟子按从大到小的次序从塔底堆放至塔顶。紧挨着这座塔有另外两个钻石宝塔 B 和 C。从世界创始之日起，婆罗门的牧师们就一直在试图把 A 塔上的碟子移动到 B 塔上去，其间借助于 C 塔的帮助。由于碟子非常重，因此，每次只能移动一个碟子。另外，任何时候都不能把一个碟子放在比它小的碟子上面。按照这个传说，当牧师们完成他们的任务之后，世界末日也就到了。

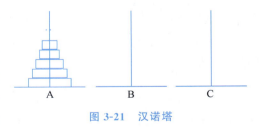

图 3-21　汉诺塔

在汉诺塔问题中，已知 n 个碟子和三座塔。初始时所有的碟子按从大到小次序从 A 塔的底部堆放至顶部，现在需要把碟子都移动到 B 塔，每次移动一个碟子，而且任何时候都不能把大碟子放到小碟子的上面。

2. 基本要求

(1) 编写一算法实现将 A 塔上的碟子移到 B 塔上,大碟在下,小碟在上。

(2) 将移动的过程显示出来。

3.6 项目小结

本章在介绍栈的基本概念和抽象数据类型的基础上,重点介绍了栈及其操作在计算机中的两种表示和实现方法,并用栈解决了迷宫探路问题。

(1) 栈(Stack)是一种特殊的线性表,是一种只允许在表的一端进行插入或删除操作的线性表。允许插入和删除的一端称为栈顶(top),不允许插入和删除的一端称为栈底(bottom)。栈的主要特点是"后进先出"。

(2) 栈上可进行的主要操作有入栈、出栈和读栈顶元素。入栈是在栈顶添加一个数据元素;出栈是删除栈顶数据元素;读栈顶元素是获取栈中当前栈顶的数据元素,栈中数据元素不变。这些操作的时间复杂度都是 $O(1)$。

(3) 栈可以用顺序和链式两种存储方式,为此有顺序栈与链栈之分。其中,顺序栈用数组实现,链栈用单链表实现。

(4) 基于栈的思想还可以设计出其他一些变种的栈。例如,双端栈,是指一个线性表的两端当作栈底,分别进行入栈和出栈操作,主要利用了栈的栈底不变、栈顶变化的特征。

(5) 本项目以迷宫探路问题为主线,分析了迷宫探路问题中数据对象迷宫的通路就是由一系列的坐标点组成,而坐标点的数据关系为线性表;对线性表的插入和删除操作只能在一端进行,因此具有栈的特点;然后先后用顺序栈、链式栈及 Java 语言中的 Stack 类和 LinkedList 类解决了迷宫探路问题。

3.7 项目测验

一、选择题

1. 栈中元素的进出原则是( )。

  A. 先进先出   B. 后进先出   C. 栈空则进   D. 栈满则出

2. 若已知一个栈的入栈序列是 $1,2,3,\cdots,n$,其输出序列为 $p_1,p_2,p_3,\cdots,p_n$,若 $p_1=n$,则 p_i 为( )。

  A. i B. $n-i$ C. $n-i+1$ D. 不确定

3. 若依次输入数据元素序列{a,b,c,d,e,f,g}进栈,出栈操作可以和入栈操作间隔进行,则下列哪个元素序列可以由出栈序列得到?( )

  A. {d,e,c,f,b,g,a}   B. {f,e,g,d,a,c,b}

  C. {e,f,d,g,b,c,a}   D. {c,d,b,e,g,a,f}

4. 一个栈的入栈序列是 1,2,3,4,5,则下列序列中不可能的出栈序列是( )。

  A. 2,3,4,1,5   B. 5,4,1,3,2

  C. 2,3,1,4,5   D. 1,5,4,3,2

5. 栈的插入与删除是在( )进行。

A. 栈顶　　　　　B. 栈底　　　　　C. 任意位置　　　　D. 指定位置

6. 设在栈中,由顶向下已存放元素 c,b,a,在第 4 个元素 d 入栈前,栈中元素可以出栈。d 入栈后,不可能的出栈序列是(　　)。

A. dcba　　　　　B. cbda　　　　　C. cadb　　　　　D. cdba

7. 设栈的容量为 4,现有 ABCDEF 共 6 个元素顺序进栈,下列序列(　　)是不可能的出栈序列。

A. ADECBF　　　B. AFEDCB　　　C. CBEDAF　　　D. CDBFEA

8. 以下哪一个不是栈的基本运算?(　　)

A. 新元素入栈　　　　　　　　B. 删除栈顶元素
C. 判断栈是否为空　　　　　　D. 删除栈底元素

9. 以顺序表作为栈的存储结构,假设顺序表的最大容量为 m 个元素,栈顶指针用栈顶元素所在位置的下标表示,判断栈为满的条件是(　　)。

A. 栈顶指针不等于 0　　　　　B. 栈顶指针等于 0
C. 栈顶指针不等于 m　　　　D. 栈顶指针等于 $m-1$

10. 设链式栈中结点的结构为(data,next),且 top 是指向栈顶的指针。若想摘除链栈的栈顶结点,并将被摘除结点的值保存到 x 中,则应执行的操作是(　　)。

A. x=top.data; top=top.next;
B. top=top.next; x=top.data;
C. x=top; top=top.next;
D. x=top.data;

二、判断题

1. 同一个栈内各元素的类型可以不一致。(　　)
2. 栈是实现过程和函数等子程序所必需的数据结构。(　　)
3. 在执行顺序栈进栈操作时,必须判断栈是否已满。(　　)
4. 在链栈上执行进栈操作时,不需判断栈满。(　　)
5. 当问题具有先进先出特点时,就需要用到栈。(　　)
6. 一个栈的输入序列是 12345,则栈的输出序列不可能为 12345。(　　)
7. 栈和链表是两种不同的数据结构。(　　)
8. 若输入序列为 1,2,3,4,5,6,则通过一个栈可以输出序列 1,5,4,6,2,3。(　　)
9. 即使对不含相同元素的同一输入序列进行两组不同的合法的入栈和出栈组合操作,所得的输出序列也一定相同。(　　)
10. 栈是一种对所有插入、删除操作限于在表的一端进行的线性表,是一种后进先出型结构。(　　)

第 4 章　用队列实现排队叫号

4.1　项目概述

生活中有很多种排队的场景，如中午去食堂打饭，需要排队，排在队头的同学肯定是先去的，所以先打上饭。计算机中也有很多这样的场景，如作业调度系统，如果同时来几个任务需要用到输入输出系统，但是输入输出设备只有一套，谁先用呢？也是谁先来谁用，也需要排队。再如锁机制中，如果出现多线程竞争同一把锁，那么同时只有一个线程获得了锁资源，剩下的线程怎么办呢？如果是公平锁，肯定也是排队，等锁被释放了，那个最先来的线程优先获得锁资源。

本章将重点介绍队列的顺序存储结构和链式存储结构，以及队列在不同存储结构中基本操作的实现，并应用本章实现的队列及 Java 中队列的实现类 SLinkedList 类来解决排队叫号问题。

4.2　项目目标

本章项目学习目标如表 4-1 所示。

表 4-1　项目学习目标

序　号	学习目标	知识要点
1	理解队列的逻辑结构	队列的基本概念、基本操作、抽象数据类型
2	理解队列的顺序与链式存储结构及其算法实现	队列的顺序存储：顺序队列、顺序循环队列 队列的链式存储：链式队列
3	熟悉 Java 中队列的实现类	队列的链式存储实现类：LinkedList＜E＞
4	能在实际问题中找出队列并用队列解决实际问题	使用队列解决排队叫号问题

4.3　项目情境

视频讲解

编程实现银行排队叫号服务

1. 情境描述

目前，在以银行营业大厅为代表的窗口行业，大量客户的拥挤排队已经成为这些企事业单位改善服务品质、提升营业形象的主要障碍。排队叫号系统的使用已成为改变这种状况的有力手段。排队系统完全模拟了人群排队全过程，通过取票进队、排队等待、叫号服务等功能，代替了站队的辛苦，把排队等待的烦恼变成一段难得的休闲时光，使顾客拥有了一个自由的空间和一份美好的心情。

排队叫号软件的具体操作流程如下。

（1）顾客取服务序号：当顾客抵达服务大厅时，前往放置在入口处的取号机，并按其上相应的服务按钮，取号机会自动打印出一张服务单，单上显示服务号及该服务号前面正在等待服务的人数。

（2）服务员工呼叫顾客：服务人员只需按下其柜台上呼叫器的相应按钮，顾客的服务号就会按顺序显示在屏幕上，并发出相关语音信息，提示该顾客前往该窗口办事，当一位顾客办事完毕后，服务人员呼叫下一位顾客。

2. 基本要求

编写程序模拟排队叫号过程，要求如下。

（1）程序运行后，看到"按 Enter 键取号码："的提示，按 Enter 键，即可显示"您的号码是：XXX，你前面有 YYY 位"的提示，其中，XXX 是所获得的服务号码，YYY 是在 XXX 之前来到的正在等待服务的人数。

（2）模拟多个服务窗口，假设每个窗口为每位顾客服务的时间是 10s，时间到后，显示"请 XXX 到 YYY 号窗口"的提示，叫号显示屏效果如图 4-1 所示。

图 4-1　银行排队叫号软件叫号显示屏

4.4　项目实施

4.4.1　分析排队的逻辑结构

【学习目标】

（1）熟悉队列的逻辑结构。

（2）熟悉队列的基本操作。

（3）熟悉队列的抽象数据类型。

【任务描述】

为完成银行排队叫号服务的开发任务，首先对问题抽象，进行逻辑建模。一是确定数据对象的逻辑结构，找出构成数据对象的数据元素之间的关系。二是确定为求解问题需要对数据对象进行的操作或运算。最后将数据的逻辑结构及数据在该结构上的运算进行封装到抽象数据类型。

【任务实施】

步骤一：分析队列的逻辑结构

在排队叫号问题中，顾客抵达服务大厅后会获取一个服务号，一系列的服务号构成了排队叫号服务的数据对象。服务号表示顾客请求服务的先后顺序，也表示顾客被服务的先后顺序，先来的顾客先被服务，具有先来先服务的特性，可以用队列表示服务号先来先服务的数据关系。

1. 队列的定义

队列(queue)是一种特殊的线性表,是一种只允许在表的一端进行插入操作而在另一端进行删除操作的线性表。进行插入操作的端称为队尾(rear),进行删除操作的端称为队头(front)。队列中没有数据元素时称为空队列。

队列通常记为 $Q=(a_0,a_1,\cdots,a_{n-1})$,$Q$ 是英文单词 queue 的第一个字母。a_0 为队头元素,a_{n-1} 为队尾元素。这 n 个元素是按照 $a_0,a_1,\cdots,a_{n-1}$ 的次序依次入队的,出队的次序与入队相同,a_0 第一个出队,a_{n-1} 最后一个出队。队列的结构示意图如图 4-2 所示。

图 4-2　队列结构示意图

例如,一个数列(23,45,3,7,6,945),先对其进行入队操作,则入队顺序为(23,45,3,7,6,945),再对其进行出队操作,则出队顺序也为(23,45,3,7,6,945)。

2. 队列的特征

队列的操作是按照先进先出(First In First Out,FIFO)或后进后出(Last In Last Out,LILO)的原则进行的,因此,队列又称为 FIFO 表或 LILO 表。

图 4-2 中,队列中元素按 $a_0,a_1,a_2,\cdots,a_{n-1}$ 的次序入队,而出队次序也是 $a_0,a_1,a_2,\cdots,a_{n-1}$。

步骤二:分析队列的基本运算

排队叫号问题中的顾客服务号构成了队列,初始化队列后,对队列的操作主要有以下几种。

(1) 入队:在队尾添加一个新的数据元素。

(2) 出队:删除队头的数据元素。

(3) 取队头元素:获取队头的数据元素。

(4) 求队列长度:获取队列中数据元素的个数。

(5) 判断队列是否为空:判断队列中是否有数据元素。

(6) 判断队列是否为满:判断队列中数据元素是否超过了队列可容纳的最大的数据元素个数。

步骤三:定义队列的抽象数据类型

根据对队列的逻辑结构及基本操作的认识,得到队列的抽象数据类型。

ADT 队列(queue)

　　数据对象:

　　$D=\{a_i|0\leqslant i\leqslant n-1,n\geqslant 0,a_i$ 为 E 类型$\}$

　　数据关系:

　　$R=\{<a_i,a_{i+1}>|a_i,a_{i+1}\in D,i=0,\cdots,n-2\}$

　　基本运算:

　　初始化队列在队列实现类的构造函数中实现,队列的其他操作定义在接口 IQueue

中,当存储结构确定后通过实现接口来完成这些基本操作的具体实现,确保算法定义和实现的分离。

```
public interface IQueue<E> {
    boolean offer(E a);        //入队列操作
    E poll();                  //出队列操作
    E peek();                  //取队头元素
    int size();                //求队列的长度
    boolean isEmpty();         //判断队列是否为空
    boolean isFull();          //判断队列是否为满
}
```

 小贴示

在过去的一个世纪中,已经证明在各种各样的广泛的应用中,FIFO 是准确并有用的模型,应用的范围从制造业程序到电话网络,到交易模拟。称为排队论的数学领域已经成功地帮助理解和控制所有这类复杂的系统。FIFO 在计算中机也扮演这样一个重要的角色。当使用计算机时,经常会遇到队列,队列可能是播放列表上的歌曲、正在等待打印的文档甚至是游戏机中的事件。排号机应用排队论广泛用于各个服务行业办事单位工作流程设计。

本项目中,实现银行排队叫号服务问题就是排号机的一个典型应用,强调遵守秩序,促进有序、高效。在我们的学习、生活、工作中,遵守秩序非常重要,在学校里要遵守学校的规章制度,保证教学的有序进行;在工作岗位上要遵守单位的规章制度,保障企业的良好运转,在社会上遵守社会秩序,才会让我们的社会生活变得有序、和谐。

【任务评价】

请按表 4-2 查看是否掌握了本任务所学的内容。

表 4-2 "分析排队的逻辑结构"完成情况评价表

序 号	鉴定评分点	分 值	评 分
1	能理解队列的定义和特点	25	
2	能理解队列的基本操作	25	
3	能理解队列的抽象数据类型	25	
4	能从实际问题中识别出队列	25	

4.4.2 用顺序队列实现排队叫号

【学习目标】

(1) 理解队列的顺序存储结构。
(2) 理解顺序队列的实现方法。
(3) 能用顺序队列实现排队叫号。

【任务描述】

在 4.4.1 节的任务中,已分析出排队叫号问题的顾客服务号的逻辑结构为队列,并定义了队列的抽象数据类型。接下来考虑将逻辑结构为队列的服务号存储到计算机中去,进行存储结构的设计。存储结构有顺序存储结构和链式存储结构两种,本任务将队列的逻辑结构映射成顺序存储结构,并基于顺序存储结构实现队列的基本运算,最后,将已实现的顺序队列应用到排队叫号问题中,编写程序实现排队叫号。

【任务实施】
步骤一:将队列的逻辑结构映射成顺序存储结构

1. 顺序队列的定义及存储结构

用一片连续的存储空间来存储队列中的数据元素,采用顺序存储的方式存储的队列称为顺序队列。

类似于顺序栈,用一维数组来存放顺序队列中的数据元素。队头设置在最近一个已经离开队列的元素所占的位置,用 front 表示;队尾设置在最近一个进入队列的元素位置,用 rear 表示。front 和 rear 随着插入和删除而变化。当队列为空时,front=rear=-1。图 4-3 显示了顺序队列的两个指示器与队列中数据元素的关系。

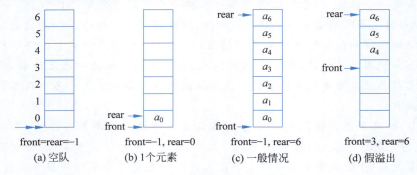

图 4-3 顺序队列动态示意图

当有数据元素入队时,队尾指示器 rear 加 1,当有数据元素出队时,队头指示器 front 加 1。当 front=rear 时,表示队列为空,队尾指示器 rear 到达数组的上限处而 front 为-1 时,队列为满,如图 4-3(c)所示。队尾指示器 rear 的值大于队头指示器 front 的值,队列中元素的个数可以由 rear-front 求得。

2. 循环顺序队列的定义及存储结构

由图 4-3(d)可知,如果再有一个数据元素入队就会出现溢出。但事实上队列中并未满,还有空闲空间,把这种现象称为"假溢出"。这是由于队列"队尾入队队头出队"的操作原则造成的。解决假溢出的方法是将顺序队列看成是首尾相接的循环结构,头尾指示器的关系不变,这种队列叫作循环顺序队列。循环顺序队列示意图如图 4-4 所示。

当队尾指示器 rear 到达数组的上限时,如果还有数据元素入队并且数组的下标为 0 的空间空闲时,队尾指示器 rear 指向数组的下标为 0 的位置。所以,队尾指示器的加 1 操作修改为

$$rear = (rear + 1) \% maxsize$$

队头指示器的操作也是如此。当队头指示器 front 到达数组的上限时,如果还有数据元素出队,队头指示器 front 指向数组的下标为 0 的位置。所以,队头指示器的加 1 操作修改为

$$front = (front + 1) \% maxsize$$

图 4-4 循环顺序队列示意图

循环顺序队列动态示意图如图 4-5 所示。由图 4-5(b)和图 4-5(c)可知,队满和队空时都有 rear=front。也就是说,队满和队空的条件都是相同的。解决这个问题的方法一般是少用一个空间。如图 4-5(d)所示,把这种情况视为队满,可以看到队尾指示器 rear 的值不一定大于队头指示器 front 的值。所以,判断队空的条件是 rear==front,判断队满的条件是(rear+1)%maxsize==front。求循环队列中数据元素的个数可由(rear-front+maxsize)%maxsize 公式求得。

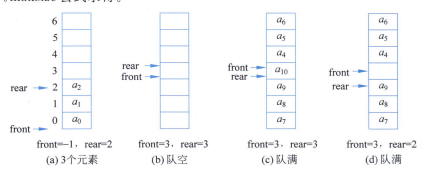

图 4-5　循环顺序队列动态示意图

循环队列的存储结构可以用一维数组来表示。数组的元素类型使用泛型,以实现不同数据类型的顺序队列间代码的重用。因为用数组存储队列,需预先为顺序队列分配最大存储空间,用字段 maxsize 来表示循环队列的最大容量。字段 front 表示队头,front 的范围是 0～maxsize−1。字段 rear 表示队尾,rear 的范围也是 0～maxsize−1。

3. 基于顺序存储结构创建顺序队列类

(1) 创建一个顺序队列类 SeqQueue<E>,该类实现接口 IQueue<E>,接口中定义的基本运算的算法实现在步骤二完成。

(2) 定义 4 个类变量 data、maxsize、front 和 rear,依次表示存储顺序队列中数据元素的数组、顺序队列的最大容量、最近一个已经离开队列的元素所占的位置、最近一个进入队列的元素的位置。

```
public class SeqQueue<E> implements IQueue<E> {
    private int maxsize;              //队列的容量
    private E[] data;                 //存储循环顺序队列中的数据元素
    private int front;                //指示最近一个离开队列的元素的位置
    private int rear;                 //指示最近一个进入队列的元素的位置
    //初始化队列
    ...
    //IQueue 接口中定义的运算方法

}
```

步骤二:基于顺序表存储结构实现队列的基本运算

1. 初始化顺序队列

初始化顺序队列就是创建一个空队列,创建过程如下。

(1) 创建构造函数 SeqQueue(Class<E> type, **int** maxsize)。

(2) 初始化 maxsize 为构造函数中参数的值。

(3) 为数组 data 申请可以存储 maxsize 个数据元素的存储空间,数据元素的类型由实际应用而定。

（4）将队头和队尾指示变量 front 和 rear 都置为 −1。

```java
public SeqQueue(Class<E> type, int maxsize) {
    this.maxsize = maxsize;
    data = (E[]) Array.newInstance(type, maxsize);
    front = rear = -1;
}
```

2. 求队列的长度 size()

循环顺序队列的长度取决于队尾指示器 rear 和队头指示器 front。一般情况下，rear 大于 front，因为入队的元素肯定比出队的元素多。特殊的情况是 rear 到达数组的上限之后又从数组的低端开始，此时，rear 是小于 front 的。所以 rear 的大小要加上 maxsize。循环顺序队列的长度应该是

$$(rear-front+maxsize)\%maxsize$$

```java
//求队列的长度
public int size() {
    return (rear - front + maxsize) % maxsize;
}
```

3. 判断队列是否为空 isEmpty()

当 front＝rear 时，表示队列为空。

```java
//判断队列是否为空
public boolean isEmpty() {
    return front == rear;
}
```

4. 判断队列是否为满 isFull()

循环顺序队列为满的条件是（rear＋1）％ maxsize ＝＝ front，实际上此时队列还有一个空位置，就是 front 所指示的位置。这样队列存储区有效空间比定义的最大空间少一个单元。

```java
//判断循环顺序队列是否为满
public boolean isFull() {
    if ((rear + 1) % maxsize == front)
        return true;
    else
        return false;
}
```

5. 入队操作 offer(E a)

入队操作是将一个给定的元素保存在队列的尾部，如图 4-6 所示。需要执行下面的步骤。

（1）判断队列是否是满的，如果是，返回 false；否则执行下面的步骤。

（2）设置 rear 的值为（rear＋1）％ maxsize，使 rear 指向要插入元素的位置，如图 4-7 所示。

（3）设置数组下标为 rear 位置的值为入队元素的值，如图 4-8 所示。

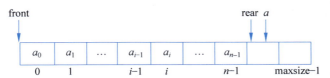

图 4-6　元素 a 拟在索引 size 处入队

图 4-7　设置 rear 的值为（rear＋1）％ maxsize

视频讲解

图 4-8　设置 rear 的索引位置的值为 a

```
//入队列操作
    public boolean offer(E a) {
        if (isFull())
            return false;
        rear = (rear + 1) % maxsize;
        data[rear] = a;
        return true;
}
```

6. 出队操作 poll()

出队操作是指在队列不为空的情况下，删除队列的前端元素 a_0，如图 4-9 所示，需要执行下面的步骤。

图 4-9　拟删除队列中队头元素 a_0

（1）检查队列是否为空，如果为空，返回 null；否则执行下面的步骤。

（2）设置 front 的值为（front＋1）％ maxsize，使 front 指向要删除元素的位置，如图 4-10 所示。

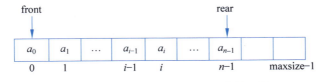

图 4-10　使 front 指向要删除元素的位置

(3) 返回队头指示器 front 所在位置的元素。

```java
//出队列操作
    public E poll() {
        if (isEmpty())
            return null;
        front = (front + 1) % maxsize;
        return data[front];
    }
```

7. 取队头元素：peek()

取队头元素操作与出队操作相似，只是取队头元素操作不改变原有队列，不删除取出的队头元素。要执行取队头操作，需要检查队列是否为空，如果为空，返回 null；否则返回队头指示器 front 所在位置的元素。

```java
//取队头元素
    public E peek() {
        if (isEmpty())
            return null;
        return data[(front + 1) % maxsize];
    }
```

顺序队列实现的算法的时间复杂度都为 $O(1)$。

步骤三：对循环顺序队列实现的基本操作进行测试

创建一个测试类 TestQueue，输入以下测试代码，运行程序，分析运行结果。

```java
    public static void main(String[] args) {
        int[] data = {23,45,3,7,6,945};
        //注意给定的循环队列长度至少要比实际长度大 1
        IQueue< Integer > queue = new SeqQueue< Integer >(Integer.class,data.length + 1);
        //入队操作
        System.out.println(" ******* 入队操作 ******* ");
        for(int i = 0; i < data.length;i++){
            queue.offer(data[i]);
                System.out.println(data[i] + " 入队");
            }
        int size = queue.size();
        //出队操作
        System.out.println(" ******* 出队操作 ******* ");
        for(int i = 0; i < size;i++){
            System.out.println(queue.poll() + " 出队 ");
            }
        }
    }
```

步骤四：用循环顺序队列实现排队叫号

1. 编写排队机类 QueueMachine

在排队机类 QueueMachine 创建子线程，在排队机工作时间内，当顾客按 Enter 键时，该线程为顾客获得一个服务号，并将顾客服务号加入队列中。

```java
import java.util.Date;
import java.text.SimpleDateFormat;
import java.util.Scanner;
```

```java
public class QueueMachine extends Thread {
    private int number;                          //排队机当前最新号码
    private IQueue< Integer > queue;             //排队机维持的队列
    private String starttime;                    //排队机工作开始时间,例如:0800 为早上 8 点
    private String endtime;                      //排队机工作结束时间,例如:1630 为下午 4 点半
    public QueueMachine( String starttime,String endtime){
        queue = new SeqQueue< Integer >(Integer.class,100);
        //queue = new LinkQueue< Integer >();
        this.starttime = starttime;
        this.endtime = endtime;
    }
    //获取服务队列
    public IQueue< Integer > getQueue() {
            return queue;
    }
    //顾客按 Enter 键获取服务号,将服务号入队,打印服务小票
    public void run(){
        Scanner sc = new Scanner(System.in);
        SimpleDateFormat df  =  new SimpleDateFormat("HHmm");        //设置日期格式
        //获取当前系统时间并转换为设置的日期格式
        String time = df.format(new Date());
        while (time.compareTo(starttime)> = 0 && time.compareTo(endtime)< = 0)
            {
            System.out.println("按 Enter 键获取号码:");
            sc.nextLine();
            int callnumber = ++number;
            if (queue.offer(callnumber))
                {
                    System.out.println(String.format("您的号码是:% d,你前面有 % d 位,请等待!", callnumber, queue.size() – 1));
                    time = df.format(< new > Date());
                }
            else{
                    System.out.println("现在业务繁忙,请稍后再试!"); //队列满时出现这种
                    //情况
                    number – – ;
                }
            }
        sc.close();
        System.out.println("已到下班时间,请明天再来");
    }
}
```

知识点回顾

在排队叫号问题中,使用了多线程技术模拟排队机和服务窗口。

1) 多线程的概念

在程序中,多以一个任务完成以后再进行下一个任务的模式进行,这样下一个任务的开始必须等待前一个任务的结果。Java 语言提供了并发机制,允许开发人员在程序中执行多个线程,每个线程完成一个功能,并与其他线程并发执行。这种机制被称为多线程。在程序中至少存在一个主线程,其他子线程都是由主线程开启。

2) 创建多线程的方法

本教程使用继承 Thread 类的方法创建多线程。

(1) 创建一个继承于 Thread 类的子类。

(2) 重写 Thread 类中的 run()方法,在 run()方法中实现线程需要完成的功能。

(3) 创建 Thread 类的子类的对象,并调用这个对象的 start()方法,调用 start()后会自动启动当前线程,并调用当前线程的 run()方法。

(4) 代码示例。

```java
public class MyThread extends Thread {
    @Override
    public void run() {
        System.out.println("继承 Thread 类创建多线程");
    }
    public static void main(String[] args) {
        MyThread myThread = new MyThread();
        myThread.start();
    }
}
```

3) 多线程的生命周期状态

Java 多线程有以下 5 种生命周期状态。

(1) 新建状态(New):当线程对象创建后,即进入了新建状态,如 myThread = new MyThread()。

(2) 就绪状态(Runnable):当调用线程对象的 start()方法,线程即进入就绪状态。处于就绪状态的线程,只是说明此线程已经做好了准备,随时等待 CPU 调度执行,并不是说执行 start(),此线程立即就会执行。

(3) 运行状态(Running):当 CPU 开始调度处于就绪状态的线程时,此时线程才得以真正执行,即进入运行状态。

注:就绪状态是进入运行状态的唯一入口。

(4) 阻塞状态(Blocked):处于运行状态中的线程由于某种原因,暂时放弃对 CPU 的使用权,停止执行,此时进入阻塞状态,直到其进入就绪状态,本项目中将通过调用线程的 sleep()使线程处于阻塞状态。当 sleep()超时,线程重新转入就绪状态。

(5) 死亡状态(Dead):线程执行完或者因异常退出 run()方法,该线程结束生命周期。

2. 编写服务窗口类 ServiceWindow

服务窗口的职能是为排队提供服务,每当服务窗口按照先进先出的原则从队列中选取一个人进行服务时,就有一个顾客出队。使用多线程技术模拟服务窗口,为了确保排队机服务与服务窗口的并行工作,排队机的服务也用多线程技术实现。

```java
public class ServiceWindow extends Thread {
    private Queue<Integer> queue;                    //服务队列
    //在构造函数中指定服务的队列
    public ServiceWindow(Queue<Integer> queue) {
        this.queue = queue;
```

```java
}
//窗口叫号及银行柜台人员工作时间10000ms
public void run() {
    while (true) {
        synchronized (queue) {
            if (queue.size()> 0) {
                System.out.println(String.format("请%d号到%s号窗口!",
                    queue.poll(), Thread.currentThread().getName()));
            }
        }
        try {
            Thread.sleep(10000);
        } catch (InterruptedException e) {
            System.out.println(e.getMessage());
        }
    }
}
```

3. 编写测试主类 TestBankQueue

```java
public class TestBankQueue {
    public static void main(String[] args){
        int windowcount = 3; //设置银行柜台的服务窗口数.先设为1,然后依次增加看效果
        //创建服务窗口数组
        ServiceWindow[] sw = new ServiceWindow[windowcount];
        //创建排队机对象
        QueueMachine qm = new QueueMachine("0800","2330");
        //启动排队机服务
        qm.start();
        for (int i = 0; i < windowcount; i++)
        {
            //初始化服务窗口数组
            sw[i] = new ServiceWindow(qm.getQueue());
            //将名字设置为服务窗口的编号
            sw[i].setName("" + (i + 1));
            //启动窗口服务
            sw[i].start();
        }
    }
}
```

【任务评价】

请按表 4-3 查看是否掌握了本任务所学的内容。

表 4-3 "用顺序队列实现排队叫号"完成情况评价表

序 号	鉴定评分点	分 值	评 分
1	理解顺序队列和循环顺序队列的定义和存储特点	20	
2	能进行循环顺序队列的算法设计	20	
3	能编程实现循环顺序队列	20	
4	能对循环顺序队列进行测试	20	
5	能应用循环顺序队列实现排队叫号	20	

4.4.3 用链队列实现排队叫号

【学习目标】
（1）理解队列的链式存储结构。
（2）掌握链队列基本操作的实现方法。
（3）能用链队列实现排队叫号。

【任务描述】
4.4.2 节任务中用顺序队列实现了排队叫号，但在用顺序队列存储顾客的服务序号时，是有容量限制的，最大容量为 maxsize，如果超过了这个容量，新来的顾客就不能申请到服务序号。有时，一些排队软件不需要这个限制，为了解决这个问题，可以采用链式存储结构存储服务序号队列，本任务将队列的逻辑结构映射成链式存储结构，基于链式存储结构实现队列的基本运算，并将链队列应用在排队叫号问题中。

【任务实施】
步骤一：将队列的逻辑结构映射成链式存储结构

1. 理解队列的链式存储结构

用链式存储结构存储数据元素的队列称为链队列。同链栈一样，链队列通常用单链表来表示，设队头指针为 front，再设一个队尾指针 rear 指向链队列的末尾，如图 4-11 所示。链队列的结点的结构与单链表一样，由数据域 data 和引用域 next 两部分组成，如图 4-12 所示。

图 4-11 链队列的结构示意图

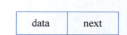

图 4-12 链队列的结点结构

链队列的结点为一个泛型类，类名为 Node＜E＞，包含两个属性 data 和 next，data 存储数据元素，next 存储与其相邻的下一个数据元素的存储地址。

2. 基于链式存储结构创建链队列类

（1）创建一个链队列类 LinkQueue＜E＞，该类实现接口 IQueue＜E＞，接口中定义的基本操作的算法实现在步骤二完成。

（2）创建一个内部类 Node，表示链队列的结点类型，包含两个成员变量：data 是结点数据域，类型为泛型；next 是下一个结点的引用域，类型为 Node。

（3）定义三个类变量 front、rear、maxsize。其中，front 为队头指针，rear 为队尾指针，maxsize 为队列的容量，假如为 0，不限容量。

```
public class LinkQueue＜E＞ implements IQueue＜E＞ {
    private class Node {
        E data;
        Node next;
        public Node(E data) {
            this.data = data;
        }
    }
```

```
    private Node front;                    //队头指针
    private Node rear;                     //队尾指针
    private int maxsize;                   //队列的容量,假如为0,不限容量
    //初始化队列
    ...
    //IQueue 接口中定义的运算方法
    ...
}
```

步骤二：完成链队列类中队列的基本运算算法

1. 初始化链队列

初始化链队列就是创建一个空队列,在 Java 中通过调用类的构造函数进行初始化,将队头指针 front 和队尾指针 rear 设为 null,根据队列是否限容将其设为 0 或指定的容量数值,代码如下。

```
    public LinkQueue() {
        front = rear = null;
        maxsize = 0;
    }
    //初始化限容量的链队列
    public LinkQueue(int maxsize) {
        this.maxsize = maxsize;
    }
```

2. 求队列的长度：size()

求队列长度时,从队列头结点起遍历整个队列,统计元素个数。

```
//求队列的长度
    public int size() {
        int n = 0;
        Node p = front;
        while (p != null) {
            n++;
            p = p.next;
        }
        return n;
    }
```

此算法的时间复杂度为 $O(n)$。

3. 判断链队列是否为空：isEmpty()

队空时,队头指针 front＝null 和队尾指针 rear＝null,只要 front＝null,就可断定队列中没有元素。

```
//判断队列是否为空
    public boolean isEmpty() {
        return front == null;
    }
```

此算法的时间复杂度为 $O(1)$。

4. 队列是否为满：isFull()

从理论上讲,链队列是没有容量限制的,但在实际应用中有时需要对队列的容量进行限

制,这里使用 maxsize 属性,如果该属性为 0,说明没有容量限制。因此判断队列为满的条件是如果 maxsize 不为 0 并且队列的长度等于 maxsize,则返回 true,否则返回 false。

```
//判断队列是否为满
    public boolean isFull() {
        if (maxsize != 0 && size() == maxsize) {
            return true;
        } else {
            return false;
        }
    }
```

此算法的时间复杂度为 $O(1)$。

5. 入队操作:offer(E a)

视频讲解

入队操作是将一个给定的元素保存在队列的尾部,执行下面的步骤。

(1) 创建一个新结点,为新结点分配内存和值,如图 4-13 所示。

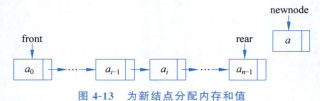

图 4-13 为新结点分配内存和值

(2) 如果队列为空,将 front 和 rear 都指向新结点。
(3) 如果队列不为空,将 rear 的 next 指向新结点,rear 指向新结点,如图 4-14 所示。

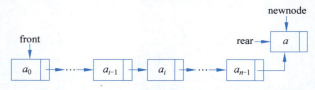

图 4-14 将 rear 的 next 指向新结点,rear 指向新结点

```
//入队列操作
    public boolean offer(E a) {
        if (!isFull())
            return false;
        Node newnode = new Node(a);
        if (isEmpty()) {
            front = newnode;
            rear = newnode;
        } else {
            rear.next = newnode;
            rear = newnode;
        }
        return true;
    }
```

此算法的时间复杂度为 $O(1)$。

6. 出队操作：poll()

出队操作是在链队列不为空的情况下，先取出链队列头结点的值，然后删除该结点，执行下面的步骤。

（1）如果队列为空，返回 null。

（2）将如图 4-15 所示的 front 指向的拟出队结点存放在一个临时变量 node 里。

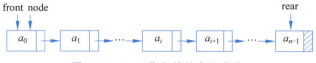

图 4-15　front 指向的结点拟出队

（3）将 front 指向链队列中的下一个结点，使之成为队列头结点，如图 4-16 所示。

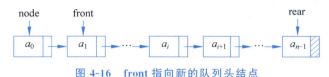

图 4-16　front 指向新的队列头结点

（4）如果 front 为 null，将 rear 也设为 null。

（5）将出队结点的 node 的数据返回给调用者。

```
//出队列操作
public E poll() {
    if (isEmpty())
        return null;
    Node node = front;
    front = front.next;
    if (front == null) {
        rear = null;
    }
    return node.data;
}
```

此算法的时间复杂度为 $O(1)$。

7. 取队头元素：peek()

取队头元素操作与出队操作相似，只是取队头元素操作不改变原有队列，不删除取出的队头元素。要执行取队头操作，需要检查链队列中是否含有元素，如果没有，返回 null；否则返回队头指针 front 所在位置的元素。

```
//取队头元素
public E peek() {
    if (!isEmpty())
        return null;
    else
        return front.data;
}
```

此算法的时间复杂度为 $O(1)$。

步骤三：对链队列实现的基本运算的算法进行测试

将测试顺序队列中的代码：

```
IQueue < Integer > queue = new SeqQueue < Integer >(Integer.class,data.length + 1);
```
替换为
```
IQueue < Integer > queue = new LinkQueue < Integer >();
```
即可进行链队列的测试了。

步骤四：用链队列实现排队叫号

在排队机类 QueueMachine 类中的队列属性 queue 为接口类型 IQueue，可用任何实现了 IQueue 接口的类实例化，LinkQueue 类实现了该接口，因此属性 queue 可引用 LinkQueue 类的实例对象。下面是 QueueMachine 类中用顺序队列实现银行排队叫号服务时构造函数的代码。

```
public QueueMachine( int starttime, int endtime){
    queue = new SeqQueue < Integer >(Integer.class,100);
    this.starttime = starttime;
    this.endtime = endtime;
}
```

将上面代码中有下画线的代码换为

```
queue = new LinkQueue < Integer >();
```

就完成了用链队列实现银行排队叫号服务。也可以在链队列实例化时，给定队列的最大容量，以说明正在排队的顾客数量不能超过给定的值，例如：

```
queue = new LinkQueue < Integer >(100);
```

【任务评价】

请按表 4-4 查看是否掌握了本任务所学的内容。

表 4-4 "用链队列实现排队叫号"完成情况评价表

序 号	鉴定评分点	分 值	评 分
1	理解链队列的定义和存储特点	20	
2	能够进行链队列的算法设计	20	
3	能编程实现链队列	20	
4	对链队列进行测试	20	
5	能应用链队列实现排队叫号	20	

4.4.4 用 Java 类实现排队叫号

【学习目标】

（1）熟悉 Java 中的 java.util.Queue 接口的常用方法。

（2）熟悉 Java 中的 LinkedList < E >类中实现队列操作的方法。

【任务描述】

在前面的任务中，先后使用循环顺序队列、链队列实现了队列的接口 IQueue。实际上，Java 类库自身也提供了队列的 java.util.Queue 接口，类 LinkedList < E >实现了该接口，本任务使用 Java 类库中的 Queue 接口和 LinkedList < E >类实现排队叫号。

【任务实施】

步骤一：熟悉 Queue 接口和 LinkedList 类

1. Queue 接口常用的方法

（1）boolean offer(E e)：向队列末尾追加新元素。

（2）E poll()：获取队头元素，获取后该元素就从队列中删除。当队列中没有了元素，poll()就返回 null。

（3）E peek()：获取队头元素，但不删除队头元素，只是引用了队头元素。

（4）int size()：查看队列中的元素数量。

2. LinkedList 实现队列操作

（1）在尾部添加元素：add()，offer()。但是，add()会在长度不够时抛出异常 IllegalStateException；offer()则不会，只返回 false。

（2）删除头部元素：remove()，poll()。返回头部元素，并且从队列中删除。remove()会在没元素时抛出异常 NoSuchElementException；poll()返回 null。

（3）查看头部元素：element()，peek()。element()会在没元素时抛出异常 NoSuchElementException；peek()返回 null。

步骤二：使用 Queue 接口和 LinkedList 类实现排队叫号

LinkedList 类实现了 Queue 接口，在实际使用中，可创建 LinkedList 类的对象作为队列。用 Queue 接口和 LinkedList 类对用自定义队列类实现银行排队叫号服务的程序进行修改，步骤如下。

（1）在文件的开头导入包。

```
import java.util.Queue;
import java.util.LinkedList;
```

（2）修改队列的实例类型。

将排队机类 QueueMachine 和服务窗口类 ServiceWindow 中的队列属性 queue 声明为 Queue<Integer>类型，并将该属性实例化为 LinkedList 类对象。

（3）编译运行程序，观察运行结果。

【任务评价】

请按表 4-5 查看是否掌握了本任务所学的内容。

表 4-5 "用 Java 类实现排队叫号"完成情况评价表

序　号	鉴定评分点	分　值	评　分
1	理解 Java 的 Queue 接口中方法	20	
2	理解 Java 的 Queue 接口和 LinkedList 类的关系	20	
3	能够在程序中使用 LinkedList 类表示队列结构	30	
4	能够用 Queue 接口和 LinkedList 类实现排队叫号	30	

4.5 项目拓展

一、问题描述

设计一个停车场系统，该系统使用队列数据结构来管理车辆的进出。停车场有多个停车位，每辆进入停车场的车辆都会被分配一个停车位，并在离开时释放该停车位，以便其他车辆使用。

二、基本要求

1. 车辆进入：当有车辆进入停车场时，系统需要检查是否有可用的停车位。如果有，则为其分配一个停车位；如果没有，则车辆需要进行等待序列，直到有可用的停车位。这一检查过程可以通过查询一个维护停车位状态的队列来实现。

2. 车辆离开：当车辆准备离开停车场时，释放其占用的停车位，其他等待的车辆就可以按到来先后顺序进入停车场，提高停车位的利用率。

3. 显示停车状态：系统可以显示当前停车场内停放的车辆数量、剩余停车位数量以及每个停车位的状态（空闲或占用），以便驾驶员在进入停车场前了解当前的停车情况，从而做出更合理的决策。

4.6 项目小结

本章在介绍队列的基本概念和抽象数据类型的基础上，重点介绍了队列及其操作在计算机中的两种表示和实现方法，并用队列解决了排队叫号问题。

（1）队列（queue）是一种特殊的线性表，是一种只允许在表的一端进行插入操作而在另一端进行删除操作的线性结构。

（2）队列上可进行的主要操作有入队、出队和取队头元素操作，入队是在队尾添加一个新的数据元素，出队是删除队头的数据元素，取队头元素是获取队头的数据元素。

（3）队列可以用顺序和链式两种存储方式，有顺序队列与链队列之分。其中，顺序队列用数组实现，链队列用单链表实现。

（4）在顺序存储方式中，要注意队列"假溢出"的处理方法。循环顺序队列是为了避免"假溢出"现象而提出的一种队列。它是一个假想的环，通过模运算来使其首尾相连。特别注意的是，循环顺序队列中的入队和出队操作实现与非循环顺序队列中入队和出队操作实现的不同点在于队首和队尾指针的变化不是简单地加1或减1，而需要加1或减1后再取模运算。

（5）在循环顺序队列中为了区分队列的判空和判满条件，特别提出了少用一个存储单元的解决方法。此外，还可以通过设置一个标志变量或设置一个计数变量解决此问题。

（6）基于队列的思想还可以设计出其他一些变种的队列。例如，双端队列、超队列、优先级队列等。双端队列中指插入和删除操作限制在线性表的两端进行；超队列是一种删除受限的双端队列，删除操作只允许在一端进行，而插入操作可以在两端进行；优先级队列是带有优先级的队列，队列中的每一个数据元素都有一个优先权，优先权可以比较大小，它既可以在数据元素被插入优先级队列时被赋予，也可以是数据元素本身所具有的某一属性。优先级队列是按照数据元素优先级的高低来决定出队的次序。这些变化的队列在某些特定的情况下具有很好的应用价值。

（7）本章以排队叫号问题为主线，分析了一系列的服务号构成了排队叫号问题的数据对象，而服务号之间的数据关系为线性表，对服务号组成的线性表的操作是在两端进行的，前端删除，后端插入，因此具有队列的特点，然后先后用顺序队列、链式队列及 Java 语言中的 LinkedList 类解决了排队叫号问题。

4.7 项目测验

一、选择题

1. 队列中元素的进出原则是(　　)。
   A. 先进先出　　　　B. 后进先出　　　　C. 队空则进　　　　D. 队满则出

2. 判断一个循环队列[m_0 为最大队列长度(以元素为单位),front 和 rear 分别为队列的队头指针和队尾指针]为空队列的条件是(　　)。
   A. front == rear
   B. front != rear
   C. front == (rear+1) % m_0
   D. front != (rear+1) % m_0

3. 判断一个循环队列[m_0 为最大队列长度(以元素为单位),front 和 rear 分别为队列的队头指针和队尾指针]为满队列的条件是(　　)。
   A. front == rear
   B. front != rear
   C. front == (rear+1) % m_0
   D. front != (rear+1) % m_0

4. 在少用一个元素空间的循环队列[m_0 为最大队列长度(以元素为单位),front 和 rear 分别为队列的队头指针和队尾指针]中,当队列非空时,若插入一个新的数据元素,则其队尾指针 rear 的变化是(　　)。
   A. rear == (front+1) % m_0
   B. rear == (rear+1) % m_0
   C. rear == (front+1)
   D. rear == (rear+1)

5. 在少用一个元素空间的循环队列[m_0 为最大队列长度(以元素为单位),front 和 rear 分别为队列的队头指针和队尾指针]中,当队列非满时,若删除一个数据元素,则其队头指针 front 的变化是(　　)。
   A. front == (rear+1) % m_0
   B. front == (front+1)
   C. front == (rear+1)
   D. front == (front+1) % m_0

6. 关于链式队列,描述正确的选项是(　　)。
   A. 链队列中的头节点和尾节点都是固定的,不会随着队列中元素的增删而改变
   B. 在链队列中,入队操作可以在头节点之前进行,而出队操作可以在尾节点之后进行
   C. 链队列中的元素是按照后进先出(LIFO)的原则进行存储和访问的
   D. 链队列在插入和删除元素时,只需要修改相应的指针,而不需要移动其他元素

7. 用单链表表示的链式队列的队头在链表中的位置是(　　)。
   A. 链头　　　　B. 链尾　　　　C. 链中　　　　D. 以上都不是

8. 在 Java 中,使用 LinkedList 实现队列时,以下哪个方法用于在队列尾部添加元素?(　　)
   A. add()　　　　B. addFirst()　　　　C. addLast()　　　　D. offer()

9. 在一个链队列中,假定 front 和 rear 分别为队首和队尾指针,则删除一个结点的操作为(　　)。
   A. front=front.next
   B. rear=rear.next
   C. rear=front.next
   D. front=rear.next

10. 若用一个大小为 6 的数组来实现循环队列,且当前 rear 和 front 的值分别为 0 和 3,当从队列中删除一个元素,再加入两个元素后,rear 和 front 的值分别为多少?( )

    A. 1 和 5   B. 2 和 4   C. 4 和 2   D. 5 和 1

二、判断题

1. 通常使用队列来处理函数的调用。( )

2. 循环队列通常用指针来实现队列的头尾相接。( )

3. 循环队列不存在空间溢出问题。( )

4. 对于链队来说,即使不设置尾指针也能进行入队操作。( )

5. 队列的入队序列为"1,2,3,…,n",出队序列为"$P_1,P_2,P_3,…,P_n$",则 $P_{i+1}>P_i$。( )

6. 循环队列就是采用循环链表作为存储结构的队列。( )

7. 队列逻辑上是一个下端和上端既能增加又能减少的线性表。( )

8. 设有一个顺序循环队列有 M 个存储单元,则该循环队列中最多能存储 $M-1$ 个队列元素。( )

9. 队列是一种插入与删除操作分别在表的两端进行的线性表,是一种后进后出型结构。( )

10. 队列的存储方式既可以是顺序方式,也可以是链接方式。( )

第 5 章　用串实现文本编辑

5.1　项目概述

目前,计算机已被大量用来处理非数值计算问题,串在计算机非数值处理中占据重要的地位,例如,搜索引擎系统、文字编辑系统、智能问答系统等都是以串数据作为处理对象;搜索引擎中的关键字检索、文字编辑中的查找替换、智能问答中知识点匹配等功能处理的对象是字符串;各种管理系统中的数据基本也都是字符串数据,如学生信息管理系统中的姓名、性别、院系,图书管理系统中的书名、作者、简介等。串几乎是所有编程语言中都使用的非常重要和有用的数据类型。在某些语言中,它们可作为基本类型获得,在另一些语言中作为复合类型获得。Java 语言提供了 String 类来创建和操作字符串。

本章将重点介绍串的顺序存储结构和链式存储结构,以及串在不同存储结构中基本操作的实现,并应用本章实现的串及 Java 中串的实现类 String、StringBuilder 和 StringBuffer 来解决文本编辑问题。

5.2　项目目标

本章项目学习目标如表 5-1 所示。

表 5-1　项目学习目标

序　号	学 习 目 标	知 识 要 点
1	理解串的逻辑结构	串的基本概念、基本操作、抽象数据类型
2	理解串的顺序与链式存储结构及其算法实现	串的顺序存储:顺序串 串的链式存储:链式串
3	熟悉 Java 的串实现类	内容不可变字符串:String 内容可变字符串:StringBuilder、StringBuffer
4	能在实际问题中找出串并用串解决实际问题	使用串实现本文编辑

5.3　项目情境

编程实现文本编辑

1. 情境描述

文本编辑软件是日常工作和生活中使用相当频繁的应用软件之一。其主要包括两大

视频讲解

图 5-1 简易文本编辑器功能菜单

类:文本编辑器和文字处理器。文本编辑器常用的有记事本、UltraEdit 等;文字处理器有 Word、WPS 等。某公司拟开发一简易的文本编辑器,对输入的文本进行编辑,功能菜单如图 5-1 所示。

2. 基本要求

(1) 读取文件。

通过文件读取功能,用文本内容建立新的字符串。以 life.txt 文件内容为例:

如果说生命是一座庄严的城堡,如果说生命是一株苍茂的大树,如果说生命是一只飞翔的海鸟。那么,信念就是那穹顶的梁柱,就是那深扎的树根,就是那扇动的翅膀。没有信念,生命的动力便荡然无存;没有信念,生命的美丽便杳然西去。

(2) 统计字数:统计文件中字符的数量。

(3) 显示内容:将文件中的内容显示在屏幕上。

(4) 统计次数:统计文本中"生命"出现的次数。

(5) 连接文本:在文本中追加新的内容"我们要坚定信念,让生命绽放光彩"。

(6) 插入文本:在文本中指定位置插入新的内容,这里在"我们要坚定信念,让生命绽放光彩"前面插入"因此,"。

(7) 替换文本:替换文本中指定的内容。这里将文中"绽放光彩"替换为"充满希望"。

(8) 另存文本:将变换后的文本,即依次执行(5)(6)(7)后形成的新文本内容另存为 file1.txt 文件中。

(9) 退出程序:按 0 键终止程序的运行。

5.4 项目实施

5.4.1 分析串的逻辑结构

【学习目标】

(1) 熟悉串的逻辑结构。

(2) 熟悉串的基本操作。

(3) 熟悉串的抽象数据类型。

【任务描述】

为完成文本编辑器软件的开发任务,首先对问题抽象,进行逻辑建模。一是确定数据对象的逻辑结构,找出构成数据对象的数据元素之间的关系。二是确定为求解问题需要对数据对象进行的操作或运算。最后将数据的逻辑结构及其在该结构上的操作进行封装得到抽象数据类型。

【任务实施】

步骤一:分析串的逻辑结构

在文本编辑问题中,操作的数据对象为文件的内容,而文件的内容是由一系字符组成的字符串,可对字符串进行查找、定位、替换等一系列操作。因此,可以用串表示文本内容,通过对字符串的各种操作完成文本编辑器的功能。

1. 串的定义

串即字符串,是由 0 个或多个字符组成的有限序列,是数据元素为单个字符的特殊线性表。一般记为

$$s = "a_0, a_1, \cdots, a_{n-1}" \quad (n \geqslant 0)$$

其中,s 是串名,双引号作为串的定界符,用双引号引起来的字符序列是串值。a_i($0 \leqslant i \leqslant n-1$)可以是字母、数字或特殊字符,$n$ 为串的长度,当 $n=0$ 时,称为空串。字符串的例子如下。

"David Ruff"
"the quick brown fox jumped over the lazy dog"
"123 - 45 - 6789"
"mmcmillan@pulaskitech.edu"

2. 串的特征

串是一种特殊的线性表,其特殊性在于串中的数据元素是一个个的字符。但是,串的基本运算和线性表的基本运算相比却有很大的不同,线性表上的运算主要是针对线性表中的某个数据元素进行的,而串的运算主要是针对串的整体或串的某一部分子串进行的。

步骤二：分析串的基本操作

下面以字符串 $s=$"ababcabda",$t=$"abd"为例,介绍串的主要操作。

(1) 求串长度：返回串包含的字符的个数。

字符串 s 的长度为 9,字符串 t 的长度为 3。

(2) 串连接：将一个字符串连接到另一个字符串的结尾。

将字符串 t 连接到字符串 s 的结尾,产生字符串"ababcabdaabd",如图 5-2 所示。

(3) 串比较：两个字符串对齐按位比较字符的 Unicode 值,比较的结果为第一个字符串中对应字符的 Unicode 值减去第二个字符串中对应字符的 Unicode 值。如果两个字符串中对应的字符都相等,比较的结果为 0；如果出现不同字符,第一个字符串中的字符位于第二个字符串中字符的前面,比较结果为一个负整数；如果第一个字符串中的字符位于第二个字符串中字符的后面,则比较结果为一个正整数。

图 5-2 将字符串 t 连接到字符串 s 的结尾

字符串 s 与字符串 t 逐字符比较,比到第三个字符时,s 中的字符 a 的 Unicode 编码小于 t 中字符 d 的 Unicode 编码,比较结果为 −3,如图 5-3 所示。

(4) 取子串：从字符串指定的位置起截取指定位置结束的子串,并返回该子串。

从字符串 s 索引位置为 3 起截取到结束索引位置为 7 的子串 bcab,如图 5-4 所示。子串不含索引位置为 7 的字符。

图 5-3 将字符串 s 与字符串 t 进行比较　　图 5-4 截取字符串 s 索引位置为 3~7 的子串

(5) 串定位：串中任意个连续的字符组成的子序列称为该串的子串。包含子串的串相

应地称为主串。串定位就是求子串在主串中第一次出现的第一个字符的位置。子串的定位运算又称为串的模式匹配。

子串 t 在主串 s 中第一次出现的首字符的位置为 5，如图 5-5 所示。

（6）串取值：根据索引位置获取一个指定的字符。

在字符串 s 中，索引为 2 的位置中的字符为 a，如图 5-6 所示。

图 5-5　子串 t 在主串 s 中第一次出现的首字符的位置　　图 5-6　获取字符串 s 中索引位置 2 上的字符 a

（7）串插入：在主串指定的索引位置处插入一个子串。

在字符串 s 中索引为 5 的位置插入子串 t，如图 5-7 所示。

（8）串删除：从主串指定的索引位置起删除指定长度的子串。

在字符串 s 中删除起始索引为 3，终止索引为 5 之前的字符串，如图 5-8 所示。

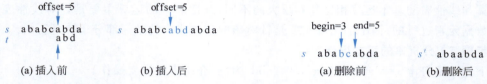

图 5-7　在字符串 s 中索引为 5 的位置插入子串 t　　图 5-8　在字符串 s 中删除索引为 3～5 的字符串

步骤三：定义串的抽象数据类型

根据对串的逻辑结构及基本操作的认识，得到串的抽象数据类型。

ADT 串（string）

数据对象：

$$D = \{a_i \mid 0 \leqslant i \leqslant n-1, n \geqslant 0, a_i \text{ 为 char 类型}\}$$

数据关系：

$$R = \{\langle a_i, a_{i+1}\rangle \mid a_i, a_{i+1} \in D, i = 0, \cdots, n-2\}$$

基本运算：

初始化串在实现串类的构造函数中实现，串的其他操作定义在接口 IString 中，当存储结构确定后通过实现接口来完成本操作的具体实现，确保操作定义和实现的分离。

```
public interface IString {
    int length();                              //求串长度
    IString concat(IString t);                 //串连接
    int compareTo(IString t);                  //串比较
    IString substring(int begin, int end);     //求子串
    int indexOf(IString t, int begin);         //串定位
    char charAt(int index);                    //串取值
    IString insert(IString t, int begin);      //串插入
    IString delete(int start, int end);        //串删除
}
```

【任务评价】

请按表 5-2 查看是否掌握了本任务所学的内容。

表 5-2 "分析串的逻辑结构"完成情况评价表

序 号	鉴定评分点	分 值	评 分
1	能理解串的定义和特点	25	
2	能理解串的基本运算	25	
3	能理解串的抽象数据类型	25	
4	能从实际问题中识别出串数据	25	

5.4.2 用顺序串实现文本编辑

【学习目标】

（1）掌握串的顺序存储结构。

（2）掌握顺序串的实现方法。

（3）能用顺序串实现文本编辑。

【任务描述】

在 5.4.1 节的任务中，已分析出文本编辑问题的文本内容的逻辑结构为串，并定义了串的抽象数据类型。接下来考虑将逻辑结构为串的数据对象存储到计算机中去，进行存储结构的设计。存储结构有顺序存储结构和链式存储结构两种，本任务将串的逻辑结构映射成顺序存储结构，并基于顺序存储结构实现串的基本操作，最后，将已实现的顺序串应用到文本编辑问题中，编写程序实现一个简易的文本编辑器。

【任务实施】

步骤一：将串的逻辑结构映射成顺序存储结构

1. 理解顺序串的定义及存储结构

串的顺序存储结构是用一组地址连续的存储单元存储串的字符序列，这样的串称为顺序串。顺序串可用高级语言的字符数组来实现。不同的语言在用数组存放字符串时，其处理方式可能有所不同。

例如，在 C 语言中，先按预定义的数组大小，为每一个串变量分配一个固定长度的数组，接着在使用定长的字符数组存放串内容外，一般可使用一个不会出现在串中的特殊字符"\0"放在串值的末尾来表示串的结束。所以串空间最大容量为 maxsize 时，最多只能放 maxsize－1 个字符。如图 5-9 所示的是字符串 STUDENT 在 C 语言中的存储结构，程序先预定义了一个可存储 10 个字符的空间，但因为要存储字符串结束符"\0"，所以最多只能存储 9 个字符的字符串。

图 5-9 字符串 STUDENT 在 C 语言中的存储结构

Java 语言中的 String、StringBuilder 和 StringBuffer 都是用来存储和操作字符串的，它们都是采用顺序存储结构，使用字符数组保存字符串。其中，存放 String 字符串的字符数组的长度与字符串中字符的个数相同，如图 5-10 所示的是字符串 STUDENT 在 Java 语言中的存储结构，该字符串在内存中占 7 个字符的空间。而 StringBuilder 和 StringBuffer 预先在内存中申请一块空间，以容纳字符序列，默认初始化容量是 16，如果预留的空间不够用,则进行自动扩容,以容纳更多的字符序列。

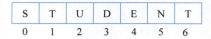

图 5-10　字符串 STUDENT 在 Java 语言中的存储结构

2. 基于顺序存储结构创建顺序串类

(1) 创建一个顺序串类 SeqString,该类实现接口 IString,接口中定义的串基本操作的算法实现在步骤二完成。

(2) 定义类变量 data,变量类型为字符数组,用于存放字符串的字符。

```
public class SeqString implements IString {
    public char[] data;                    //字符数组存放字符串的数据元素
    //初始化顺序串
    ...
    //IString 接口中定义的运算方法
}
```

步骤二:基于顺序存储结构实现串的基本运算

1. 初始化顺序串

初始化顺序串就是调用 SeqString＜E＞中的构造函数,初始化类变量,具体执行下面的步骤。

(1) 方式一:根据给定的参数字符数组,为数组申请可以存放字符串中字符的存储空间,将参数数组中的字符逐个复制到存放字符串的数组中。

(2) 方式二:根据给定的参数 length,预先在内存中申请一块可以存放 length 个字符的连续空间。

```
//用字符数组初始化串
public SeqString(char[] data) {
    this.data = new char[data.length];
    for (int i = 0; i < data.length; ++i) {
        this.data[i] = data[i];
    }
}
//预先在内存中申请一块空间
public SeqString(int length) {
    data = new char[length];
}
```

2. 求串的长度:int length()

在创建了字符数组后,如果还没有初始化值,其默认值是'\u0000',即空字符。因此字符串的实际长度等于字符串中非空字符的数量。算法实现如下。

```
//求串长度
public int length() {
    int len = 0;
    for(int i = 0;i < data.length;i++) {
        if(data[i]!= '\u0000') len++;
    }
    return len;
}
```

此算法的时间复杂度为 $O(n)$。

3. 串连接：IString concat(IString t)

将字符串 t 连接到当前字符串 this 的末尾，如图 5-11 所示。具体执行下面的步骤。

（1）创建一个长度为两个字符串长度之和的新数组 buf。

（2）将当前字符串 this 中的字符序列复制到新数组中。

（3）将参数字符串 t 中的字符序列复制到该字符串的后面。

（4）用新字符数组 buf 创建一个新的字符串。

图 5-11　将字符串 t 连接到当前字符串 this 的末尾

串连接运算的实现算法如下。

```java
//串连接
public IString concat(IString t) {
    //创建一个长度为两个字符串长度之和的新字符数组 buf
    int slen = this.length();
    int tlen = t.length();
    char[] buf = new char[slen + tlen];
    //将当前字符串中的字符序列复制到新数组中
    for (int i = 0; i < slen; ++i) {
        buf[i] = data[i];
    }
    //将参数字符串中的字符序列复制到该字符串的后面
    for (int j = 0; j < t.length(); ++j) {
        buf[slen + j] = ((SeqString) t).data[j];
    }
    //用新字符数组 buf 创建一个新串
    return new SeqString(buf);
}
```

此算法的时间复杂度为 $O(n)$。

4. 串比较：int compareTo(String str)

按字典顺序比较两个字符串。该比较基于字符串中各个字符的 Unicode 值，如图 5-12 所示。具体执行下面的步骤。

（1）算出两个字符串的长度，语句 **int** lim＝Math.min(slen，tlen)计算出较小的长度并将其存在变量 lim 中。

（2）进行循环，循环条件为循环变量小于两个字符串中较小的长度，按字典顺序比较主串的字符序列与参数字符串中的字符序列。如果对应字符的 Unicode 值不等，则返回两者之差。为正数，主串大于参数字符串；为负数，主串小于参数字符串。

（3）如果比较循环是正常退出，表明主串与参数串对应的字符都相等，则返回两个字符串的长度之差。如两个字符串的长度相等，返回 0，说明两个字符串相等；如果该字符串的长度大于参数字符串的长度，返回一个正数，说明主串大于参数串；否则返回一个负数，说明主串小于参数串。

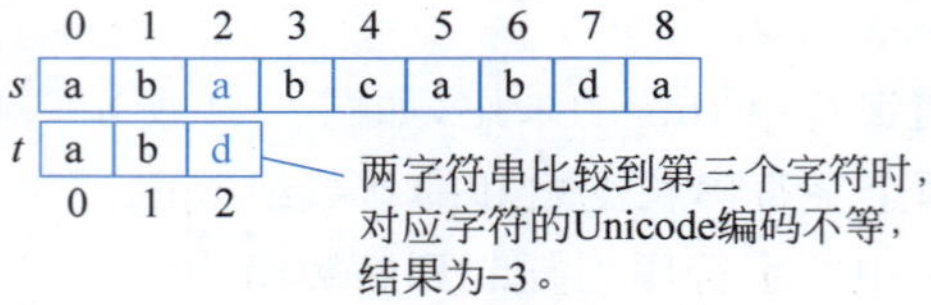

```
            0 1 2 3 4 5 6 7 8
          s a b a b c a b d a
          t a b d      两字符串比较到第三个字符时，
            0 1 2       对应字符的Unicode编码不等，
                        结果为-3。
```

图 5-12　主串 s 与参数串 t 进行比较

串比较操作的实现算法如下。

```java
//串比较
public int compareTo(IString t) {
    char v1[] = data;
    char v2[] = ((SeqString) t).data;
    int slen = v1.length;
    int tlen = v2.length;
    //lim 存放两字符串较小的字符串长度
    int lim = Math.min(slen, slen);
    //比较两字符串对应位置上字符的 Unicode 编码,不等时返回两者之差
    for (int i = 0; i < lim; i++) {
        char c1 = v1[i];
        char c2 = v2[i];
        if (c1 != c2) {
            return c1 - c2;
        }
    }
    return slen - tlen;
}
```

5. 取子串：String substring(int begin，int end)

返回一个新字符串，它是此字符串的一个子字符串。该子字符串从指定的 begin 处开始，直到索引 end-1 处的字符。因此，该子字符串的长度为 end-begin。具体执行下面的步骤。

（1）确定开始索引 begin 和结束索引 end 的合法性。begin 小于 0，end 大于字符串的长度或者 end 小于 begin 都会抛出字符串索引越界异常，即 StringIndexOutOfBoundsException 异常。

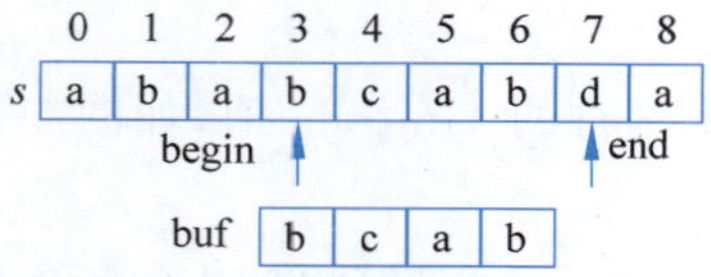

```
    0 1 2 3 4 5 6 7 8
  s a b a b c a b d a
      begin↑     ↑end
  buf b c a b
```

图 5-13　将在主串 s 中的子串
字符复制到 buf 中

（2）进行判断，如果开始索引 begin 为 0 并且结束索引 end 为字符串长度，则返回当前字符串。

（3）否则创建一个长度为 end-begin 的新数组 buf，将当前字符串 s 中索引 begin 开始到索引 end 位置前的字符复制到 buf 中，并用 buf 创建一个新的字符串。示例如图 5-13 所示。

取子串操作的算法实现如下。

```java
//取子串
public IString substring(int begin, int end) {
    //begin、end 不合法,抛出索引越界异常
    if (begin < 0 || end < 0 || end > data.length || end - begin < 0 )
        throw new StringIndexOutOfBoundsException();
```

```
        if(begin == 0 && end == this.length()) return this;
        int subLen = end - begin;
        //创建一个长度为子串长度新字符数组 buf
        char[] buf = new char[subLen];
        //将当前字符串中子串的字符复制到新字符数组 buf 中
        for (int i = 0; i < subLen; i++) {
            buf[i] = data[begin + i];
        }
        //用新字符数组 buf 创建子串
        return new SeqString(buf);
    }
```

6. 串定位：int indexOf(IString t, int begin)

串定位操作(也称为串的模式匹配操作)指的是在当前串(主串)中寻找子串(模式串)的过程。若在主串中找到了一个和模式串相同的子串，则查找成功，返回模式串首字符在主串中的位序号。若在主串中找不到与模式串相同的子串，则查找失败，返回值为－1。模式匹配算法主要有 Brute-Force 算法和 KMP 算法。本书讲解 Brute-Force 算法，假设 begin 的值为 0，其算法思想如图 5-14 所示。具体执行下面的步骤。

(1) 设 i 为主串当前比较字符的下标；j 为模式串当前比较字符的下标。令 i 的初值为 begin，j 的初值为 0。

(2) 从主串的 begin 位置(i＝begin)起和模式串的第一个字符(j＝0)比较，若相等，则继续逐个比较后续字符(i＋＋，j＋＋)；否则从主串的第二个字符起重新和模式串比较(i 返回到原位置加 1，j 返回到 0)，以此类推。

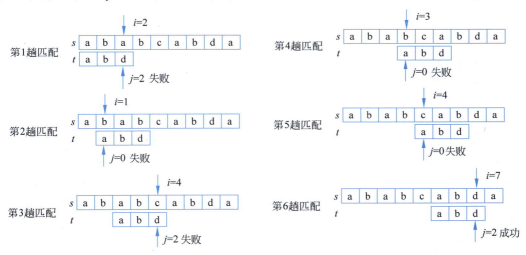

图 5-14　在主串 s 中查找模式串 t

(3) 若存在模式串中的每个字符依次和主串中一个连续的字符序列相等，则匹配成功，返回模式串 t 第一个字符在主串中的位置，否则返回－1。

串定位操作的算法实现如下。

```
//串定位
public int indexOf(IString t, int begin) {
    //当主串比模式串长时进行比较
```

```java
        if (this != null && t != null && t.length() > 0 &&
            this.length() >= t.length()) {
            int len, tlen, i = begin, j = 0;          //i 表示主串中某个字符的索引
            len = this.length();
            tlen = t.length();
            SeqString t1 = (SeqString) t;
            while ((i < len) && (j < tlen)) {
                if (this.data[i] == t1.data[j])       //j 为模式串当前字符的索引
                {
                    i++;
                    j++;
                }
                else {
                    i = i - j + 1;                    //继续比较主串中的下一个子串
                    j = 0;                            //模式串索引退回到 0
                }
            }
            if (j >= t.length())
                return i - tlen;                      //匹配成功,返回子串序号
            else
                return -1;                            //匹配失败,返回 -1
        }
        return -1;
```

7. 串取值：char charAt(int index)

根据索引下标位置获取一个指定的字符。串取值操作的算法实现如下。

```java
//串取值
    public char charAt(int index) {
        return data[index];
    }
```

视频讲解

8. 串插入：IString insert(IString t, int offset)

串插入指在主串的位置 offset 处插入一个串 t。串插入操作示意图如图 5-15 所示。具体执行下面的步骤。

（1）确定 offset 合法性。offset 小于 0 或大于主字符串的长度 length()时会抛出字符串索引越界异常。

（2）创建一个长度为两个字符串长度之和的新数组 buf。

（3）将主串开始字符到第 offset 之间的字符复制到 buf 中,作为 buf 中第 1 部分内容。

（4）将串 t 中的字符复制放到 buf 中第 1 部分内容的后面,作为 buf 中第 2 部分内容。

（5）将主串从 offset 位置字符到串的结束位置处的字符复制到 buf 中第 2 部分的后面,作为 buf 中的第 3 部分内容。

（6）用字符数组 buf 创建一个新的顺序串,即为执行完串插入后的结果。

插入操作示意图如图 5-15 所示。

串插入操作的算法实现如下。

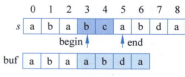

图 5-15　向主串 s 中插入一个串 t

```
//串插入
    public IString insert( IString t, int offset) {
        if ((offset < 0) || (offset > length()))
            throw new StringIndexOutOfBoundsException(offset);
        //求主串的长度与参数串 t 的长度
        int slen = this.length(); //求主串的长度
        int tlen = t.length(); //求参数串的长度
        //创建一个长度为两个字符串长度之和的新数组 buf
        char[] buf = new char[slen + tlen];
        //将主串的开始字符到第 offset 之间的字符复制到 buf 中
        for (int i = 0; i < offset; ++i) {
            buf[i] = this.data[i];
        }
        //将参数串 t 中的字符复制到 buf 中 offset 处开始
        for (int i = offset; i < offset + tlen; ++i) {
            buf[i] = ((SeqString) t).data[i - offset];
        }
        //将主串中从 offset 开始到结束的字符串复制到 buf 中参数串字符的后面
        for (int i = offset + tlen; i < slen + tlen; ++i) {
            buf[i] = this.data[i - tlen];
        }
        //用新字符数组 buf 创建一个新的顺序串
        return new SeqString(buf);
    }
```

9. **串删除**：delete(int begin，int end)

串删除是删除从字符串的 begin 开始到 end−1 结束的对应下标中的字符。串删除操作示意图如图 5-16 所示。具体执行下面的步骤。

图 5-16　删除字符串 s 从 begin 到 end−1 位置的字符

（1）确定 begin 和 end 合法性。begin 小于 0 或 begin>end 时会抛出字符串索引越界异常。如果 end 大于字符串的长度，将 end 设置为字符串的长度。

（2）创建一个长度为删除字符后字符串长度的新数组 buf。

（3）将字符串中下标从 0 到 begin 前的字符复制到 buf 中，作为 buf 中第 1 部分内容。

（4）将字符串中下标从 end 到结束的字符复制到 buf 中字符的后面，作为 buf 中第 2 部分内容。

串删除操作的算法实现如下。

```java
//串删除
public IString delete(int begin, int end) {
    if (begin < 0 || begin > end)
        throw new StringIndexOutOfBoundsException(begin);
    if (end > this.length())
        end = this.length();
    int len = end - begin;
    //创建一个长度为删除字符后字符串长度的新数组 buf
    char[] buf = new char[this.length() - len];
    //将字符串中下标从 0 到 begin 前的字符复制到 buf 中
    for (int i = 0; i < begin; ++i) {
        buf[i] = this.data[i];
    }
    //将字符串中下标从 end 到结束的字符复制到 buf 中字符的后面
    for (int i = end; i < this.length(); ++i) {
        buf[i - len] = this.data[i];
    }
    return new SeqString(buf);
}
```

步骤三：对顺序串实现的基本操作进行测试

创建一个测试类 TestString，输入以下测试代码，运行程序，分析运行结果。

```java
public class TestString {
    public static void main(String[] args) {
        char[] sc = { 'a', 'b', 'a', 'b', 'c', 'a', 'b', 'd', 'a' };
        char[] tc = { 'a', 'b', 'd' };
        IString s = new SeqString(sc);
        IString t = new SeqString(tc);
        System.out.println("s字符串的长度:" + s.length());
        System.out.println("----------- 串连接 ---------------- ");
        IString st1 = s.concat(t);
        System.out.println("s 与 t 连接后的字符串的值为:");
        for (int i = 0; i < st1.length(); i++)
            System.out.print(st1.charAt(i));
        System.out.println("\n----------- 串比较 ---------------- ");
        System.out.println("s 与 t 比较的结果为:" + s.compareTo(t));
        System.out.println("----------- 求子串 ---------------- ");
        IString s1 = s.substring(3, 7);
        System.out.println("在 s 中求子串的结果为:");
        for (int i = 0; i < s1.length(); i++) {
            System.out.print(s1.charAt(i));
        }
        System.out.println("\n----------- 串定位 ---------------- ");
        System.out.println("在 s 中定位模式串 t 的位置为:" + s.indexOf(t, 0));
        System.out.println("----------- 串插入 ---------------- ");
        IString st2 = s.insert(t,5);
        System.out.println("在 s 中插入字符串 t 后的值为:");
        for (int i = 0; i < st2.length(); i++)
            System.out.print(st2.charAt(i));
        System.out.println("\n----------- 串删除 ---------------- ");
        IString s2 = s.delete(3, 5);
        System.out.println("在 s 中删除字符后结果为:");
```

```
            for (int i = 0; i < s2.length(); i++)
                System.out.print(s2.charAt(i));
        }
    }
```

运行程序时,会发现执行插入操作后,程序不能输出插入操作后的结果,原因是顺序串操作中,如果数据发生变化,会产生一个新的字符串,而链式串不会产生新的串,因此不要对一子串连接进行连接操作后又执行插入操作,会产生死循环,请在执行插入操作时,注释掉连接操作,观察运行结果。

步骤四:用顺序串实现文本编辑

创建 TextEditor,使用文件 FileReader、BufferedReader、FileWriter 和 BufferedWrite 实现文件的输入和另存为功能,使用顺序串的操作算法实现统计字数、显示内容、统计次数、连接文本、插入文本、替换文本等功能。参考代码如下。

```java
public class TextEditor1 {
    public static void main(String[] args) throws IOException {
        Scanner sc = new Scanner(System.in);
        System.out.println("---------- 操作选项菜单 ----------");
        System.out.println("**********1.读取文件**********");
        System.out.println("**********2.统计字数**********");
        System.out.println("**********3.显示内容**********");
        System.out.println("**********4.统计次数**********");
        System.out.println("**********5.连接文本**********");
        System.out.println("**********6.插入文本**********");
        System.out.println("**********7.替换文本**********");
        System.out.println("**********8.另存文本**********");
        System.out.println("**********0.退出程序**********");
        System.out.println("--------------------------------");
        char ch;
        char buf[] = new char[150];
        IString s = null, st = null;
        do {
            System.out.print("请输入操作选项:");
            ch = sc.next().charAt(0);
            switch (ch) {
            case '1'://读取文件
                FileReader fr = new FileReader("life.txt");
                BufferedReader br = new BufferedReader(fr);
                br.read(buf);
                s = new SeqString(buf);
                System.out.println("读取文本文件建立新字符串完毕");
                break;
            case '2'://统计字数
                if (s != null)
                    System.out.println("文本中的字符数为:" + s.length());
                break;
            case '3'://显示内容
                if (s == null)
                    break;
                for (int i = 0; i < s.length(); i++) {
                    System.out.print(s.charAt(i));
                    if (i != 0 && i % 80 == 0 || i == s.length() - 1)
```

```java
                    System.out.println();
                }
                break;
            case '4'://统计次数
                if (s == null)
                    break;
                char[] tc1 = { '生', '命' };
                IString t1 = new SeqString(tc1);
                int count = 0;
                int i = 0;
                while (i < s.length()) {
                    int pos = s.indexOf(t1, i);
                    if (pos != -1) {
                        count++;
                        i = pos + tc1.length;
                    } else
                        break;
                }
                System.out.println("生命在文本文件中出现的次数是:" + count);
                break;
            case '5'://连接文本
                if (s == null)
                    break;
                char[] tc2 = { '我', '们', '要', '坚', '定', '信', '念', ',', '让', '生', '命', '绽', '放', '光', '彩', '!' };
                IString t2 = new SeqString(tc2);
                st = s.concat(t2);
                for (int j = 0; j < st.length(); j++) {
                    System.out.print(st.charAt(j));
                    if (j != 0 && j % 80 == 0 || j == st.length() - 1)
                        System.out.println();
                }
                break;
            case '6'://插入文本
                if (st == null)
                    break;
                char[] tc3 = { '我', '们', '要', '坚', '定', '信', '念' };
                IString t3 = new SeqString(tc3);
                int pos1 = st.indexOf(t3, 0);
                char[] tc4 = { '因', '此', ',' };
                IString t4 = new SeqString(tc4);
                st = st.insert(t4, pos1);
                for (int j = 0; j < st.length(); j++) {
                    System.out.print(st.charAt(j));
                    if (j != 0 && j % 80 == 0 || j == st.length() - 1)
                        System.out.println();
                }
                break;
            case '7'://替换文本
                if (st == null)
                    break;
                char[] tc5 = { '绽', '放', '光', '彩' };
                char[] tc6 = { '充', '满', '希', '望' };
                IString t5 = new SeqString(tc5);
                IString t6 = new SeqString(tc6);
                int pos = st.indexOf(t5, 0);
```

```java
                st = st.delete(pos, pos + tc5.length);
                st = st.insert(t6,pos);
                for (int j = 0; j < st.length(); j++) {
                    System.out.print(st.charAt(j));
                    if (j != 0 && j % 80 == 0 || j == st.length() - 1)
                        System.out.println();
                }
                break;
            case '8'://另存文本
                if (st == null)
                    break;
                char[] stc = new char[st.length()];
                for(int j = 0;j < st.length();j++) {
                    stc[j] = st.charAt(j);
                }
                FileWriter fw = new FileWriter("life1.txt");
                BufferedWriter bw = new BufferedWriter(fw);
                bw.write(stc, 0, stc.length);
                bw.close();
                break;
            case '0'://退出程序
                System.exit(1);
        }
    } while (ch != '0');
    sc.close();
    }
}
```

【任务评价】

请按表 5-3 查看是否掌握了本任务所学的内容。

表 5-3 "用顺序串实现本文编辑"完成情况评价表

序号	鉴定评分点	分值	评分
1	理解顺序串的定义和存储特点	20	
2	能进行顺序串的算法设计	20	
3	能编程实现顺序串	20	
4	能对顺序串进行测试	20	
5	能应用顺序串实现文本编辑	20	

5.4.3 用链串实现文本编辑

【学习目标】

（1）掌握串的链式存储结构。

（2）掌握链串的实现方法。

（3）能用链串实现文本编辑。

【任务描述】

在 5.4.2 节的任务中用顺序串实现了文本编辑，顺序串在对文本进行取子串、串插入、串删除操作时，都会创建新的串，用于存放变化后的串数据，非常不方便。为了解决这个问题，可以采用链式存储结构存储文本，本任务将串的逻辑结构映射成链式存储结构，基于链式存储结构实现串的基本运算，并将链串应用在文本编辑问题中。

视频讲解

【任务实施】
步骤一：将串的逻辑结构映射成链式存储结构
1. 链式串的定义及存储结构

串的链式存储结构与线性表是相似的，可以采用单链表来存储串值，串的这种链式存储结构称为链串。在这种存储结构中，存储空间被分成一系列大小相同的结点，每个结点用 data 域存放字符值，用 next 域存放指向下一个结点的指针值。由于串结构的特殊性，采用链表存储串值时，每个结点存放的字符可以是一个字符，也可以是多个字符。若每个结点只存放一个字符，则称这种链表为单字符链表；否则称为块链表。如图 5-17(a) 所示的结点为大小为 1 的单字符链表；图 5-17(b) 所示的是结点大小为 4 的块链表。在块链表中，因为串所占用的结点中的最后一个结点的 data 域不一定全被串值占据，为了处理方便，通常补上空字符 Φ。

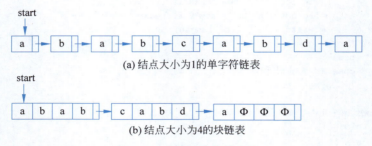

(a) 结点大小为1的单字符链表

(b) 结点大小为4的块链表

图 5-17 串的链式存储结构

在串的链式存储结构中，当每个结点只存储一个字符时，串的插入、删除等操作非常方便，但存储效率不高，因为每存储一个字符，需要搭配一个指向下一个字符的指针，而指针所占空间是比较大的。而当每个结点存储多于一个字符时，虽然提高了存储效率，但插入、删除等操作需要移动字符，且实现不方便，效率较低。另外，当使用链式串存储结构存储串时，若需要访问串中的某个字符，则要从链表的头部开始遍历直到相应位置才可以访问，时间效率也不高。

2. 基于链式存储结构创建链串类

（1）创建一个顺序串类 LinkString，该类实现接口 IString，接口中定义的串基本操作的算法实现在步骤二完成。

（2）创建一个内部类 Node，表示链串的结点类型，包含两个成员变量：data 是结点数据域，类型为字符型；next 是下一个结点的引用域，类型为 Node。

（3）定义一个类变量 start，为链串的头引用，指向单字符链表的头结点。

```java
public class LinkString implements IString {
    private class Node {
        char data;
        Node next;
        public Node(char data, Node next) {
            this.data = data;
            this.next = next;
        }
    }
    private Node start;          //链串的头引用
```

```
    //初始化链串
    …
    //IString 接口中定义的运算方法
    …
}
```

步骤二：基于链式存储结构实现串的基本运算

1. 初始化链串

初始化链串就是调用 LinkString 中的构造函数，初始化类变量，具体执行下面的步骤。

（1）方式一：设置链串的头引用 start＝null，初始化一个空链串。

（2）方式二：用参数字符数组初始化一个链，首先用参数组的第一个元素创建一个链结点，start 指向该结点；然后循环用数组中的字符创建新的结点，并加入链串中。

```java
public LinkString() {
    start = null;
}
public LinkString(char[] data) {
    Node node = new Node(data[0], null);
    start = node;
    Node p = start;
    for (int i = 1; i < data.length && data[i]!= '\u0000'; i++) {
        node = new Node(data[i], null);
        p.next = node;
        p = node;
    }
}
```

2. 求串的长度：int length()

统计链串中结点的数量。算法实现如下。

```java
//求串长度
public int length() {
    int size = 0;
    Node p = start;
    while (p != null) {
        size++;
        p = p.next;
    }
    return size;
}
```

3. 串连接：IString concat(IString t)

将字符串 t 连接到字符串 s 的末尾，具体执行下面的步骤。

（1）用 p 标记串 s 中的第一个结点，如图 5-18 所示。

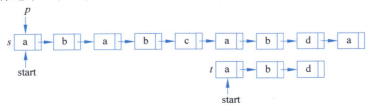

图 5-18　标记字符串 t 和 s 的第一个结点

（2）如果 p 指向的下一个结点不为空，p 指向 p 结点的下一个结点，一直遍历到串 s 的最后一个结点，如图 5-19 所示。

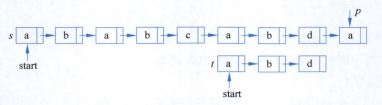

图 5-19　引用 p 指向 s 的最后一个结点

（3）设置 p 的 next 字段值指向 t 的头结点，实现了串 s 与 t 的连接，如图 5-20 所示。

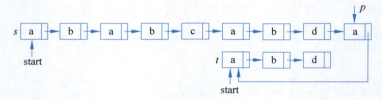

图 5-20　p 的 next 指向 t 的头结点

串连接运算的实现算法如下。

```java
//串连接
public IString concat(IString t) {
    if (start == null)
        return null;
    Node p = start;
    while (p.next != null) {
        p = p.next;
    }
    p.next = ((LinkString) t).start;
    return this;
}
```

视频讲解

4. 串比较：int compareTo(String t)

按字典顺序比较 s 和 t 两个字符串。该比较基于字符串中各个字符的 Unicode 值，返回一个整数，如图 5-21 所示。具体执行下面的步骤。

（1）算出两个字符串的长度，语句 **int** lim＝Math.min(slen, tlen) 计算出较小的长度并将其存在变量 lim 中。

（2）用 sp 标记串 s 中的结点，tp 标记串 t 中的结点，通过循环，循环条件为循环变量小于两个字符串中较小的长度，移动 sp 和 tp，按字典顺序比较 s 中的字符序列与 t 中的字符

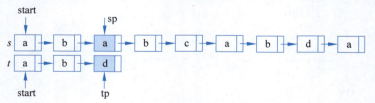

图 5-21　s 与 t 逐字符比较

序列。如果对应字符的 Unicode 值不等,返回两者之差,若差为正数,则 s 大于 t;若差为负数,则 s 小于 t。

(3) 如果比较循环正常退出,表明 s 与 t 对应的字符都相等,则计算两个字符串的长度之差。若差为 0,则两个字符串相等;若差为正数,则 s 大于 t;若差为负数,则 s 小于 t。

串比较运算的实现算法如下。

```
//串比较
    public int compareTo(IString t) {
        int slen = this.length();
        int tlen = t.length();
        //lim存放两字符串较小的字符串长度
        int lim = Math.min(slen, tlen);
        Node sp = this.start;
        Node tp = ((LinkString) t).start;
        for (int i = 0; i < lim; i++) {
            if (sp.data != tp.data) {
                return sp.data - tp.data;
            }
            sp = sp.next;
            tp = tp.next;
        }
        return slen - tlen;
    }
```

5. 取子串:IString substring(int begin,int end)

在字符串 s 中获取从索引 begin 开始到索引 end-1 结束位置上的字符,用取得的字符创建一个长度为 end-begin 的新字符串。具体执行下面的步骤。

(1) 确定开始索引 begin 和结束索引 end 的合法性。begin 小于 0,end 大于字符串的长度或者 end 小于 begin 都会抛出字符串索引越界异常。

(2) 进行判断,如果开始索引 begin 为 0 并且结束索引 end 为字符串长度,则返回字符串 s。

(3) 创建一个长度为 end-begin 的新数组 buf。

(4) 用 p 标记串 s 中的结点,通过遍历指向索引为 begin 到 end-1 的结点,将结点中的值复制到 buf 中,用 buf 创建一个新的字符串。示例如图 5-22 所示。

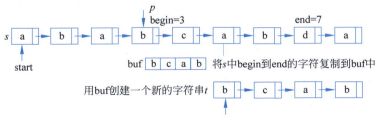

图 5-22 取 begin 到 end 的字符串

取子串的算法实现如下。

```
//取子串
    public IString substring(int begin, int end) {
        if (begin < 0 || end > length() || end - begin < 0) {
```

```
            throw new StringIndexOutOfBoundsException();
        }
        int len = end - begin;
        char[] buf = new char[len];
        Node p = this.start;
        for (int i = 0; i < begin; i++) {
            p = p.next;
        }
        for (int i = 0; i < len; i++) {
            buf[i] = p.data;
            p = p.next;
        }
        return new LinkString(buf);
```

6. 串定位：int indexOf(IString t, int begin)

视频讲解

串定位操作是在主串中寻找子串的过程。若在主串中找到了一个和模式串相同的子串，则查找成功，返回子串首字符在主串中的位序号；否则查找失败，返回值为 −1。Brute-Force 算法具体执行下面的步骤。

（1）确定参数的合法性。如果 t 为 null，抛出空指针异常，如果开始索引 begin 小于 0，或者大于或等于主串的长度，则抛出字符串索引越界异常。如果主串小于子串的长度，则返回 −1。

（2）设置三个引用 sp、sp0 和 tp。sp 指向主串当前比较的字符，sp0 指向主串本趟比较的首字符，tp 指向子串当前比较字符。令 sp、sp0 的初值指向主串中索引 begin 所在的结点，tp 的初值为子串的 start。如图 5-23 所示，这里 begin＝0。

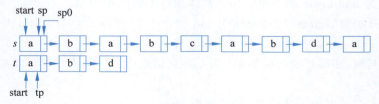

图 5-23　设置三个引用 sp、sp0 和 tp（begin＝0）

（3）比较 sp 指向的主串的字符与 tp 指向的子串的字符，若相等，则继续逐个比较后续字符（sp＝sp.next，tp＝tp.next）；否则从主串的第二个字符起重新和子串比较（sp 返回到原位置的下一个结点 sp0.next，tp 返回到子串的 start），以此类推。定位过程如图 5-24 所示。

（4）若 tp 为 null，表示子串中的每个字符依次和主串中一个连续的字符序列相等，则匹配成功，返回模式串 t 第一个字符在主串中的位置，否则返回 −1。

串查找的算法实现如下。

```
//串定位
    public int indexOf(IString t, int begin) {
        if (t == null)
            throw new NullPointerException();
        if (begin < 0 || begin >= this.length()) {
            throw new StringIndexOutOfBoundsException(begin);
        }
```

```java
        //主串小于子串的长度,返回-1
        if (this.length() < t.length())
            return -1;
        //当主串比模式串长时进行比较
        Node sp = start;
        for (int i = 0; i < begin; i++) {
            sp = sp.next;
        }
        Node sp0 = sp;                      //sp0 指向主串中每趟匹配的首位置
        Node tp = ((LinkString) t).start;
        while ((sp != null) && (tp != null)) {
            if (sp.data == tp.data) {
                sp = sp.next;
                tp = tp.next;
            } else {
                //将指向主串比较位置的指针移到上一次比较的首字符的下一个字符
                if (sp0.next != null) {
                    sp0 = sp0.next;
                    sp = sp0;
                    //将指向子串比较位置的指针回退到首字符
                    tp = ((LinkString) t).start;
                }
                else
                    break;
            }
        }
        if (tp == null) {
            Node p = this.start;
            int pos = 0;
            while (p != sp0) {
                p = p.next;
                pos++;
            }
            return pos;                     //匹配成功,返回子串首字符在主串中的位序号
        } else
            return -1;                      //匹配失败,返回-1
}
```

7. 串取值: char charAt(int index)

根据索引位置获取一个指定的字符。串取值操作的算法实现如下。

```java
    //串取值
    public char charAt(int index) {
        if(index < 0 || index >= this.length())
            throw new StringIndexOutOfBoundsException(index);
        Node p = start;
        for (int i = 0; i < index; i++) {
            p = p.next;
        }
        return p.data;
}
```

图 5-24 Brute-Force 算法中子串与主串匹配过程

视频讲解

8. 串插入：IString insert(int offset，IString t)

串插入是指在主串的位置 offset 处插入一个子串 t。串插入的操作如下。

（1）确定参数的合法性。如果 t 为 null，抛出空指针异常，如果索引 offset 小于 0，或者大于主串的长度抛出字符串索引越界异常。

（2）设置两个引用 sp 和 tp，sp 指向主串中索引为 offset 位置上的结点，tp 指向主串中索引为 offset-1 位置上的结点，如图 5-25 所示。

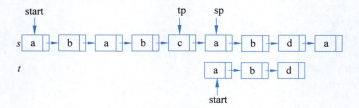

图 5-25 设置两个引用 sp 和 tp(offset＝5)

(3) 依次使 tp 的 next 指向 t，tp 指向 t，如图 5-26 所示。

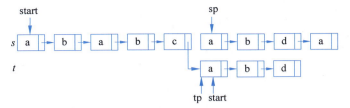

图 5-26　tp 的 next 指向 t，tp 指向 t

(4) 不断移动 tp，直到 tp.next 为 null，如图 5-27 所示。

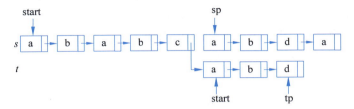

图 5-27　移动 tp，直到 tp.next 为 null

(5) 将插入串的最后一个结点指向 offset 位置上的结点 sp，如图 5-28 所示。

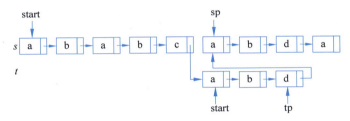

图 5-28　设置 tp.next=sp

(6) 返回插入串后的字符串。

串插入的算法实现如下。

```java
//串插入
    public IString insert(IString t, int offset) {
        if (t == null)
            throw new NullPointerException();
        if (offset < 0 || offset > length() ) {
            throw new StringIndexOutOfBoundsException(offset);
        }
        //sp 指向主串中索引为 offset-1 位置上的结点
        Node sp = this.start;
        for (int i = 0; i < offset - 1; i++) {
            sp = sp.next;
        }
        Node tp = sp;
        //sp 指向主串中索引为 offset 位置上的结点
        sp = sp.next;
        //使 tp 的 next 指向 t，tp 指向 t
        tp.next = ((LinkString) t).start;
        //移动 tp，直到 tp.next 为 null
```

```
        while (tp.next != null)
            tp = tp.next;
        //将插入串的最后一个结点指向 offset 位置上的结点 sp
        tp.next = sp;
        return this;
    }
```

9. 串删除：IString delete(int begin，int end)

串删除是删除从字符串的 begin 开始到 end-1 结束的对应下标中的字符。具体执行下面的步骤。

（1）确定 begin 和 end 合法性。begin 小于 0 或 begin＞end 时会抛出字符串索引越界异常。如果 end 大于字符串的长度，将 end 设置为字符串的长度。

（2）设置两个引用 p_1 和 p_2，p_1 指向串中索引为 begin-1 位置上的结点，p_2 指向串中索引为 end 位置上的结点，如图 5-29 所示。

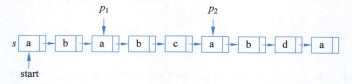

图 5-29　设置两个引用 p_1、p_2（begin=3，end=5）

（3）设置 p_1 的 next 指向 p_2，如图 5-30 所示。

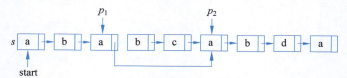

图 5-30　设置 p_1.next=p_2

串删除的算法实现如下。

```
//串删除
public IString delete(int begin, int end) {
    if (begin < 0 || begin > end) {
        throw new StringIndexOutOfBoundsException(begin);
    }
    if (end > this.length()) end = this.length();
    Node p1 = this.start;
    Node p2;
    //移动 p1,直到 p1 指向 begin 的前一个结点
    for (int i = 0; i < begin-1; i++) {
        p1 = p1.next;
    }
    //移动 p2,直到 p2 指向 end 位置上的结点
    p2 = p1;
    for (int i = 0; i <= end - begin; i++) {
        p2 = p2.next;
    }
    p1.next = p2;
```

```
            return this;
    }
```

步骤三：对链式串实现的基本操作进行测试

将测试顺序串中的代码：

```
IString s = new SeqString(sc);
IString t = new SeqString(tc);
```

替换为

```
IString s = new LinkString(sc);
IString t = new LinkString(tc);
```

步骤四：用链式串实现文本编辑

将用顺序串实现的文本编辑器代码中的 SeqString 类替换为 LinkString 类，依次执行菜单功能，观察运行结果。

【任务评价】

请按表 5-4 查看是否掌握了本任务所学的内容。

表 5-4 "用链串实现文本编辑"完成情况评价表

序 号	鉴定评分点	分 值	评 分
1	理解链式串的定义和存储特点	20	
2	能进行链式串的算法设计	20	
3	能编程实现链式串	20	
4	能对链式串进行测试	20	
5	能应用链式串实现文本编辑	20	

5.4.4 用 Java 字符串类实现文本编辑

【学习目标】

（1）熟悉 Java 中的 String 类的使用方法。

（2）熟悉 Java 中的 StringBuilder 类和 StringBuffer 类的使用方法。

【任务描述】

Java 中实现字符串的类有 String、StringBuilder 和 StringBuffer。String 类是内容不可变字符串，对象一旦创建，就不能修改。StringBuilder 与 StringBuffer 是内容可变字符串，可以向 StringBuilder 和 StringBuffer 字符串中插入字符或从中删除字符，两个类主要的区别是 StringBuffer 对方法加了同步锁或者对调用的方法加了同步锁，是线程安全的，而 StringBuilder 是非线程安全的。本任务使用 String、StringBuilder 解决。

【任务实施】

步骤一：熟悉 String 类

1. String 类的存储结构

String 类采用顺序存储结构，使用字符数组保存字符串，字符数组的长度与字符串中字符的个数相同，String 类中保存的字符串数组空间一旦创建，内容就不可改变。

Java 在创建 String 字符串时，使用不同的创建方式，表示字符串的数组也会在不同的内存区域创建。在这里，需要理解有关内存分配的三个术语。

（1）栈：由 Java 虚拟机分配的用于保存线程执行的动作和数据引用的内存区域。栈是一个运行的单位，Java 中一个线程就会相应有一个线程栈与之对应。这里只会存放表示字符串的数组的引用。

（2）堆：由 Java 虚拟机分配的用于存储对象的内存区域。显式调用构造函数创建字符串对象时，表示字符串的数组会存放在这个区域。

在语句 String str＝new String("abc")中，存放字符串"abc"的数组在堆中。

（3）常量池：在编译的阶段，在堆中分配出来的一块存储区域，用于存放基本类型常量和显式声明的字符串的对象。

在语句 String str＝"abc"中，存放字符串"abc"的数组在常量池中。

总之，在 Java 中，字符串对象的引用是存储在栈中的，编译期已经创建好即用双引号定义的字符串的存储在常量池中，运行期用 new 出来的对象则存储在堆中。对于通过 equals() 方法比较相等的字符串，在常量池中是只有一份的，在堆中则有多份。下面通过一段代码来理解 Java 对字符串的存储机制。

```
String str1 = "abc";
String str2 = "abc";
String str3 = new String("abc");
String str4 = new String("abc");
```

上述代码在编译的时候，字符串"abc"被存储在常量池中，str1 和 str2 的引用都是指向常量池中的字符串"abc"，所以 str1 和 str2 引用是相同的。当执行 String str3＝new String("abc")时，Java 虚拟机会先去常量池中查找是否有"abc"对象，如果没有则在常量池中创建一个"abc"字符串对象，然后在堆中也创建一个"abc"字符串对象，并将引用 str3 指向堆中创建的新"abc"对象；如果常量池中已经存在该对象，则只在堆中创建一个新的"abc"字符串对象。当执行 String str4＝new String("abc")时，因为常量池中已经有"abc"字符串对象，所以只在堆中再创建一个新的"abc"字符串对象。图 5-31 给出了 Java 字符串的存储空间示意图，值相同的字符串对象在常量池中只存在一份，但在堆中可以存在多份，实线的箭头线代表引用，虚线的箭头线代表用 new 创建字符串对象时，如果该对象在常量池中没有，则在常量池中创建该字符串对象，然后在堆中再创建该字符串对象，否则只在堆中创建该字符串对象。

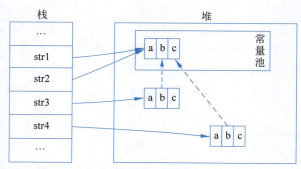

图 5-31　Java 字符串的存储空间示意图

2. String 类的构造函数

在 Java 中创建 String 字符串，是通过调用 String 字符串类的构造函数来实现的。

String 常用的构造函数有下面三个。

public String(char value[])：创建一个新的字符串，使其表示字符数组参数中当前包含的字符序列。

public String(String original)：初始化一个新创建的 String 对象，使其表示一个与参数相同的字符序列。

public String(char value[]，int offset，int count)：创建一个新的 String，它包含取自字符数组参数一个子数组的字符。offset 参数是子数组第一个字符的索引，count 参数指定子数组（即新串）的长度。

3. String 类的基本操作

public int length()：返回此字符串的长度。

public String concat(String str)：将参数中的字符串 str 连接到当前字符串的后面，效果等价于"＋"。

public char charAt(int index)：返回字符串中指定位置的字符；注意字符串中第一个字符索引是 0，最后一个是 length()－1。

public int indexOf(String str)：用于查找当前字符串中的字符或子串，返回字符或子串在当前字符串中从左边起首次出现的位置，若没有出现则返回－1。

public String substring(int beginIndex)：提取子串，返回一个子字符串，从 beginIndex 开始截取字符串到字符串结尾。

public String substring(int beginIndex，int endIndex)：提取子串，从 beginIndex 位置起，从当前字符串中取出到 endIndex－1 位置的字符作为一个新的字符串返回。

public int compareTo(String anotherString)：字符串比较，对字符串内容按字典顺序进行大小比较，通过返回的整数值指明当前字符串与参数字符串的大小关系。若当前对象比参数大则返回正整数，反之返回负整数，若相等则返回 0。

public String replaceAll(String regex，String replacement)：用字符串 replacement 的内容替换当前字符串中遇到的所有和字符串 regex 相匹配的子串，应将新的字符串返回。

public String[] split(String regex)：将此字符串按照给定的 regex（规则）拆分为字符串数组。

步骤二：熟悉 StringBuilder 类

1. StringBuilder 类的存储结构

StringBuilder 同 String 类一样，也是使用字符数组保存字符串，但数组的内容是可变的。

2. StringBuilder 类的构造函数

public StringBuilder()：构造一个不带任何字符的字符串生成器，其初始容量为 16 个字符。

public StringBuilder(String str)：构造一个字符串生成器，并初始化为指定的字符串内容。

3. StringBuilder 类的基本操作

StringBuilder append(String str)：串附加，将指定的字符串 str 追加到此字符序列。如果 str 为 null，则追加 4 个字符"null"。

String insert(int offset, String str)：串插入，按顺序将参数中的 String 字符串插入此序列中的指定位置 offset 处，将该位置处原来的字符向后推，此序列将增加该参数的长度。如果 str 为 null，则向此序列中追加 4 个字符"null"。

String delete(int start, int end)：串删除，移除此序列的子字符串中的字符。该子字符串从指定的 start 处开始，一直到索引 end-1 处的字符，如果不存在这种字符，则一直到序列尾部。如果 start 等于 end，则不发生任何更改。

步骤三：使用 **String** 类和 **StringBuilder** 类实现文本编辑

综合运用 String 类和 StringBuilder 类实现文本编辑。将用顺序串实现的代码中的 IString 用 String 替代，SeqString 替换为 String 类，根据出现的代码错误进行局部调整，代码如下：

```java
public class TextEditor {
    public static void main(String[] args) throws IOException {
        Scanner sc = new Scanner(System.in);
        System.out.println("---------- 操作选项菜单 ---------");
        System.out.println("**********1.读取文件**********");
        System.out.println("**********2.统计字数**********");
        System.out.println("**********3.显示内容**********");
        System.out.println("**********4.统计次数**********");
        System.out.println("**********5.连接文本**********");
        System.out.println("**********6.插入文本**********");
        System.out.println("**********7.替换文本**********");
        System.out.println("**********8.另存文本**********");
        System.out.println("**********0.退出程序**********");
        System.out.println("------------------------------");
        char ch;
        String s = null, st = null;
        StringBuilder sb = null;
        do {
            System.out.print("请输入操作选项:");
            ch = sc.next().charAt(0);
            switch (ch) {
            case '1'://读取文件
                FileReader fr = new FileReader("life.txt");
                BufferedReader br = new BufferedReader(fr);
                s = br.readLine();
                System.out.println("读取文本文件建立新字符串完毕");
                break;
            case '2'://统计字数
                if (s != null)
                    System.out.println("文本中的字符数为:" + s.length());
                break;
            case '3'://显示内容
                if (s == null)
                    break;
                for (int i = 0; i < s.length(); i++) {
                    System.out.print(s.charAt(i));
                    if (i != 0 && i % 80 == 0 || i == s.length() - 1)
                        System.out.println();
                }
                break;
            case '4'://统计次数
```

```java
        if (s == null)
            break;
        char[] tc1 = { '生', '命' };
        String t1 = new String(tc1);
        int count = 0;
        int i = 0;
        while (i < s.length()) {
            int pos = s.indexOf(t1, i);
            if (pos != -1) {
                count++;
                i = pos + tc1.length;
            } else
                break;
        }
        System.out.println("生命在文本文件中出现的次数是:" + count);
        break;
    case '5'://连接文本
        if (s == null)
            break;
        char[] tc2 = { '我', '们', '要', '坚', '定', '信', '念', ',', '让', '生', '命',
                '绽', '放', '光', '彩', '!' };
        String t2 = new String(tc2);
        st = s.concat(t2);
        for (int j = 0; j < st.length(); j++) {
            System.out.print(st.charAt(j));
            if (j != 0 && j % 80 == 0 || j == st.length() - 1)
                System.out.println();
        }
        break;
    case '6'://插入文本
        if (st == null)
            break;
        char[] tc3 = { '我', '们', '要', '坚', '定', '信', '念' };
        String t3 = new String(tc3);
        int pos1 = st.indexOf(t3, 0);
        char[] tc4 = { '因', '此', ',' };
        String t4 = new String(tc4);
        sb = new StringBuilder(st);
        sb = sb.insert(pos1, t4);
        for (int j = 0; j < sb.length(); j++) {
            System.out.print(sb.charAt(j));
            if (j != 0 && j % 80 == 0 || j == sb.length() - 1)
                System.out.println();
        }
        break;
    case '7'://替换文本
        if (st == null)
            break;
        char[] tc5 = { '绽', '放', '光', '彩' };
        char[] tc6 = { '充', '满', '希', '望' };
        String t5 = new String(tc5);
        String t6 = new String(tc6);
        int pos = sb.indexOf(t5, 0);
        sb = sb.delete(pos, pos + tc5.length);
        sb = sb.insert(pos, t6);
        for (int j = 0; j < sb.length(); j++) {
```

```java
            System.out.print(sb.charAt(j));
            if (j != 0 && j % 80 == 0 || j == sb.length() - 1)
                System.out.println();
        }
        break;
    case '8'://另存文本
        if (sb == null)
            break;
        char[] stc = new char[sb.length()];
        for(int j = 0;j < sb.length();j++) {
            stc[j] = sb.charAt(j);
        }
        FileWriter fw = new FileWriter("life1.txt");
        BufferedWriter bw = new BufferedWriter(fw);
        bw.write(stc, 0, stc.length);
        bw.close();
        break;
    case '0'://退出程序
        System.exit(1);
    }
} while (ch != '0');
sc.close();
    }
}
```

【任务评价】

请按表 5-5 查看是否掌握了本任务所学的内容。

表 5-5 "用 Java 字符串类实现文本编辑"完成情况评价表

序 号	鉴定评分点	分 值	评 分
1	熟悉 String 类的存储结构及基本操作	20	
2	熟悉 StringBuilder 类的存储结构及基本操作	20	
3	能够在程序中使用 String、StringBuilder 类表示串结构	30	
4	能够用 String、StringBuilder 类实现文本编辑器	30	

5.5 项目拓展

1. 问题描述

恺撒密码是一种简单的信息加密方法,通过将信息中每个字母在字母表中向后移动常量 k,以实现加密。例如,如果 k 等于 3,则对待加密的信息,每个字母都向后移动 3 个字符: a 替换为 d,b 替换为 e,以此类推,字母表尾部的字母绕回到开头,因此,x 替换为 a,y 替换为 b。即映射关系为

$$F(a) = (a + k) \bmod n$$

其中,a 是要加密的字母,k 是移动的位数,n 是字母表的长度。

要解密信息,则将每个字母向前移动相同数目的字符即可。例如,如果 k 等于 3,对于已加密的信息 frpsxwhu vbvwhpv,将解密为 computer systems。

2. 基本要求

设要加密的信息为一个串,组成串的字符均取自 ASCII 中的小写英文字母。编写程

序,实现恺撒密码的加密和解密算法。

5.6 项目小结

本章在介绍串的基本概念和抽象数据类型的基础上,重点介绍了串及其操作在计算机中的顺序和链式表示及实现方法。

(1) 串是一种特殊的线性表,其特殊性在于串的数据元素是一个个的字符。

(2) 串可进行的主要运算有求串长度、串连接、串比较、求子串、串查找、串附加、串插入、串删除。

(3) 串可以用顺序和链式两种存储方式。顺序存储结构是用一组地址连续的存储空间存储字符串中的字符序列,可以使用字符数组来实现;串的链式存储结构中,用链表存储字符串中的字符序列,因每存储一个字符,需要搭配一个指向下一字符的指针,而指针所占用的存储空间是比较大的,要访问串中的某个字符时,需要从链表的头部开始遍历,时间效率也不高。

(4) 在一个串中查找是否存在与另一个串相等的子串的操作称为模式匹配。当串使用顺序存储结构时,模式匹配操作主要有 Brute-Force 算法和 KMP 算法。Brute-Force 算法简单并易于理解,但效率不高。KMP 算法是在 Brute-Force 算法基础上改进的算法。

(5) Java 中实现字符串的类有 String、StringBuilder 和 StringBuffer。String 类对象一旦创建,就不能修改,主要有串长度、串连接、串比较、求子串、串查找等操作,不能插入和删除字符。StringBuilder 与 StringBuffer 都继承自 AbstractStringBuilder 类,有同样的属性和方法,可以向 StringBuilder 和 StringBuffer 字符串中插入字符或从中删除字符,它们是可变字符串,两个类主要的区别是 StringBuffer 对方法加了同步锁或者对调用的方法加了同步锁,是线程安全的,而 StringBuilder 是非线程安全的。

5.7 项目测验

一、选择题

1. 下面关于串的叙述中,哪一个是不正确的?(　　)
   A. 串是字符的有限序列　　　　　　　B. 空串是由空格构成的串
   C. 模式匹配是串的一种基本操作　　　D. 双引号为串的定界符
2. 串是一种特殊的线性表,其特殊性体现在(　　)。
   A. 可以顺序存储　　　　　　　　　　B. 数据元素是一个字符
   C. 可以链式存储　　　　　　　　　　D. 数据元素可以是多个字符
3. 设有两个串 p 和 q,求 q 在 p 中首次出现的位置的运算称作(　　)。
   A. 连接　　　　　B. 模式匹配　　　　C. 求子串　　　　D. 求串长
4. 设串 s_1="ABCDEFG", s_2="PQRST",函数 $con(x,y)$ 返回 x 和 y 串的连接串,$subs(s,i,j)$ 返回串 s 的从序号 i 开始的 j 个字符组成的子串,$len(s)$ 返回串 s 的长度,则 $con(subs(s_1,2,len(s_2)),subs(s_1,len(s_2),2))$ 的结果串是(　　)。
   A. BCDEF　　　　B. BCDEFG　　　　C. BCPQRST　　　　D. BCDEFEF

5. 下列哪些为空串？（   ）

　　A. S="　"　　　　B. S=""　　　　C. S="∅"　　　　D. S="θ"

6. 假设 S="abcaabcaaabca"，T="bca"，S.indexOf(T,3)的结果是(   )。

　　A. 1　　　　　　B. 5　　　　　　C. 10　　　　　　D. 0

7. 若串 S="software"，其子串的个数是(   )。

　　A. 8　　　　　　B. 37　　　　　　C. 36　　　　　　D. 9

8. 关于 Java 中 String 类不正确的描述是(   )。

　　A. String 类以顺序存储的方式存储字符串

　　B. String 对象一旦创建就不允许修改

　　C. 每个内容相同的字符串对象都对应于常量池里的同一个对象

　　D. 值相同的字符串对象在常量池和堆中都只存在一份

9. 分析下面的三行代码,创建了几个对象？(   )

```
String s = new String("abc");
    String s1 = "abc";
    String s2 = new String("abc");
```

　　A. 1　　　　　　B. 2　　　　　　C. 3　　　　　　D. 4

10. 两个字符串相等的条件是(   )。

　　A. 两串的长度相等

　　B. 两串包含的字符相同

　　C. 两串的长度相等,并且两串包含的字符相同

　　D. 两串的长度相等,并且对应位置上的字符相同

二、判断题

1. 串是一种特殊的线性表,其特殊性体现在数据元素是一个字符。(   )

2. 如果一个串中的所有字符均在另一个串中出现,则说前者是后者的子串。(   )

3. 串比较的结果为第一个字符串中对应字符的 Unicode 值减去第二个字符串中对应字符的 Unicode 值。(   )

4. 取子串操作 String substring(int begin,int end)是获取当前字符串中从 begin 处开始,直到索引 end 处的字符。(   )

5. 串定位操作 int indexOf(IString t,int start)是从当前串（主串）指定的索引位置 start 开始,寻找子串（模式串）t 的过程。(   )

6. 如果字符串用顺序存储结构存储,进行插入操作时不会产生新的字符串。(   )

7. 串的链式存储结构中,每个结点存放的字符只能是一个字符。(   )

8. 在顺序存储结构中,串的插入操作是非常方便的。(   )

9. 两个串相等的充分必要条件是两个字符串的长度相等且对应位置上的字符也相等。(   )

10. Java 中的类 String、StringBuilder 和 StringBuffer 使用字符数组存放的字符串内容是不可变的。(   )

第 6 章　用二叉树实现文本压缩

6.1　项目概述

树是数据元素之间具有层次关系的非线性结构。树在文件系统、编译器、索引以及查找算法中都有广泛的应用。二叉树是树的一种重要类型，在树结构的应用中起着非常重要的作用，如利用最优二叉树对文本内容进行重新编码，可以对文本内容进行无损压缩，在存储时可以减小存储空间，在通信传输时可以大大提高信道的利用率，缩短信息传输的时间，降低传输成本。在数据库中，二叉树被广泛应用于实现索引。在编程语言中，二叉树被广泛应用于解析和生成语法树。在人工智能中，二叉树被广泛应用于实现决策树和搜索树。许多实际问题抽象出来的数据结构往往是二叉树，即使是一般的树也能简单地转换为二叉树，而且二叉树的存储结构及其算法都较为简单，因此二叉树显得特别重要。

本章将重点介绍二叉树的顺序存储和链式存储结构，以及在不同存储结构上二叉树的基本操作的实现，并应用最优二叉树解决文本无损压缩编码问题。

6.2　项目目标

本章项目学习目标如表 6-1 所示。

表 6-1　项目学习目标

序号	能力目标	知识要点
1	理解二叉树的逻辑结构	树的基本概念 二叉树的基本概念、性质、基本操作、抽象数据类型
2	理解二叉树的顺序与链式存储结构及其算法实现	二叉树顺序存储 二叉树链式存储及其算法实现
3	能实现二叉树的遍历	二叉树的遍历
4	能在实际问题中找出二叉树并用二叉树解决实际问题	使用最优二叉树解决文本压缩编码问题

6.3　项目情境

编程实现文本压缩

1. 情境描述

目前常用的图像、音频、视频等多媒体信息，由于数据量大，一般会采用数据压缩技术对

视频讲解

它们进行压缩后存储和传输。数据压缩技术通过对数据重新编码进行压缩,以减少数据占用的存储空间,提升数据传输效率。使用时,再进行解压缩,恢复数据原来的特性。假设待压缩的文本为"You are a programmer!",这段文本中用到的字符集为{!,Y,g,p,u,e,m,o,␣,a,r}(为了描述方便,用␣表示空格),各字母出现的次数依次为{1,1,1,1,1,2,2,2,3,3,4}。现要求为这些字母重新设计编码,使文本的编码总长度尽可能短。在计算机系统中,字符采用等长的ASCII编码,每个字符有8个二进制位,各字符对应的ASCII编码为{00100001,01011001,01100111,01110000,01110101,01100101,01101101,01101111,00100000,01100001,01110010},文本编码总长度为168位。实际应用中,各个字符的出现频度或使用次数是不相同的,在设计编码时,可以采用变长编码,使用频率高的字符用短码,使用频率低的用长码,以优化整个文本编码。一种优化后的编码如图6-1所示。重新编码后,各字符编码长度变短,对应的新编码为{0100,0101,0110,0111,1100,1101,000,001,100,101,111},文本编码总长度为70位,实现了文本的压缩。

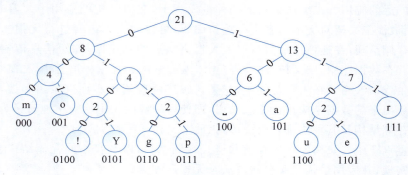

图 6-1 文本压缩编码

2. 基本要求

根据上面的描述,完成下面的任务。
(1) 根据待压缩的文本,设计一种编码,使文本压缩编码后的总长度最短。
(2) 输入一段待处理的文本,输出其对应的新压缩编码和编码的长度。
(3) 输入一段压缩的编码,输出解码后对应的文本。

6.4 项目实施

6.4.1 分析二叉树的逻辑结构

【学习目标】
(1) 熟悉树的定义及基本术语。
(2) 熟悉二叉树的逻辑结构和基本性质。
(3) 熟悉二叉树的基本操作。
(4) 熟悉二叉树的抽象数据类型。

【任务描述】
为完成文本无损压缩软件开发任务,首先对问题抽象,再进行逻辑建模。一是确定数据对象的逻辑结构,即分析文本压缩编码问题中的数据对象,找出构成数据对象的数据元素之间的关系；二是确定为求解问题需要对数据对象进行的操作或运算，这里需要寻找一种算法来构建文本压缩的最优编码系统，当文本存储或传输时，先将待处理的文本进行编码，当收到编码时，对文本进行解码，获得原始文本；三是将数据的逻辑结构及其在该结构上的运算进行封装得到问题的抽象数据类型。

【任务实施】
步骤一：熟悉树的定义及基本术语

从图 6-1 可以看到，优化后字符编码是一棵树，而且是一棵二叉树，为了理解这棵树的含义，先熟悉树的定义及基本术语非常重要。

视频讲解

1. 树的定义

树(tree)是 $n(n \geqslant 0)$ 个相同类型的数据元素组成的一个具有层次关系的集合。树中的数据元素叫结点(node)。$n=0$ 的树称为空树；对于 $n>0$ 的任意非空树 T：

(1) 有且仅有一个特殊的结点称为树的根结点，根没有前驱结点。

(2) 若 $n>1$，则除根结点外，其余结点被分成了 $m(m>0)$ 个互不相交的集合 $T_1, T_2, \cdots, T_m$，其中每一个集合本身又是一棵树，称为这棵树的子树。

树是递归定义的，若干结点组成一棵子树，若干棵互不相交的子树组成一棵树。树中的每个结点都是该树中某一棵子树的根。因此，树是由结点组成且结点之间具有层次关系的非线性结构。

图 6-2 描述的是一棵具有 11 个结点的树。其中，结点 A 是树的根结点，根结点 A 没有前驱结点。除 A 之外的其余结点分成了 4 个互不相交的集合：$T_1=\{B,F,G,H,I\}$，$T_2=\{C,J,K\}$，$T_3=\{D\}$，$T_4=\{E\}$，分别形成了 4 棵子树，B，C，D，E 分别为这 4 棵子树的根结点，这 4 个结点在这 4 棵子树中没有前驱结点。

2. 树的特点

树具有下面两个特点。

(1) 树的根结点没有前驱结点，除根结点之外的所有结点有且只有一个前驱结点。

(2) 树中所有结点可以有零个或多个后继结点。

由此特点可知，图 6-3(a)是树结构，而如图 6-3(b)所示的不是树结构，因为 E 结点有两个前驱结点 B 和 C。

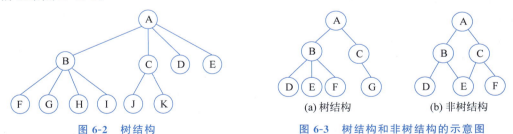

图 6-2 树结构

图 6-3 树结构和非树结构的示意图

3. 树的相关术语

(1) **结点**：表示树中的数据元素，由数据项和数据元素之间的关系组成。图 6-2 中，共有 11 个结点。

(2) **结点的度**：结点所拥有的子树的个数称为该结点的度。图 6-2 中，结点 A 和 B 的度为 4。

(3) **树的度**：树中各结点度的最大值称为该树的度。图 6-2 中，树的度为 4。

(4) **叶结点**：度为 0 的结点称为叶结点，或者称为终端结点。图 6-2 中，结点 D、E、F、G、H、I、J、K 都是叶结点。

(5) **分支结点**：度不为 0 的结点称为分支结点，或者称为非终端结点。一棵树的结点除叶结点外，其余的都是分支结点。图 6-2 中，结点 A、B、C 是分支结点。

(6) **结点的路径**、**结点的路径长度**、**树的路径长度**：如果一棵树的一串结点 $n_0, n_1, n_2, \cdots, n_{k-1}$ 有如下关系：结点 n_i 是 n_{i+1} 的父结点($0 \leqslant i \leqslant k-2$)，就把 $n_0, n_1, n_2, \cdots, n_{k-1}$ 称为一条由 n_0 至 n_{k-1} 的路径。这条路径的长度是 $k-1$。树的路径长度是指由根结点到所有叶结点的路径长度之和。图 6-2 中，ABF 是一条路径，路径的长度是 2。树的路径长度为 14(其中，ABF、ABG、ABH、ABI、ACJ、ACK 的路径长度为 2，AD 和 AE 的路径长度为 1)。

(7) **结点的层次**：从根结点到树中某结点所经路径上的分支数称为该结点的层次。根结点的层次规定为 1，其余结点的层次等于其双亲结点的层次加 1。图 6-2 中，结点 A 的层数为 1，结点 C 的层数为 2。

(8) **树的深度**：树中所有结点的最大层数称为树的深度。图 6-2 中，树的层数为 3。

(9) **孩子**、**双亲**：树中一个结点子树的根结点称为这个结点的孩子，结点的上层结点叫作该结点的双亲。图 6-2 中，结点 B、C、D、E 是结点 A 的孩子，A 是结点 B、C、D、E 的双亲。

(10) **祖先**、**子孙**：从根结点到该结点所经分支上的所有结点为该结点的祖先，以该结点为根的子树中的任一结点为该结点的子孙。在图 6-2 中，结点 K 的祖先是结点 A 和 C，除结点 A 之外的所有结点都是结点 A 的子孙。

(11) **兄弟**、**堂兄弟**：同一双亲的孩子为兄弟，同一层上双亲不同的结点为堂兄弟。图 6-2 中，结点 J、K 互为兄弟，I 和 J 互为堂兄弟。

(12) **无序树**：树中任意一个结点的各孩子结点之间的次序构成无关紧要的树。通常，树指无序树。

(13) **有序树**：树中任意一个结点的各孩子结点有严格排列次序的树。

(14) **森林**：$m(m \geqslant 0)$ 棵互不相交的树的集合构成森林。一棵树由根结点和 m 个子树构成，若把树的根结点删除，则树变成了包含 m 棵树的森林。因此，对树中的每一个结点而言，其子树的集合即为森林。

步骤二：分析二叉树的逻辑结构

1. 二叉树的定义

二叉树(Binary Tree)是由 $n(n \geqslant 0)$ 个有限结点组成的集合，该集合或者为空，或者由一个称为根结点及两棵不相交的、被分别称为左子树和右子树的二叉树组成。当集合为空时，称该二叉树为空二叉树。二叉树是一种特殊的树，是一种非线性数据结构。图 6-4 中给出了一棵二叉树的示意图。在这棵二叉树中，结点 A 为根结点，它的左子树是以结点 B 为根结点的二叉树，它的右子树是以结点 C 为根结点的二叉树。其中，以结点 B 为根结点的子树只有一棵左子树，而以结点 C 为根结点的子树既有右子树，又有左子树。

图 6-4 二叉树示意图

二叉树最大度为 2，是有序树，树中每个孩子结点都确切定义为是该结点的左孩子结点还是右孩子结点,即若将其左、右子树颠倒,就成为另一棵不同的二叉树,即使树中结点只有一棵子树,也要区分它是左子树还是右子树。

二叉树具有 5 种基本形态,如图 6-5 所示。

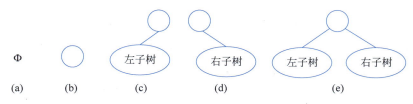

图 6-5　二叉树的 5 种基本形态

其中,图 6-5(a)为空二叉树,图 6-5(b)为只有一个根结点的二叉树,图 6-5(c)为有根结点和左子树的二叉树,图 6-5(d)为有根结点和右子树的二叉树,图 6-5(e)为有根结点和左、右子树的二叉树。

2. 特殊的二叉树

1) 满二叉树

在一棵二叉树中,如果所有分支结点都存在左子树和右子树,并且所有叶子结点都在同一层上,这样的二叉树称作满二叉树。如图 6-6(a)所示的是一棵满二叉树,而如图 6-6(b)所示的不是满二叉树,因其叶子未在同一层上。

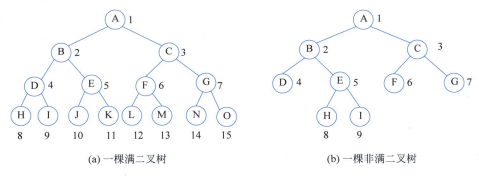

图 6-6　满二叉树和非满二叉树示意图

2) 完全二叉树

一棵深度为 k 有 n 个结点的二叉树,对树中的结点按从上至下、从左到右的顺序进行编号,如果编号为 $i(1 \leqslant i \leqslant n)$ 的结点与满二叉树中编号为 i 的结点在二叉树中的位置相同,则这棵二叉树称为完全二叉树。完全二叉树的特点是:叶子结点只能出现在最下层和次下层,且最下层的叶子结点集中在树的左部。显然,一棵满二叉树必定是一棵完全二叉树,而完全二叉树未必是满二叉树。如图 6-7(a)所示为一棵完全二叉树,如图 6-7(b)所示是一棵非完全二叉树。

3) 最优二叉树

最优二叉树中用到了树的带权路径长度的概念。如果树中的叶结点都具有一定的权值,则可将树的路径长度这一概念加以扩展。设二叉树具有 n 个带权值的叶结点,那么从根结点到各个叶结点的路径长度与相应叶结点权值的乘积之和叫作二叉树的带权路径长度(Weighted Path Length,WPL),记为

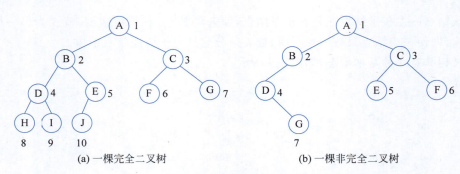

(a) 一棵完全二叉树　　　　　　　　(b) 一棵非完全二叉树

图 6-7　完全二叉树和非完全二叉树示意图

$$WPL = \sum_{k=1}^{n} W_k \times L_k$$

其中，W_k 为第 k 个叶结点的权值，L_k 为第 k 个叶结点的路径长度。如图 6-8 所示的二叉树，它的带权路径长度值为

$$WPL = 2 \times 2 + 4 \times 2 + 5 \times 2 + 3 \times 2 = 28$$

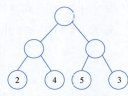

图 6-8　带权值的二叉树

因为构造最优二叉树的算法最早由哈夫曼于 1952 年提出，所以也被称为哈夫曼树，是指对于一组带有确定权值的叶结点构造的具有最小带权路径长度的二叉树。给定一组具有确定权值的叶结点，可以构造不同的带权二叉树。例如，给出 4 个叶结点，设其权值分别为 1,3,5,7，可以构造出形状不同的多个二叉树。这些形状不同的二叉树的 WPL 各不相同。图 6-9 给出其中 5 个不同形状的二叉树。其中，图 6-9(b) 和图 6-9(e) 为最优二叉树。

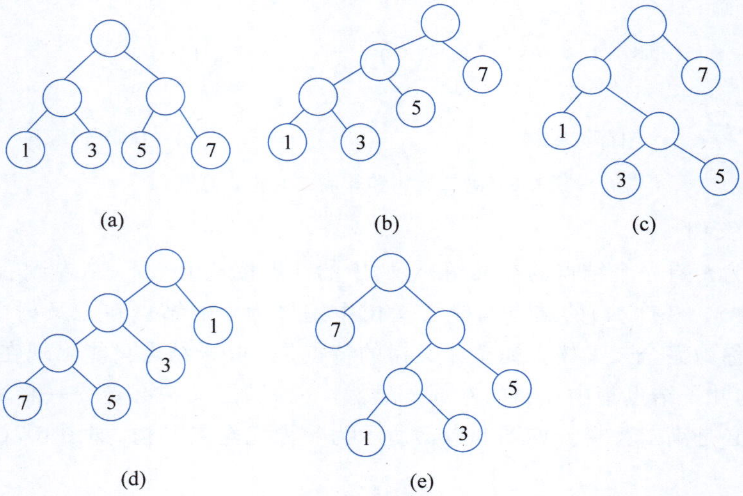

图 6-9　具有相同叶子结点和不同带权路径长度的二叉树

5 棵树的带权路径长度分别如下。

(a) $WPL = 1 \times 2 + 3 \times 2 + 5 \times 2 + 7 \times 2 = 32$

(b) $WPL = 1 \times 3 + 3 \times 3 + 5 \times 2 + 7 \times 1 = 29$

(c) $WPL = 1 \times 2 + 3 \times 3 + 5 \times 3 + 7 \times 1 = 33$

(d) WPL=7×3+5×3+3×2+1×1=43

(e) WPL=7×1+1×3+3×3+5×2=29

3. 二叉树的主要性质

性质 1 一棵非空二叉树的第 i 层上最多有 2^{i-1} 个结点($i \geqslant 1$)。

证明 根是 $i=1$ 层上的唯一结点,故 $2^{i-1}=2^0=1$,命题成立。

设第 $i-1$ 层最多有 2^{i-2} 个结点,由于二叉树中每个结点的度最多为 2,因此第 i 层最多有 $2 \times 2^{i-2} = 2^{i-1}$ 个结点,命题成立。

性质 2 一棵深度为 k 的二叉树中,最多具有 $2^k - 1$ 个结点。

证明 设第 i 层的结点数为 $x_i (1 \leqslant i \leqslant k)$,深度为 k 的二叉树的结点数为 M,x_i 最多为 2^{i-1},则有 $M = \sum_{i=1}^{k} x_i \leqslant \sum_{i=1}^{k} 2^{i-1} = 2^k - 1$。

性质 3 对于一棵非空的二叉树,如果叶子结点数为 n_0,度数为 2 的结点数为 n_2,则有 $n_0 = n_2 + 1$。

证明 设 n 为二叉树的结点总数,n_1 为二叉树中度为 1 的结点数,则有

$$n = n_0 + n_1 + n_2 \tag{6-1}$$

在二叉树中,除根结点外,其余结点都有唯一的一个进入分支。设 B 为二叉树中的分支数,那么有

$$B = n - 1 \tag{6-2}$$

这些分支是由度为 1 和度为 2 的结点发出的,一个度为 1 的结点发出一个分支,一个度为 2 的结点发出两个分支,所以有

$$B = n_1 + 2n_2 \tag{6-3}$$

综合式(6-1)~式(6-3)可以得到 $n_0 = n_2 + 1$。

性质 4 具有 n 个结点的完全二叉树的深度 k 为 $[\log_2 n] + 1$。

证明 根据完全二叉树的定义和性质 2 可知,当一棵完全二叉树的深度为 k,结点个数为 n 时,有

$$2^{k-1} - 1 < n < 2^k - 1$$

即

$$2^{k-1} \leqslant n \leqslant 2^k$$

对不等式取对数,有

$$k - 1 \leqslant \log_2 n \leqslant k$$

由于 k 是整数,所以有 $k = [\log_2 n] + 1$。

性质 5 对于具有 n 个结点的完全二叉树,如果按照从上至下和从左到右的顺序对二叉树中的所有结点从 0 开始顺序编号,则对于序号为 $i (0 \leqslant i < n)$ 的结点,有

(1) 若 $i = 0$,则 i 为根结点;若 $i > 0$,则 i 的双亲结点的序号为 $(i-1)/2$。

(2) 若 $2i + 1 < n$,则序号为 i 的结点的左孩子结点的序号为 $2i + 1$;否则,序号为 i 的结点无左孩子。

(3) 若 $2i + 2 < n$,则序号为 i 的结点的右孩子结点的序号为 $2i + 2$;否则,序号为 i 的结点无右孩子。

此性质可采用数学归纳法证明。

步骤三：分析二叉树的基本操作

二叉树的基本操作通常有以下几种。

1. 建立二叉树

生成一棵包含根结点和左右子树的二叉树。如图 6-10(a)所示，以 A 为根结点，B 和 E 为左右子树，构建一棵二叉树，如图 6-10(b)所示。

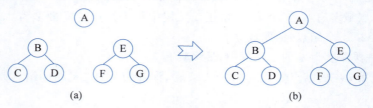

图 6-10　创建以 A 为根结点的二叉树

2. 获得左子树

获取一棵树根结点的左子树。如图 6-11(a)所示，获取以 A 为根结点的左子树，如图 6-11(b)所示。

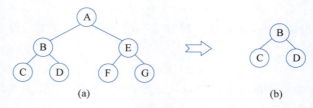

图 6-11　获取根结点 A 的左子树

3. 获得右子树

获取一棵树根结点的右子树。如图 6-12(a)所示，获取以 A 为根结点的右子树，如图 6-12(b)所示。

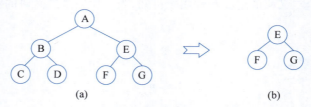

图 6-12　获取根结点 A 的右子树

4. 插入结点到左子树

将一个新结点插入二叉树的左子树。如图 6-13(a)所示，将结点 H 插入以 A 为根结点的左子树，原左子树 B 成为结点 H 的左子树，如图 6-13(b)所示。

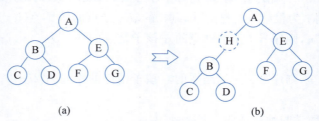

图 6-13　将结点插入 A 的左子树

5. 插入结点到右子树

将一个新结点插入二叉树的右子树。如图 6-14(a)所示,将结点 H 插入以 A 为根结点的右子树,原右子树 E 成为结点 H 的右子树,如图 6-14(b)所示。

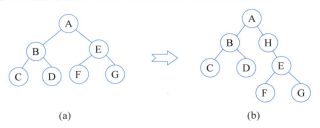

图 6-14　将结点插入 A 的右子树

6. 删除左子树

从二叉树中删除某个结点的左子树。如图 6-15(a)所示,删除根结点 A 的左子树,得到图 6-15(b)所示。

图 6-15　删除根结点 A 的左子树

7. 删除右子树

从二叉树中删除某个结点的右子树。如图 6-16(a)所示,删除根结点 A 的右子树,得到图 6-16(b)所示。

8. 查找结点

在二叉树中查找数据元素与某个结点元素相同的结点。在图 6-17(a)中查找结点 B,得到图 6-17(b)所示。

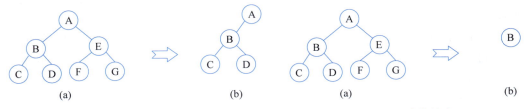

图 6-16　删除根结点 A 的右子树　　　　　图 6-17　查找结点

9. 遍历二叉树

二叉树的遍历是指按照某种顺序访问二叉树中的每个结点,使每个结点被访问一次且仅被访问一次。

遍历是二叉树中经常要用到的一种操作。在实际应用中,常常需要按一定顺序对二叉树中的每个结点逐个进行访问,查找具有某一特点的结点,然后对这些满足条件的结点进行处理。通过一次完整的遍历,可使二叉树中结点信息由非线性排列变为某种意义上的线性序列。也就是说,遍历操作使非线性结构线性化。

根据二叉树的结构特点,可以将一棵二叉树划分成三部分:根结点、左子树和右子树。其次,二叉树中的所有结点都有层次之分。因此,对于一棵二叉树来说,它有三条遍历路径,分别是先上后下、先左(子树)后右(子树)和先右(子树)后左(子树)。如果规定 D、L 和 R 分别表示访问根结点、访问左子树和访问右子树,根据访问根结点的次序,可得到二叉树的 7 种遍历法:层次遍历、DLR、LDR、LRD、DRL、RDL 和 RLD。其中,第 1 种方法是按先上后下且同层次按先左后右的路径顺序得到;第 2~4 种方法是按先左后右的路径顺序得到;第 5~7 种方法则是按先右后左的路径顺序得到。由于先左后右和先右后左的遍历操作在算法设计上没有本质的区别,并且通常对子树的处理也总是按照先左后右的顺序进行,它的排列规律可通过图 6-18 来描述。

下面以如图 6-19 所示二叉树,讨论 DLR、LDR、LRD 及层次遍历 4 种遍历方式。

图 6-18 二叉树子树先左后右遍历的结点排列规律图　　图 6-19 待遍历的二叉树

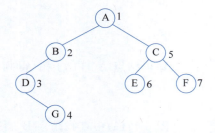

图 6-20 先序遍历二叉树示意图

1) 先序遍历

先序遍历(DLR)的递归过程为:若二叉树为空,遍历结束;否则访问根结点,先序遍历根结点的左子树,先序遍历根结点的右子树。

先序遍历二叉树如图 6-20 所示,首先访问根结点 A,然后移动到 A 结点的左子树。A 结点的左子树的根结点是 B,于是访问 B。移动到 B 的左子树,访问子树的根结点 D。D 没有左子树,因此移动到 D 的右子树,D 的右子树的根结点是 G,因此访问 G。现在就完成了对根结点 A 和 A 的左子树的遍历。以类似的方法遍历 A 的右子树。先访问 A 的右子树的根结点 C,接着访问 C 的左子树的根结点 E,最后访问 C 的右子树的根结点 F。按先序遍历得到的结点序列为 A B D G C E F。

2) 中序遍历

中序遍历(LDR)的递归过程为:若二叉树为空,遍历结束;否则中序遍历根结点的左子树,访问根结点,中序遍历根结点的右子树。

中序遍历二叉树如图 6-21 所示,在访问树的根结点 A 之前,必须遍历 A 的左子树,因此移到 B。在访问 B 之前,必须遍历 B 的左子树,因此移动到 D。现在访问 D 之前,必须遍历 D 的左子树。但 D 的左子树是空的,因此就访问结点 D。在访问结点 D 之后,必须遍历 D 的右子树,因此移动到 G,在访问 G 之前,必须访问 G 的左子树,因 G 没有左子树,因此就访问 G。在访问 G

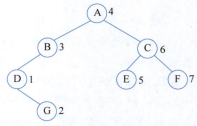

图 6-21 中序遍历二叉树示意图

之后,必须遍历 G 的右子树,G 的右子树是空的,B 的子树访问完毕。访问结点 B,然后开始遍历 B 的右子树,由于 B 的右子树为空,A 的左子树访问完毕,那么访问根结点 A,然后遍历 A 的右子树,因此下移动到结点 C。在访问 C 之前,必须访问 C 的左子树 E,然后访问 C,最后访问 F。按中序遍历所得到的结点序列为 D G B A E C F。

3) 后序遍历

后序遍历(LRD)的递归过程为:若二叉树为空,遍历结束;否则后序遍历根结点的左子树,后序遍历根结点的右子树,访问根结点。

后序遍历二叉树如图 6-22 所示,首先遍历根结点 A 的左子树。A 结点的左子树的根结点是 B,因此需要进一步移动到它的左子树。B 的左子树的根结点是 D。D 结点没有左子树,但有右子树,因此移动到它的右子树。D 的右子树的根结点是 G,G 没有左子树和右子树,因此结点 G 是首先访问的结点。在访问了 G 之后,遍历 D 的右子树的流程结束,因此访问 D 子树的根结点 D。到此结点 B 的左子树的遍历完成。现在可以访问结点 B 的右子树,结点 B 没有右子树,这样 A 的左子树遍历完毕。以同样的方式访问 A 的右子树。A 的右子树根结点为 C,先访问 C 的左子树 E,然后访问 C 的右子树 F,接着访问 C 结点。到此 A 的右子树访问结束,最后访问根结点 A。二叉树按后序遍历所得到的结点序列为 G D B E F C A。

4) 层次遍历

层次遍历是指从二叉树的第一层(根结点)开始,从上至下逐层遍历,在同一层中,则按从左到右的顺序对结点逐个访问。二叉树的层次遍历如图 6-23 所示,按层次遍历所得到的结果序列为 A B C D E F G。

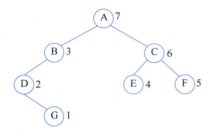

图 6-22　后序遍历二叉树示意图

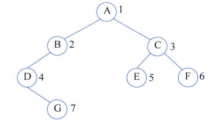

图 6-23　二叉树的层次遍历示意图

10. 构建最优二叉树

根据最优二叉树的定义,一棵二叉树要使其 WPL 值最小,必须使权值越大的叶结点越靠近根结点,而权值越小的叶结点越远离根结点。如果不约定左右子树的顺序,由 n 个权值作为叶子结点可以构造出多棵最优二叉树,如图 6-24 所示。可以计算出其带权路径长度为 29,由此可见,对于同一组给定叶结点所构造的最优二叉树,树的形状可能不同,但带权路径长度值是相同的,一定是最小的。

视频讲解

现约定用权值最小的作为左子树,次小的作为右子树构建二叉树,基本思想如下。

(1) 由给定的 n 个权值 $\{W_1, W_2, \cdots, W_n\}$ 构造 n 棵只有一个叶结点的二叉树,从而得到一个二叉树的集合 $F=\{T_1, T_2, \cdots, T_n\}$。

(2) 在 F 中选取根结点的权值最小和次小的两棵二叉树作为左、右子树构造一棵新的二叉树,这棵新的二叉树根结点的权值为其左、右子树根结点权值之和。

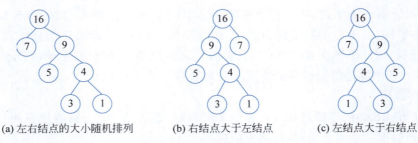

图 6-24 最优二叉树不唯一

（3）在集合 F 中删除作为左、右子树的两棵二叉树,并将新建立的二叉树加入集合 F 中。

（4）重复步骤（2）（3）两步,当 F 中只剩下一棵二叉树时,这棵二叉树便是所要建立的最优二叉树。

图 6-25 给出了前面提到的叶结点权值集合为 $W=\{1,3,5,7\}$ 的最优二叉树的构造过程。

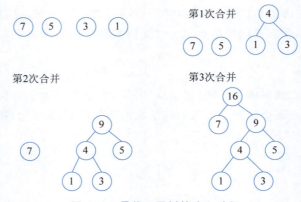

图 6-25 最优二叉树的建立过程

在数据存储或传输时,为了使存储或传输的数据尽可能少,需要对数据进行重新编码,进行压缩存储或传输。可借助最优二叉树思想构造待处理文本的编码树,将字符出现的频率作为权值。频率低的字符作为叶结点放在最优二叉树的底层,频率高的字符作为叶结点放在最优二叉树的高层。

假设要压缩的文本为"You are a programmer!",经过统计,总共用到了 11 个字符,分别为{!,Y,g,p,u,e,m,o,⌴,a,r}（为了描述方便,用⌴代替了空格,按字符出现频次及字符的 ASCII 编码升序排序）,各字母出现的次数依次为{1,1,1,1,1,2,2,2,3,3,4},如表 6-2 所示。

表 6-2 报文字符频率统计

字　　符	!	Y	g	p	u	e	m	o	⌴	a	r
出现次数	1	1	1	1	1	2	2	2	3	3	4

以字符为叶子结点,以字符出现次数为权重,初始情况如图 6.24(a)所示。

从图 6-26(a)中选出权值最小的两个结点 g 和 p 构造一棵二叉树 M1,然后依次从剩下的结点中选择权值最小的两个结点构造二叉树 M2～M10,如图 6-26(b)～图 6-26(f)所示。

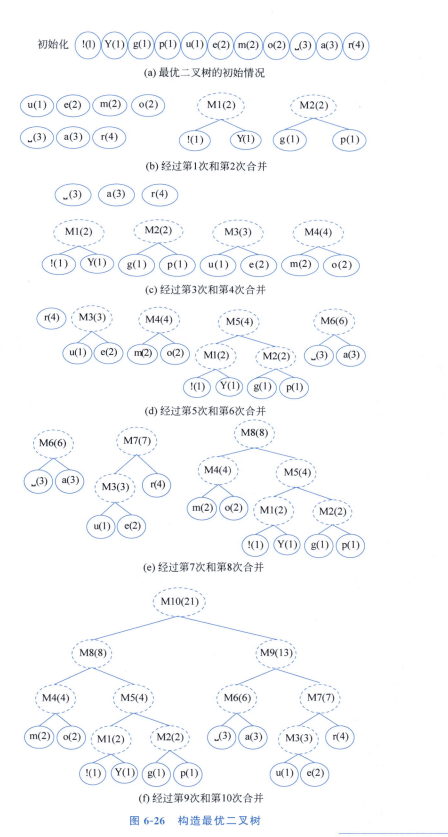

图 6-26 构造最优二叉树

图 6-26(f)中,设两个结点之间以边相连,从 M10 根结点出发,假设到每棵左子树根结点的边的编码为 0,到右子树根结点的边的编码为 1,如图 6-27 所示。按先序遍历或层次遍历,即可求得从根结点出发到每个叶子结点的边的序列作为每个结点的字符编码。例如,字符 r 的编码为 111,字符 e 的编码为 1101,所有字符编码如表 6-3 所示。

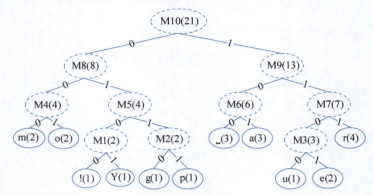

图 6-27 报文编码

表 6-3 报文字符编码

字符	!	Y	g	p	u	e	m	o	␣	a	r
出现次数	1	1	1	1	1	2	2	2	3	3	4
编码	0100	0101	0110	0111	1100	1101	000	001	100	101	111

根据表 6-3 计算,报文传输的总长度为

$4×1+4×1+4×1+4×1+4×1+4×2+3×2+3×2+3×3+3×3+3×4 = 70$(位)

当文本编码压缩后,再解压时,则可以通过构造同样的二叉树,然后先序或层次遍历二叉树,完成解码还原操作。

步骤四:分析二叉树的抽象数据类型

根据对二叉树的逻辑结构及基本操作的认识,得到二叉树的抽象数据类型。

ADT BiTree {

数据对象:

$D = \{a_i | 0 \leqslant i \leqslant n-1, n \geqslant 0, a_i$ 为 E 类型$\}$

数据关系:

$R = \{<a_i, a_j> | a_i, a_j \in D, 0 \leqslant i, j \leqslant n-1,$ 当 $n=0$ 时称为空二叉树,否则其中有一个根结点,其他结点构成根结点的互不相交的左、右子树,该左、右两棵子树也是二叉树$\}$

基本操作:

(1) 创建二叉树

(2) 获取左子树

(3) 获取右子树

(4) 插入数据到左子树

(5) 插入数据到右子树

(6) 删除左子树

(7) 删除右子树

(8) 搜索结点

(9) 遍历二叉树

(10) 构建最优二叉树

}

【任务评价】

请按表 6-4 查看是否掌握了本任务所学的内容。

表 6-4 "分析二叉树的逻辑结构"完成情况评价表

序 号	鉴定评分点	分 值	评 分
1	理解二叉树的定义及相关概念：结点的度，叶结点，分支结点，左孩子、右孩子、双亲、兄弟，路径、路径长度、带权路径长度，祖先、子孙，结点的层数，树的深度，树的度，满二叉树，完全二叉树，最优二叉树	20	
2	知道二叉树的 5 种形态和 5 个性质	20	
3	理解二叉树的基本操作及 4 种遍历方式	20	
4	理解最优二叉树的构造思想和构造过程	20	
5	理解二叉树的抽象数据类型	20	

6.4.2 用顺序最优二叉树实现文本压缩

【学习目标】

(1) 理解二叉树的顺序存储结构。

(2) 能基于顺序存储结构构建二叉树。

(3) 掌握应用最优二叉树解决问题的方法。

【任务描述】

在 6.4.1 节的任务中，已分析出二叉树的逻辑结构，定义了二叉树的抽象数据类型，并学习了最优二叉树的构建方法。接下来考虑将逻辑结构为二叉树的数据元素存储到计算机中去，进行存储结构的设计。存储结构有顺序存储结构和链式存储结构两种，本任务将二叉树的逻辑结构映射成顺序存储结构，并基于顺序存储结构实现最优二叉树的基本运算。最后，将已实现的顺序最优二叉树应用在文本压缩问题中。

【任务实施】

步骤一：将二叉树的逻辑结构映射成顺序存储结构

二叉树的顺序存储，是用一组连续的存储单元存放二叉树中的结点。通常是按照二叉树结点从上至下、从左到右的顺序存储。但是这样存储的结点在存储位置上的前驱后继关系并不一定就是它们在逻辑上的邻接关系，因此需要通过一些方法确定某结点在逻辑上的前驱结点和后继结点，这种顺序存储才有意义。

视频讲解

1. 基于完全二叉树的顺序存储

依据二叉树的性质 5，完全二叉树中结点的序号可以唯一地反映结点之间的逻辑关系。将完全二叉树的结点从上至下、从左至右顺序编号，按顺序存储在一维数组中。利用数组元素的下标值确定结点在二叉树中的位置以及结点之间的关系。

对于如图 6-28 所示的完全二叉树，将各结点按顺序存储在一维数组中，如表 6-5 所示。

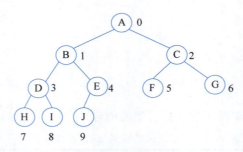

图 6-28 完全二叉树

表 6-5 图 6-28 所示完全二叉树的顺序存储示意图

结点	A	B	C	D	E	F	G	H	I	J
下标	0	1	2	3	4	5	6	7	8	9

　　从表 6-5 中可以看出，数组下标从 0 开始，数组中下标为 1 的位置存储 B 结点，B 的左孩子为 D，存储在下标为 2×1+1=3 的位置；B 的右孩子为 E，其存储下标为 2×1+2=4。

　　对于一般的二叉树，如果仍按从上至下和从左到右的顺序将树中的结点顺序存储在一维数组中，则数组元素下标之间的关系不能够反映二叉树中结点之间的逻辑关系，需要增添一些并不存在的空结点，使之成为一棵完全二叉树的形式，然后再用一维数组顺序存储。如图 6-29 所示给出了一棵一般二叉树改造后的完全二叉树形态和其顺序存储状态示意图。显然，这种存储对于需增加许多空结点才能将一棵二叉树改造成为一棵完全二叉树的存储时，会造成空间的大量浪费，不宜用顺序存储结构。最坏的情况是右单支树，如图 6-30 所示，一棵深度为 k 的右单支树，只有 k 个结点，却需分配 2^k-1 个存储单元。

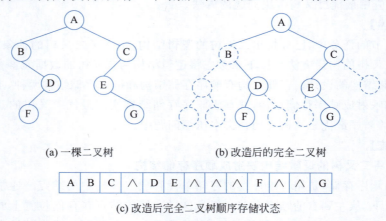

(a) 一棵二叉树　　　　　　(b) 改造后的完全二叉树

(c) 改造后完全二叉树顺序存储状态

图 6-29　一般二叉树及其顺序存储示意图

2. 基于静态链表的顺序存储

　　基于完全二叉树的顺序存储结构，除了会造成空间浪费外，另外一个缺点就是插入和删除中间结点的操作复杂，会造成大量数据的移动，因此很少使用。一种变通的做法是使用一维数组来存储二叉树的结点，而二叉树的结点除了存储本身信息外，还存储该结点左孩子、右孩子结点下标，这样的结点称为二叉链存储结构。如果还存入双亲结点的下标，此结点的存储结构就为三叉链存储结构了，如图 6-31 所示。data 域存放结点的数据信息；lchild 与

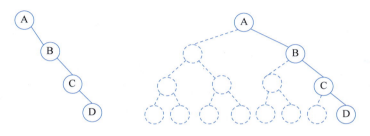

(a) 一棵右单支二叉树　　(b) 改造后的右单支对应的完全二叉树

(c) 单支二叉树改造后完全二叉树的顺序存储状态

图 6-30　右单支二叉树及其顺序存储示意图

rchild 分别存放左孩子和右孩子的下标；parent 域为双亲结点的下标。这种因为在数组中存放了带引用的结点而构成的链表称为静态链表。

(a) 二叉链存储结构　　(b) 三叉链存储结构

图 6-31　基于静态链表的二叉树顺序存储的结点结构

图 6-30(a)中二叉树基于二叉链存储结构和三叉链存储结构进行顺序存储的示意图如图 6-32 所示。

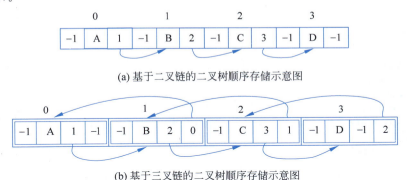

(a) 基于二叉链的二叉树顺序存储示意图

(b) 基于三叉链的二叉树顺序存储示意图

图 6-32　基于静态链表的二叉树顺序存储示意图

3. 设计最优二叉树顺序存储结构的结点

由最优二叉树的构造思想可知，最优二叉树的数据结点包括三个数据域：weight 用于存放该结点的权值，name 用于存放结点的字符名称，code 用于存放该字符对应的编码。最优二叉树的结点的数据域结构如图 6-33 所示。

weight	name	code
权值	字符名称	编码

图 6-33　最优二叉树的结点的数据域结构

```java
/**
 * 最优二叉树的数据结点
 */
public class HData{
    private int weight;              //结点权值
    private String name;             //结点数据,存放字符名称
    private String code;             //存放结点的字符编码
    public HData(String name, int weight) {
        this.weight = weight;
        this.name = name;
    }
    //其他构造函数和 set/get 方法省略
}
```

由最优二叉树的构造思想可知,可以用一个数组存放原来的 n 个叶子结点和构造过程中临时生成的结点,数组的大小为 $2n-1$。如果用三叉链构建最优二叉树顺序存储结构的结点,结点 data 域包含三个数据:weight 存放该结点的权值,name 存放字符的名称,code 记录生成的编码,lchild 用于存放该结点的左孩子结点在数组中的序号,rchild 用于存放该结点的右孩子结点在数组中的序号,parent 存放该结点的双亲结点在数组中的序号,lchild、rchild 和 parent 如为-1,代表该结点无左孩子结点、右孩子结点、父结点。最优二叉树顺序存储的结点结构如图 6-34 所示。

lchild	weight	name	code	rchild	parent
左孩子	权值	字符名称	编码	右孩子	双亲

图 6-34 最优二叉树顺序存储的结点结构

结点类 HNode 的定义如下。

```java
public class HNode {
    private int lchild;              //左孩子结点
    private int rchild;              //右孩子结点
    private int parent;              //父结点
    private HData data;              //结点数据
    //构造器
    public HNode(HData data){
        this.setData(data);
        this.lchild = -1;
        this.rchild = -1;
        this.parent = -1;
    }
    public HNode(){
        this(null);
    }
}
//省略 get/set
```

4. 创建基于顺序存储结构的最优二叉树

创建类 SeqHuffmanTree,定义两个类变量 data 和 leafNum,其中,data 是类型为 HNode 的一维数组,用来存储最优二叉树中的结点,leafNum 为整型,用来存放叶子结点数目。

```java
import java.util.*;
public class HuffmanTree {
    private HNode[] data;              //结点数组
    private int leafNum;               //叶子结点数目
      ...
}
```

步骤二：设计最优二叉树的基本操作

通过分析，最优二叉树类中应该有以下功能。

(1) void create(String message)：根据输入的报文字符串 message，计算每个字符的出现频率(权值)，然后创建一棵最优二叉树。

(2) boolean isLeaf(HNode p)：判断结点 p 是否是叶子结点。

(3) int traverse()：先序遍历二叉树，输出所有报文字符的编码，并输出总的报文编码长度。

(4) search(HNode p, String name)：在二叉树上查找名称为 name 的结点。

(5) String codes(String message)：对报文 message 进行编码。

(6) String decodes(String codes)：对编码报文 codes 解码成对应报文。

步骤三：编码实现最优二叉树的基本操作

1. 构建最优二叉树 create(String message)

用传输的报文 message 构造最优二叉树。算法中，首先计算 message 中的不同字符出现的次数，并以键值对的形式将该字符及字符出现的次数存放在变量 charSet 中，属性 leafNum 为不同字符的数量，也为叶结点的数量。在最优二叉树构建的过程中，经过 leafNum－1 次合并产生 leafNum－1 个新结点，因此最优二叉树共有 leafNum＋leafNum－1＝2×leafNum－1 个结点，顺序存储结构 data 的容量设为 2×leafNum－1。然后调用自定义的 sortMapByValueKey()方法，对字符集 charSet 按字符出现的频次排序，最后按最优二叉树的思想构建最优二叉树。

```java
//用传输的报文 message 构造最优二叉树
    public void create(String message) {
        String str = message.trim();
        System.out.println("待处理的文本长度: " + str.length());
        Map<Character,Integer> charSet = new HashMap<>();  //存放字符集及出现频次

        for (int i = 0; i < str.length(); i++) { //统计各字符出现的频率
            char key = str.charAt(i);
            if(charSet.containsKey(key)) {
                int v = charSet.get(key) + 1;
                charSet.put(key, v);
            }else {
                charSet.put(key, 1);
            }
        }
        this.leafNum = charSet.size();                    //统计文本中字符的数量
        System.out.println("待处理的字符数量: " + leafNum);
        data = new HNode[this.leafNum * 2 - 1];
        for (int i = 0; i < 2 * leafNum - 1; i++)//初始化最优二叉树的结点
            data[i] = new HNode();
```

```java
            System.out.println("各个字符出现频次：");
            int cnt = 0;
            //为了编码的一致性,对字符集按出现频次和ASCII码进行升序排序处理
            List < Map.Entry < Character, Integer >> sortedCharSet = sortMapByValueKey
(charSet);
            for(Map.Entry<Character, Integer> item: sortedCharSet){
                //用字符创建叶子结点
                char key = item.getKey();
                int v = item.getValue();
                HData hd = new HData(key+"",v);
                data[cnt++].setData(hd);
                System.out.print(key+":"+v+" ");
            }
            System.out.println();

            int m1, m2, x1, x2;
            //处理n个叶子结点,建立最优二叉树
            for (int i = 0; i < this.leafNum - 1; ++i) {
                m1 = m2 = Integer.MAX_VALUE; //m1 为最小权值,m2 为次小权值
                x1 = x2 = 0; //x1 为权值最小位置,x2 为权值次小位置
                //在全部结点中找权值最小的两个结点
                for (int j = 0; j < this.leafNum + i; ++j) {
                    if ((data[j].getData().getWeight() < m2)
&& (data[j].getParent() == -1)) {
                        m2 = data[j].getData().getWeight();
                        x2 = j;
                        if(m2 < m1) {
                            m2 = m1;
                            x2 = x1;
                            m1 = data[j].getData().getWeight();
                            x1 = j;
                        }
                    }
                }
                //用两个权值最小点构造一个新的中间结点
                int w = data[x1].getData().getWeight() + data[x2].getData().getWeight();
                HData hd = new HData("", w);
                data[this.leafNum + i].setData(hd);
                data[this.leafNum + i].setLchild(x1);
                data[this.leafNum + i].setRchild(x2);
                //修改权值最小的两个结点的父结点指向
                data[x1].setParent(this.leafNum + i);
                data[x2].setParent(this.leafNum + i);
            }
        }
        //对 Map 对象按 value 和 key 进行升序排序
        private List < Map.Entry < Character, Integer >> sortMapByValueKey(Map < Character,
Integer > map){
            List< Map.Entry< Character, Integer >> list = new ArrayList<>(map.entrySet());
            Collections.sort(list, ((o1,o2) ->{
                int x = o1.getValue() - o2.getValue();
                if(x!= 0) return x; //先按 value 排序
                return o1.getKey() - o2.getKey();
            }));
            return list;
        }
```

2. 判断是否为叶结点 isLeaf(HNode p)

如果结点 p 不为空,并且它所指向的左孩子和右孩子的下标都为 -1,说明 p 为叶结点。

```
//判断是否是叶子结点
    public boolean isLeaf(HNode p) {
        return ((p != null) &&
                (p.getLchild() == -1 && p.getRchild() == -1));
    }
```

3. 获得根结点 getRoot()

最优二叉树构建过程中,最后生成的结点是根结点。基于静态链表的顺序存储结构中,根结点存在数组最后一个位置,下标为 2×leafNum-2。

```
    //获得最优二叉树的根结点
    public HNode getRoot() {
        if(2 * leafNum - 2 < 0) return null;
        return data[2 * leafNum - 2];
    }
```

4. 遍历二叉树 traverse()

通过遍历方法 traverse(),启动遍历,获取最优二叉树的根结点,并将其传给先序遍历方法 preOrder(),preOrder()通过递归调用,在遍历最优二叉树的同时,计算了所有叶子结点的编码及最优二叉树的编码长度。

```
//先序遍历,输出所有叶子结点的编码,并计算总的编码长度
    private int preOrder(HNode root, String code) {
            int sum = 0;
            if (root != null) {
                root.getData().setCode(code);
                if(isLeaf(root)){      //叶子结点,输出编码,计算长度
                    System.out.println(root.getData().getName() + ":"
+ root.getData().getCode());
                    return root.getData().getWeight() * root.getData().getCode().length();
                }
                if(root.getLchild()!= -1){
                    //左子树,编码为0,统计左子树叶子结点的编码长度
                    sum += preOrder(data[root.getLchild()],code + "0");
                }
                if(root.getRchild()!= -1){
                    //右子树,编码为1,统计右子树所有叶子结点的编码长度
                    sum += preOrder(data[root.getRchild()],code + "1");
                }
            }
            return sum;
    }
    //层次遍历,求所有报文字符编码,返回计算编码后的总长度
    public int traverse(int i) {
        HNode root = getRoot();
        //根结点为空
        if (root == null) {
            return 0;
```

```
            }
            int sum = preOrder(root,"");
            return sum;
}
```

5. 查找结点 search(HNode p,String name)

通过递归调用,在二叉树上查找名称为 name 的结点。

```
//查询指定名称的结点
    public HNode search(HNode p, String name) {
        //如果 p 为空或 p 是要找的元素,返回
        if (p == null)
            return null;

        if (p.getData().getName().equals(name)) {    //找到
            return p;
        }
        if(p.getLchild()>= 0) {                       //存在左子树
            HNode res = search(data[p.getLchild()], name);
            if (res != null) {                        //在左子树找到元素 res 返回
                return res;
            }
        }
        //左子树没找到,在右子树继续查找
        if(p.getRchild()>= 0) {                       //存在右子树
            return search(data[p.getRchild()], name);
        }
        return null;
    }
```

6. 文本编码 codes(String message)

对报文 message 进行编码。创建了 StringBuilder 类型的变量 sb 用来存放 message 的编码。对 message 中的每个字符做循环,调用 search()方法,在最优二叉树中查找该字符的编码,将查到的字符编码附加在变量 sb 尾部。

```
//对文本进行编码
    public String codes(String message) {
        StringBuilder sb = new StringBuilder();
        HNode root = getRoot();
        for (int i = 0; i < message.length(); i++) {
            char c = message.charAt(i);
            HNode hn = search(root, c + "");          //查找指定字符的结点
            sb.append(hn.getData().getCode());
        }
        return sb.toString();
    }
```

7. 报文解码 decodes(String codes)

通过层次遍历,实现对编码报文 codes 解码成对应报文。

```
//采用层次遍历,进行解码,全部解码正确才返回对应字符串
    public String decodes(String codes){
        //设置一个队列保存层次遍历的结点
```

```java
            Queue<HNode> q = new LinkedList<HNode>();
            HNode root = getRoot();
            //根结点入队
            q.add(root);
            String str = "";
            //队列非空,结点没有处理完
            while (!q.isEmpty()) {
                //结点出队
                HNode tmp = q.poll();
                if(!codes.startsWith(tmp.getData().getCode())) continue;
                //如果是叶子结点,则计算编码长度
                if(isLeaf(tmp)){
                    str = str + tmp.getData().getName();
                    codes = codes.substring(tmp.getData().getCode().length());
                    if(codes.length()>0){ //继续重新解码
                        q.clear(); //清空队列
                        q.add(root);
                        continue;
                    }
                }
                //将当前结点的左孩子结点入队
                if (tmp.getLchild() != -1) {
                    q.add(data[tmp.getLchild()]);
                }
                if (tmp.getRchild() != -1) {
                    //将当前结点的右孩子结点入队
                    q.add(data[tmp.getRchild()]);
                }
            }
            return codes.length()>0 ? "":str;
    }
}
```

步骤四：测试顺序最优二叉树

编写 HuffmanTreeTest 测试类,对程序进行测试,代码如下。

```java
import java.util.Scanner;
public class HuffmanTreeTest {
    public static void main(String[] args) {
        Scanner sc = new Scanner(System.in);
        System.out.println("请输入待编码的文本:");
        String message = sc.nextLine();
        System.out.println("待处理的文本:");
        System.out.println(message);
        SeqHuffmanTree ht = new SeqHuffmanTree();
        ht.create(message);                    //创建哈夫曼树
        System.out.println("各个字符编码如下:");
        int total = ht.traverse();
        System.out.println("文本编码总长度:" + total);
        String code = ht.codes(message);
        System.out.println("编码后:" + code);
        String msg = ht.decodes(code);
        System.out.println("解码后:" + msg);
        System.out.println("程序退出");
        sc.close();
    }
}
```

运行程序,结果如下。

请输入待编码的文本:

You are a programmer!

待处理的文本:

You are a programmer!
待处理的文本长度:21
待处理的字符数量:11

各个字符出现频次:

! :1 Y:1 g:1 p:1 u:1 e:2 m:2 o:2 :3 a:3 r:4

各个字符编码如下:

m:000
o:001
!:0100
Y:0101
g:0110
p:0111
 :100
a:101
u:1100
e:1101
r:111

文本编码总长度:70
编码后:0101001110010010111111011001011000111111001011011110100000011011110100
解码后:You are a programmer!

程序退出程序运行,对 You are a programmer! 这段文本的各个字符出现频率进行统计,并构建了最优二叉树,然后遍历最优二叉树,输出了文本中每个字符的新编码、文本编码后的总编码及编码长度。并对编码后的内容进行解码,还原到开始的文本,实现了压缩后的无损还原,实现了无损压缩编码。

程序运行后,可以继续输入某个或某段文本的编码进行解码。

【任务评价】

请按表 6-5 查看是否掌握了本任务所学的内容。

表 6-5 "用顺序最优二叉树实现文本压缩"完成情况评价表

序 号	鉴定评分点	分 值	评 分
1	理解二叉树的顺序存储结构	15	
2	理解顺序存储静态链表结构	15	
2	能用静态链表结构存储二叉树	25	
3	能编程实现最优二叉树的遍历	20	
4	能利用最优二叉树对文本进行编码和解码	25	

6.4.3 用链式存储实现二叉树

【学习目标】

(1)熟悉二叉树的链式存储结构。

(2)掌握二叉树的基本操作的链式实现方法。

（3）掌握应用二叉树的链式存储解决问题的方法。

【任务描述】

二叉树的顺序存储,对于寻找后代结点和祖先结点都非常方便,但对于普通的二叉树,顺序存储会浪费大量的存储空间,同样也不利于结点的插入和删除。因此,顺序存储一般用于存储完全二叉树,一般的二叉树通常用链式存储结构。本任务将二叉树的逻辑结构映射成链式存储结构,并基于链式存储结构实现二叉树的基本操作。

【任务实施】

步骤一：将二叉树的逻辑结构映射成链式存储结构

二叉树的链式存储结构是用链表来表示一棵二叉树,即用链表来指示元素的逻辑关系。通常有二叉链表和三叉链表两种存储形式。

1. 二叉链表存储

链表中每个结点由三个域组成：数据域、左孩子指针域、右孩子指针域。左右孩子指针域分别用来给出该结点左孩子和右孩子所在的链结点的存储地址。结点的存储结构如图 6-35 所示。

视频讲解

其中,data 域存放结点的数据信息；lchild 与 rchild 分别存放指向左孩子和右孩子的指针,当左孩子或右孩子不存在时,相应指针域值为空(用符号 ∧ 或 null 表示)。

图 6-35　结点的存储结构示意图

图 6-36(b)给出了图 6-36(a)中的一棵二叉树的二叉链存储表示意图。

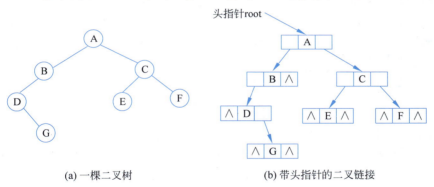

(a) 一棵二叉树　　　　　　(b) 带头指针的二叉链接

图 6-36　二叉树的二叉链表存储表示意图

2. 三叉链表存储

二叉链表的缺点是从某个结点查找该结点的双亲结点不方便,可采用三叉链表存储,增加指向双亲结点的指针。

在三叉链表存储中,每个结点由 4 个域组成,具体结构如图 6-37 所示。

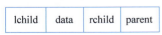

图 6-37　三叉链表结点示意图

其中,data、lchild 以及 rchild 三个域的意义与二叉链表结构相同；parent 域为指向该结点双亲结点的指针。这种存储结构既便于查找孩子结点,又便于查找双亲结点。但是,相对于二叉链表存储结构而言,它增加了空间开销。

图 6-38 给出了图 6-36(a)中二叉树的三叉链表示意图。

尽管在二叉链表中无法由结点直接找到其双亲,但由于二叉链表结构灵活、操作方便,

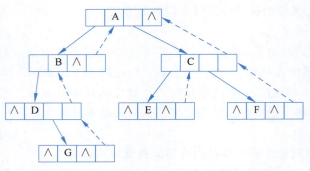

图 6-38 图 6-36(a)中二叉树的三叉链表示意图

因此,二叉链表是最常用的二叉树存储方式。本单元后面所涉及的二叉树的链式存储结构如不加特别说明都是指二叉链表结构。

3. 基于二叉链式存储结构创建二叉树类

(1) 创建一个二叉链表的结点类 Node＜E＞,表示二叉链表的结点类型,包含三个成员变量:data 是结点数据域,lchild 与 rchild 分别存放指向左孩子和右孩子的指针。

```java
public class Node<E> {
    private E data;                    //结点的数据
    private Node<E> lchild;            //当前结点的左子树
    private Node<E> rchild;            //当前结点的右子树
    public Node(E data) {
        this(data,null,null);
    }
    public Node(E data, Node<E> lchild, Node<E> rchild) {
        this.data = data;
        this.lchild = lchild;
        this.rchild = rchild;
    }
    //此处省略 get/set 方法
    @Override
    public String toString() {
        return "Node [data = " + data + ", lchild = " + lchild + ", rchild = " + rchild + "]";
    }
}
```

如果用三叉链表存储二叉树,结点的代码定义如下。

```java
public class Node<E> {
    private E data;                    //结点的数据
    private Node<E> lchild;            //当前结点的左子树
    private Node<E> rchild;            //当前结点的右子树
    private Node<E> parent;            //当前结点的父结点
    public Node(E data) {
        this(data,null,null);
    }
    public Node(E data, Node<E> lchild, Node<E> rchild, Node<E> parent) {
        this.data = data;
        this.lchild = lchild;
        this.rchild = rchild;
        this.parent = parent;
```

```
        }
        //此处省略 get/set 方法
        @Override
        public String toString() {
            return "Node [data = " + data + ", lchild = " + lchild + ", rchild = " + rchild + ", parent = " + parent + "]";
        }
    }
```

（2）创建一个链式二叉树类 LinkedBiTree＜E＞，该类实现二叉树的抽象数据类型中定义的基本操作，基本操作的算法实现在步骤二完成。

（3）在类 LinkedBiTree＜E＞中定义一个类变量 root，指向二叉树的根结点。

```
public class LinkedBiTree＜E＞ {
    private Node＜E＞ root; //根结点
    public LinkedBiTree(E e) {
        root = new Node＜E＞(e);
    }

    public Node＜E＞ getRoot() {
        return root;
    }
    // 在后面逐步实现二叉树的基本操作
    ……
}
```

步骤二：基于链式存储结构实现二叉树的基本操作

1. 建立二叉树

生成一棵包含根结点和左右子树的二叉树。如图 6-39 所示，以 A 为根结点，B 和 C 为左右子树，构建一棵二叉树。

视频讲解

图 6-39　创建以 A 为根结点的二叉树

建立二叉树的 Java 实现代码如下。

```
public void create(E v, Node＜E＞ l, Node＜E＞ r) {
    //以 v 为根结点元素，l 和 r 为左右子树构造二叉树
    root = new Node＜E＞(v, l, r);
}
```

2. 获取左子树

获取一棵二叉树根结点的左子树。如图 6-40(a)所示，获取以 A 为根结点的左子树。

(a) 图6.39中A结点的左子树　　　　　　(b) 图6.39中A结点的右子树

图 6-40　获取根结点 A 的子树

获得左子树的 Java 实现代码如下。

```java
public Node<E> getLchild(Node<E> p) {
    return p.getLchild();                //获取 p 的左子树
}
```

3. 获取右子树

获取一棵树根结点的右子树。如图 6-40(b)所示，获取以 A 为根结点的右子树。
获取右子树的 Java 实现代码如下。

```java
public Node<E> getRchild(Node<E> p) {
    return p.getRchild();                //获取 p 的右子树
}
```

4. 插入数据到左子树

将数据构造成一个新结点插入二叉树的左子树。如图 6-41(a)所示，将数据 H 构造的结点插入以 A 为根结点的左子树，原左子树 B 成为结点 H 的左子树，如图 6-41(b)所示。

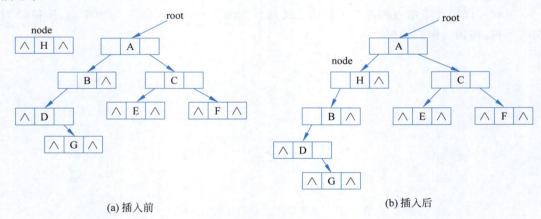

(a) 插入前　　　　　　　　　　　　　　(b) 插入后

图 6-41　将结点插入 A 的左子树

将结点 val 插入结点 p 的左子树的 Java 代码如下。

```java
public void insertL(E val, Node<E> p) {
    Node<E> node = new Node<E>(val);        //用 val 元素创建结点 node
    node.setLchild(p.getLchild());          //将 p 的左子树作为 node 的左子树
    p.setLchild(node);                      //将新结点 node 作为 p 的左子树
}
```

5. 插入数据到右子树

将数据构造一个新结点插入二叉树的右子树。如图 6-42(a) 所示，将数据 H 构造的结点插入以 A 为根结点的右子树，原右子树 B 成为结点 H 的右子树，如图 6-42(b) 所示。

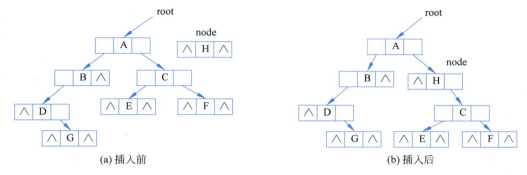

图 6-42　将结点插入 A 的右子树

将结点 val 插入结点 p 的右子树的 Java 代码如下。

```java
public void insertR(E val, Node<E> p) {
    Node<E> node = new Node<E>(val);        //用 val 元素创建结点 node
    node.setRchild(p.getRchild());          //将 p 的右子树作为 node 的右子树
    p.setRchild(node);                      //将新结点 node 作为 p 的右子树
}
```

6. 删除左子树

从二叉树中删除某个结点的左子树。如图 6-43(a) 所示，删除根结点 A 的左子树，得到图 6-43(b) 所示。

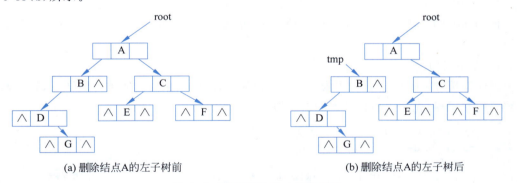

图 6-43　删除根结点 A 的左子树

删除结点 p 的左子树的 Java 代码如下。

```java
public Node<E> deleteL(Node<E> p) {
    if ((p == null) || (p.getLchild() == null)) {
        return null;                        //左子树不存在
    }
    Node<E> tmp = p.getLchild();            //获取左子树
    p.setLchild(null);                      //删除左子树
    return tmp;                             //返回左子树
}
```

7. 删除右子树

从二叉树中删除某个结点的右子树。如图 6-44(a)所示,删除根结点 A 的右子树,得到图 6-44(b)所示。

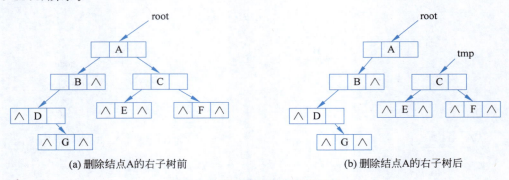

(a) 删除结点A的右子树前　　　　　　　　　　(b) 删除结点A的右子树后

图 6-44　删除根结点 A 的右子树

删除结点 p 的右子树的 Java 代码如下。

```java
public Node<E> deleteR(Node<E> p) {
    if ((p == null) || (p.getRchild() == null)) {
        return null;                       //右子树不存在
    }
    Node<E> tmp = p.getRchild();           //获取右子树
    p.setRchild(null);                     //删除右子树
    return tmp;                            //返回右子树
}
```

8. 遍历二叉树

根据前面的描述,遍历二叉树有 4 种方法,分别为先次遍历、中序遍历、后序遍历和层次遍历。

1) 先序遍历

先序遍历(DLR)的递归过程为:若二叉树为空,遍历结束;否则访问根结点,先序遍历根结点的左子树,先序遍历根结点的右子树。

```java
//先序遍历 DLR 以 p 为根结点的二叉树
    public void preOrder(Node<E> p){
        if (p != null) {
            System.out.print(p.getData() + " ");      //访问根结点
            preOrder(p.getLchild());                  //递归先序遍历左子树
            preOrder(p.getRchild());                  //递归先序遍历右子树
        ⋮
}
```

2) 中序遍历

中序遍历(LDR)的递归过程为:若二叉树为空,遍历结束;否则中序遍历根结点的左子树,访问根结点,中序遍历根结点的右子树。

```java
//中序遍历 LDR 以 p 为根结点的二叉树
    public void inOrder(Node<E> p) {
        if (p != null) {
```

```
        inOrder(p.getLchild());              //递归中序遍历左子树
        System.out.print(p.getData() + " ");  //访问根结点
        inOrder(p.getRchild());              //递归中序遍历右子树
    }
}
```

3) 后序遍历

后序遍历(LRD)的递归过程为：若二叉树为空,遍历结束；否则后序遍历根结点的左子树,后序遍历根结点的右子树,访问根结点。

```
//后序遍历 LRD 以 p 为根结点的二叉树
    public void postOrder(Node<E> p) {
        if (p != null) {
            postOrder(p.getLchild());             //递归后序遍历左子树
            postOrder(p.getRchild());             //递归后序遍历右子树
            System.out.print(p.getData() + " ");  //访问根结点
        }
    }
}
```

4) 层次遍历

层次遍历的基本思想是：在进行层次遍历时,设置一个队列,将根结点引用入队,当队列非空时,循环执行以下三步。

① 从队列中取出一个结点引用,并访问该结点。

② 若该结点的左子树非空,将该结点的左子树根结点入队。

③ 若该结点的右子树非空,将该结点的右子树根结点入队。

```
//层次遍历以 p 为根结点的二叉树
    public void levelOrder(Node<E> p) {
        //根结点为空
        if (p == null) {
            return;
        }
        //设置一个队列保存层次遍历的结点
        Queue<Node<E>> q = new LinkedList<Node<E>>();
        //根结点入队
        q.add(p);
        //队列非空,结点没有处理完
        while (!q.isEmpty()) {
            //结点出队
            Node<E> tmp = q.poll();
            //访问当前结点
            System.out.print(tmp.getData() + " ");
            if (tmp.getLchild() != null) {
                //将当前结点的左孩子结点入队
                q.add(tmp.getLchild());
            }
            if (tmp.getRchild() != null) {
                //将当前结点的右孩子结点入队
                q.add(tmp.getRchild());
            }
        }
    }
```

9. 查找结点

在二叉树中查找数据元素与某个结点元素相同的结点。可以采用任意一种遍历的方法实现二叉树结点的查找。在图 6-45 中以先序遍历查找元素为 F 的结点。

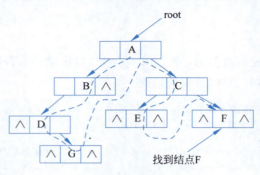

图 6-45 查找结点

在以 p 为根结点的子树上递归查找元素为 E 的结点，Java 实现代码如下。

```java
public Node<E> search(Node<E> p, E v) {
    //如果 p 为空或 p 是要找的元素,返回
    if (p == null || p.getData().equals(v)) {
        return p;
    }
    Node<E> res = search(p.getLchild(), v);
    if (res != null) { //在左子树找到元素 v 返回
        return res;
    }
    //左子树没找到,在右子树继续查找
    return search(p.getRchild(), v);
}
```

步骤三：测试二叉链表实现的二叉树

```java
public class LinkedBiTreeTest {

    public static void main(String[] args) {
        /*构造二叉树
         *         A
         *       B   C
         *     D   G E   F
         *
         */
        //以 A 为根结点的二叉树
        LinkedBiTree<Character> bt = new LinkedBiTree<Character>('A');
        Node<Character> root = bt.getRoot();
        //插入 A 的左结点 B
        bt.insertL('B', root);
        Node<Character> b = root.getLchild();
        //插入 B 的左结点 D
        bt.insertL('D', b);
        //插入 B 的右结点 G
        bt.insertR('G', b);
        //构造 A 的右子树
        bt.insertR('C', root);
```

```java
            Node<Character> c = root.getRchild();
            bt.insertL('E', c);
            bt.insertR('F', c);
            System.out.println(root);
            System.out.print("\n先序遍历:");
            bt.preOrder(root);                    //A B D G C E F
            System.out.print("\n中序遍历:");
            bt.inOrder(root);                     //D G B A E C F
            System.out.print("\n后序遍历:");
            bt.postOrder(root);                   //G D B E F C A
            System.out.print("\n层次遍历:");
            bt.levelOrder(root);                  //A B C D E F G
            System.out.print("\n查找结点 F:");
            Node<Character> pNode = bt.search(root, 'F');
            System.out.println(pNode.getData());  //输出 G
            System.out.print("\n查找节点 H:");
            pNode = bt.search(root, 'H');
            System.out.println(pNode);            //没找到输出 null
    }
}
```

运行结果如下。

先序遍历：A B D G C E F
中序遍历：D B G A E C F
后序遍历：D G B E F C A
层次遍历：A B C D G E F
查找节点 F:F
查找节点 H:null

【任务评价】

请按表 6-6 查看是否掌握了本任务所学的内容。

表 6-6 "用链式存储实现二叉树"完成情况评价表

序 号	鉴定评分点	分 值	评 分
1	掌握二叉链表、三叉链表两种存储结构	25	
2	能基于二叉链表实现二叉树的基本操作	25	
3	能编程实现4种遍历方法及查找方法	25	
4	能对二叉链表实现的二叉树进行测试	25	

6.4.4 用链式最优二叉树实现文本压缩

【学习目标】

（1）能在实际问题中识别二叉链表的结构。
（2）能针对具体问题构建对应的最优二叉树。
（3）掌握应用最优二叉树解决问题的方法。

【任务描述】

基于二叉链表的思想构建最优二叉树，对待压缩的文本进行编码压缩，并输出压缩后每个字符对应的编码，然后计算压缩后文本的总长度。

【任务实施】

步骤一：用链式存储结构设计最优二叉树

1. 设计最优二叉树的数据结点

由最优二叉树的构造思想可知，最优二叉树可采用二叉链表进行构造，最优二叉树的数据结点包括三个数据域:weight 用于存放该结点的权值,name 用于存放结点的字符名称,code 用于存放该字符对应的编码。最优二叉树的数据结点的结构如图 6-46 所示。

weight	name	code
权值	字符名称	编码

图 6-46 最优二叉树的数据结点的结构

```java
/**
 * 最优二叉树的数据结点
 */
public class HData{
    private int weight;                  //结点权值
    private String name;                 //结点数据,存放字符名称
    private String code;                 //存放结点的字符编码
    public HData(String name, int weight) {
        this.weight = weight;
        this.name = name;
    }
    //其他构造函数和 set/get 方法省略
}
```

最优二叉树的结点的存储结构采用二叉链式存储结构实现 Node< HData >。

2. 创建基于二叉链式存储结构的最优二叉树

创建类 LinkedHuffmanTree,定义一个最优二叉树的根结点 root,创建一个优先级队列 queue,用来快速查找权值 weight 最小和次小的两个结点。

```java
import java.util.*;
public class LinkedHuffmanTree {
    private Node< HData > root;                          //最优二叉树的根结点
    private PriorityQueue< Node< HData >> queue;         //优先级队列
    ...
}
```

3. 构建优先级队列比较器

在最优二叉树的构造过程中,需要寻找权值 weight 最小和次小的两个结点来构造二叉树。这个寻找过程将借助优先级队列来实现。优先级队列能把进入队列的元素,按照特定的比较器进行排序输出。构造优先级队列比较器的代码如下。

```java
//基于权值比较的优先级队列,用于选择权值最小和次小的结点,权值相同时,保持插入顺序不变
PriorityQueue< Node< HData >> queue =
new PriorityQueue<>(new Comparator< Node< HData >>() {
        @Override
        public int compare(Node< HData > n1, Node< HData > n2) {
            //按权值从小到大排序
            int x1 = n1.getData().getWeight() - n2.getData().getWeight();
            int x2 = n1.getData().getName().length() - n2.getData().getName().length();
            if(x1!= 0) return x1;  //首先按权值比较
            //在权值相同的情况下保持按插入元素的顺序排序
```

```
            if(x2!= 0) return x2;
            return
n1.getData().getName().compareTo(n2.getData().getName());
        }
});
```

4. 设计最优二叉树的基本操作

根据任务要求，最优二叉树类 HuffmanTree 中应该有以下功能。

（1）void create(String message)：根据输入的文本字符串 message，计算每个字符的出现频率（权值），然后创建一棵最优二叉树。

（2）boolean isLeaf(Node < HData > p)：判断结点 p 是否是叶子结点。

（3）int traverse(int i)：遍历二叉树，输出所有文本字符的编码，并输出总的编码长度。

（4）search(Node < HData > p,String name)：在二叉树 p 上查找名称为 name 的结点。

（5）String codes(String message)：对报文 message 进行编码。

（6）String decodes(String codes)：对编码报文 codes 解码对应报文。

步骤二：编码实现最优二叉树的基本操作

1. 构建最优二叉树 create(String message)

用传输的报文 message 构造最优二叉树。算法中，首先计算 message 中的不同字符出现的次数，并以键值对的形式将该字符及字符出现的次数存放在变量 charSet 中，然后调用自定义的 sortMapByValueKey()方法，对字符集 charSet 按字符出现的频次排序，接着对排序好的每个字符构建一个初始结点 Node < HData >加入优先级队列中自动排好序，最后按最优二叉树的思想构建最优二叉树。

视频讲解

```java
/**
 * @param message 待处理的文本
 */
public void create(String message) {
    String str = message.trim();
    System.out.println("待处理的文本长度：" + str.length());
    Map < Character, Integer > charSet = new
HashMap < Character, Integer >();                    //存放字符集及出现频次

    for (int i = 0; i < str.length(); i++) {         //统计各字符出现的频率
        char key = str.charAt(i);
        if(charSet.containsKey(key)) {
            int v = charSet.get(key) + 1;
            charSet.put(key, v);
        }else {
            charSet.put(key, 1);
        }
    }
    int cnt = charSet.size();                        //统计文本字符的数量
    System.out.println("待处理的字符数量：" + cnt);
    System.out.println("各个字符出现频次：");

    //为了编码的确定性，对字符集按出现频次和ASCII 码进行升序排序处理
    List < Map.Entry < Character, Integer >> sortedCharSet = sortMapByValueKey(charSet);
```

```java
            //基于权值比较的优先级队列,用于选择权值最小和次小的结点,权值相同时,保持插入
//顺序不变
            queue = new PriorityQueue<>(new Comparator<Node<HData>>() {
                @Override
                public int compare(Node<HData> n1, Node<HData> n2) {
                    //按权值从小到大排序
                    int x1 = n1.getData().getWeight() - n2.getData().getWeight();
                    int x2 = n1.getData().getName().length() - n2.getData().getName().length();
                    if(x1!=0) return x1; //首先按权值比较
                    //在权值相同的情况下保持按插入元素的顺序排序
                    if(x2!=0) return x2;
                    return n1.getData().getName().compareTo(n2.getData().getName());
                }
            });
            sortedCharSet.forEach(item -> {
                //用字符创建叶子结点
                char key = item.getKey();
                int v = item.getValue();
                HData hnode = new HData(key + "", v);
                Node<HData> node = new Node<HData>(hnode);
                queue.offer(node); //每个字符为一个结点,加入优先级队列
                System.out.print(key + ":" + v + " ");
            });

            System.out.println();
            cnt = 0;
            while (queue.size() > 1) {
                Node<HData> lchild = queue.poll(); //去权值最小的结点
                Node<HData> rchild = queue.poll(); //去权值次小的结点
                int newWeight = lchild.getData().getWeight() + rchild.getData().getWeight();
                cnt++;
                HData hn = new HData("M" + cnt, newWeight);
                Node<HData> newNode = new Node<HData>(hn, lchild, rchild);
                queue.offer(newNode);
            }
            root = queue.poll(); //最后一个结点为最优二叉树根结点
        }
        //对 Map 对象按 value 和 key 进行升序排序
        private List<Map.Entry<Character, Integer>> sortMapByValueKey(Map<Character, Integer> map){
            List<Map.Entry<Character, Integer>> list = new ArrayList<>(map.entrySet());
            Collections.sort(list, ((o1,o2) ->{
                int x = o1.getValue() - o2.getValue();
                if(x!=0) return x; //先按 Value 排序
                return o1.getKey() - o2.getKey();
            }));
            return list;
        }
```

2. 判断是否为叶结点 isLeaf(HNode p)

如果结点 p 不为空,并且它所指向的左孩子和右孩子的下标都为 null,说明 p 为叶

视频讲解

结点。

```java
//判断结点p是否是叶结点
    public boolean isLeaf(Node<HData> p) {
        return p.getLchild() == null && p.getRchild() == null;
    }
```

3. 获得根结点 getRoot()

最优二叉树构建过程中,优先级队列中最后一个结点是根结点。

```java
public Node<HData> getRoot() {
    return root;
}
```

4. 遍历二叉树 traverse()

通过遍历方法 traverse(),启动遍历,获取最优二叉树的根结点,并将其传给先序遍历方法 preOrder(),preOrder()通过递归调用,在遍历最优二叉树的同时,计算了所有叶子结点的编码及最优二叉树的编码长度。

```java
//遍历最优二叉树,统计编码长度,并计算出所有字符编码
    public int traverse(int i) {
        return preOrder(root, "");
    }

    //先序遍历,输出所有叶子结点的编码,并返回计算总的文本编码长度
    private int preOrder(Node<HData> root, String code) {
        int sum = 0;
        if (root != null) {
            HData hnode = root.getData();
            hnode.setCode(code);
            if (isLeaf(root)) { //叶子结点,输出编码,计算长度
                System.out.println(hnode.getName() + ":" + hnode.getCode());
                return hnode.getWeight() * hnode.getCode().length();
            }

            if (root.getLchild() != null) {
                //左子树,编码为0,统计左子树所有叶子结点的编码长度
                sum += preOrder(root.getLchild(), code + "0");
            }
            if (root.getRchild() != null) {
                //右子树,编码为1,统计右子树所有叶子结点的编码长度
                sum += preOrder(root.getRchild(), code + "1");
            }
        }
        return sum;
    }
```

5. 查找结点 search(HNode p,String name)

通过先序遍历,在最优二叉树 p 上查找名称为 name 的结点。

```java
//查询指定名称的结点
    public HData search(Node<HData> p, String name) {
        //如果p为空或p是要找的元素,返回
```

```java
    if (p == null)
        return null;
    if (p.getData().getName().equals(name)) {
        return p.getData();
    }
    HData res = search(p.getLchild(), name);
    if (res != null) { //在左子树中找到元素 res 返回
        return res;
    }
    //左子树没找到,在右子树中继续查找
    return search(p.getRchild(), name);
}
```

6. 文本编码 codes(String message)

对报文 message 进行编码。创建了 StringBuilder 类型的变量 sb 用来存放 message 的编码。对 message 中的每个字符做循环,调用 search() 方法,在最优二叉树中查找该字符的编码,将查到的字符编码附加在变量 sb 尾部。

```java
//对文本进行编码
public String codes(String message) {
    StringBuilder sb = new StringBuilder();
    for (int i = 0; i < message.length(); i++) {
        char c = message.charAt(i);
        HData hn = search(root, c + ""); //查找指定字符的结点
        if(hn == null) {
            throw new RuntimeException(c + ":未找到该字符的编码!");
        }
        sb.append(hn.getCode());
    }
    return sb.toString();
}
```

7. 报文解码 decodes(String codes)

通过对最优二叉树的层次遍历,将编码报文 codes 解码成对应报文。

```java
//采用层次遍历,进行报文解码
public String decodes(String codes) {
    //设置一个队列保存层次遍历的结点
    Queue<Node<HData>> q = new LinkedList<Node<HData>>();
    //根结点入队
    q.add(root);
    StringBuilder sb = new StringBuilder();
    //队列非空,结点没有处理完
    while (!q.isEmpty()) {
        //结点出队
        Node<HData> node = q.poll();
        HData hnode = node.getData();
        if (!codes.startsWith(hnode.getCode()))
            continue;
        //如果是叶子结点,则计算编码长度
        if (isLeaf(node)) {
            sb.append(hnode.getName());
            codes = codes.substring(hnode.getCode().length());
```

```
                    if (codes.length() > 0) {           //继续重新解码
                        q.clear();                      //清空原队列
                        q.add(root);                    //从根结点重新开始解码
                        continue;
                    }
                }
                //将当前结点的左孩子结点入队
                if (node.getLchild() != null) {
                    q.add(node.getLchild());
                }
                if (node.getRchild() != null) {
                    //将当前结点的右孩子结点入队
                    q.add(node.getRchild());
                }
            }
            return codes.length() > 0 ? "" : sb.toString();
    }
}
```

步骤三：测试最优二叉树

测试代码及测试运行结果与 6.2 节任务基本一致，只要将类名 SeqHuffmanTree 修改为 LinkedHuffmanTree 即可，此处省略。

【任务评价】

请按表 6-7 查看是否掌握了本任务所学的内容。

表 6-7 "用链式最优二叉树实现文本压缩"完成情况评价表

序　号	鉴定评分点	分　值	评　分
1	理解最优二叉树的构建思想和构建过程	25	
2	能编程用指定文本构建最优二叉树	25	
3	能编程实现最优二叉树的遍历，给每个结点生成编码	25	
4	能利用最优二叉树对文本进行编码和解码	25	

6.5 项目拓展

1. 问题描述

有一个农夫想要从一根很长的木条上锯下几根给定长度的小木条，每锯一次木条就要产生一定费用，假设产生的费用是当前锯下木条的长度。现给定需要的小木条的根数 n 及各根小木条的长度，农夫要怎样锯无限长的木板，才能使锯木所花费用最少？

2. 基本要求

（1）从键盘上输入所要求的木条的根数和每根木条的长度，动态构建最优二叉树。

（2）输出最小花费。

3. 解题思路

假设所要求的木条根数为 3，各根木条的长度分别为(5,8,8)，先从无限长的木板上锯下长度为 21 的木板，花费 21；再从长度为 21 的木板上锯下长度为 5 的木板，花费 5；再从长度为 16 的木板上锯下长度为 8 的木板，花费 8，总花费＝21＋5＋8＝34。

6.6 项目小结

本章以文本传输压缩编码问题为载体,在介绍二叉树的基本概念和抽象数据类型的基础上,重点介绍了二叉树及其操作在计算机中的两种表示和实现方法,并用最优二叉树解决了文本压缩编码解码问题。

(1) 本部分重点介绍了二叉树的定义以及相关概念。二叉树是递归定义的,二叉树是由根结点和左右不相交的两棵子二叉树组成。二叉树有5种形态,可以为空,可以只有一个根结点,可以只有左子树,也可以只有右子树,还可以左右子树都有。请注意左右子树是有顺序的。二叉树是一种非线性结构,除了根结点外,其他结点都只有一个前驱结点,每一个结点的后继结点最多有两个,也可能没有。

(2) 满二叉树和完全二叉树是两种特殊类型的二叉树,二叉树有5个重要性质,这些性质的理解可以基于满二叉树和完全二叉树去学习。一棵非空二叉树的第 i 层上最多有 2^{i-1} 个结点($i \geqslant 1$),满二叉树的第 i 层上有 2^{i-1} 个结点。一棵深度为 k 的二叉树中,最多具有 2^k-1 个结点。深度为 k 的满二叉树有 2^k-1 个结点。具有 n 个结点的完全二叉树的深度 k 为 $[\log_2 n]+1$。

(3) 性质5为二叉树的顺序存储提供了理论依据,具有 n 个结点的完全二叉树,如果按从上至下、从左至右顺序从1开始编号,编号为 i 的结点,如果其存在左子树,则其左子树编号为 $2i$,如果存在右子树,则其右子树编号为 $2i+1$;反之,也可以知晓某个编号为 k 的父结点编号为 $[k/2]$。通常情况下,由于二叉树不一定是完全二叉树,如果想要顺序存储,需要转换为完全二叉树的形态,这会造成大量存储空间的浪费。因此,二叉树通常采用二叉链表或三叉链表进行链式存储实现,三叉链表相对于二叉链表,多了一个指向父结点的指针域。

(4) 遍历是二叉树中很重要的操作,是其他操作实现的基础,也是教学的重点,需要熟练掌握先序、中序、后序和层次4种遍历及实现方式。

(5) 对于一组带有确定权值的叶结点,构造出具有最小带权路径长度的二叉树,就是最优二叉树。最优二叉树是二叉树的重要应用,可以解决数据通信的最优编码问题,也可以应用于文本、图像的压缩编码存储。

6.7 项目测验

一、选择题

1. 二叉树的数据结构描述了数据之间的(　　)关系。
   A. 链接　　　　　B. 层次　　　　　C. 网状　　　　　D. 随机
2. 一棵非空二叉树的第 i 层上最多有(　　)个结点。
   A. 2^{i-1}　　　　B. 2^i　　　　　C. 2^{i+1}　　　　D. 2^{i-2}
3. 二叉树的第三层最少有(　　)个结点。
   A. 0　　　　　　B. 1　　　　　　C. 2　　　　　　D. 3
4. 一棵深度为 k 的二叉树中,最多具有(　　)个结点。

A. 2^k+1 B. 2^k-1 C. 2^k D. 2^k+2

5. 若一棵二叉树具有10个度为2的结点,5个度为1的结点,则度为0的结点个数是( )。

     A. 9   B. 11   C. 15   D. 14

6. 用顺序存储的方法,将完全二叉树中所有结点按层逐个从左到右的顺序存放在一维数组 $R[1..N]$ 中,若结点 $R[i]$ 有右孩子,则其右孩子是( )。

     A. $R[2i-1]$ B. $R[2i+1]$ C. $R[2i]$ D. $R[2/i]$

7. 在构造最优二叉树的过程中说法正确的是( )。

     A. 使权值越大的叶结点越远离根结点,而权值越小的叶结点越靠近根结点

     B. 使权值越大的叶结点越靠近根结点,而权值越小的叶结点越远离根结点

     C. 最终是带权路径长度最大的二叉树

     D. 构造的过程是一次到位

8. ( )遍历方法在遍历它的左子树和右子树后再遍历它自身。

     A. 先序遍历   B. 后序遍历   C. 中序遍历   D. 层次遍历

9. 若某棵二叉树的结点的先序排列和后序排列序列相同,则该二叉树( )。

     A. 度为1   B. 只有一个结点

     C. 每个结点都没有左孩子   D. 每个结点都没有右孩子

10. 对某二叉树进行先序遍历的结果为ABDEFC,中序遍历的结果为DBFEAC,则后序遍历的结果是( )。

     A. DBFEAC   B. DFEBCA   C. BDFECA   D. BDEFAC

二、判断题

1. 树结构中每个结点最多只有一个直接前驱。( )

2. 完全二叉树一定是满二叉树。( )

3. 完全二叉树中,若一个结点没有左孩子,则它必是树叶。( )

4. 用一维数组来存储二叉树时,总是以先序遍历存储结点。( )

5. 二叉树的先序遍历中,任意一个结点均处于其子树结点的前面。( )

6. 对 $n(n \geq 2)$ 个权值均不相同的字符构造最优二叉树,则树中任一非叶结点的权值一定不小于下一层任一结点的权值。( )

7. 一棵二叉树中遍历序列的最后一个结点,必定是该二叉树先序遍历的最后一个结点。( )

8. 某二叉树的后序和中序遍历序列正好一样,则该二叉树中的任何结点一定都无右孩子。( )

9. 若一个结点是某二叉树的中序遍历序列的最后一个结点,则它必是该树的先序遍历序列中的最后一个结点。( )

10. 已知一棵二叉树的先序遍历结果是 ABC,则 CAB 不可能是中序遍历结果。( )

第 7 章　用图实现高速公路交通网

7.1　项目概述

图是一种复杂的非线性数据结构,在实际中有着广泛的应用,它的典型应用有社交网络,如微信中的好友关系,许许多多的用户组成了一个多对多的朋友关系网;路线规划,如在用百度地图的时候,常常会使用导航功能。假如,你在地铁站 A 附近,想去的地点在地铁站 F 附近,那么导航会告诉你一个最佳的地铁线路换乘方案,这许许多多的地铁站所组成的交通网络,也是数据结构当中的图。图是不同于树的另一种非线性数据结构。在树结构中,数据元素之间存在着一种层次结构的关系,每一层上的数据元素可以和下一层的多个数据元素相关,但只能和上一层的一个数据元素相关。也就是说,树结构中数据元素之间的关系是一对多的关系。在图结构中,数据元素之间的关系则是多对多的关系,即图中每一个数据元素可以和图中任意别的数据元素相关,所以图是比树更为复杂的一种数据结构。树结构可以看作是图的一种特例。图结构用于表达数据元素之间存在着的网状结构关系。

本章将重点介绍图的一些基本概念,图的两种主要存储方式:邻接矩阵及邻接表,以及在不同存储结构上图的基本操作的实现,并应用图解决高速公路交通网问题。

7.2　项目目标

本章项目学习目标如表 7-1 所示。

表 7-1　项目学习目标

序　号	能 力 目 标	知 识 要 点
1	理解图的逻辑结构	图的基本概念、基本操作、抽象数据类型
2	理解图的顺序与链式存储结构及其算法实现	图的顺序存储:邻接矩阵 图的链式存储:邻接表
3	理解图的主要算法思想	图的遍历:深度优先遍历、广度优先遍历 求图的最短路径:单源最短路径狄克斯特拉算法
4	能在实际问题中找出图并用图解决实际问题	使用图实现高速公路交通网

7.3 项目情境

编程实现高速公路交通网

1. 情境描述

视频讲解

1988年，中国大陆首条高速公路沪嘉高速公路在上海建成通车，目前，中国已经建成了全球最大的高速公路网络。由点成线、由线及网，覆盖99%城区超过20万人的城市和地级行政中心。

高速公路大大方便了人们的出行，走高速使用导航成为很多人的选择，它能帮助驾驶员找到前进的方向，还能提醒驾驶员不要超速行驶。如图7-1所示为从当前位置到天安门广场的三条导航路线。

图7-1　从当前位置到天安门广场的三条导航路线

一条导航路线可能途经多条高速公路、多个城市的服务区，图7-2为多个城市间的高速公路交通网，每个结点代表一个城市，结点间的连线代表两个城市间铺设的高速公路，而线上的数字表示两个城市间的距离(单位为km)。

2. 基本要求

请根据上面的描述，编程实现下面的功能。

（1）从任何一个城市出发，访问所有的城市，给出访问城市的顺序。

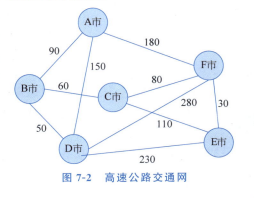

图7-2　高速公路交通网

（2）如果想从一个城市到另一个城市旅行，给出最短的旅行路线。

7.4 项目实施

7.4.1 分析图的逻辑结构

【学习目标】

（1）熟悉图的逻辑结构。

（2）熟悉图的基本操作。

（3）熟悉图的抽象数据类型。

【任务描述】

在用计算机解决一个具体的问题时，首先对问题抽象，进行逻辑建模。一是确定数据对象的逻辑结构，从高速公路交通网问题中提取操作的数据对象，找出构成数据对象的数据元素之间的关系。二是确定对数据对象进行的操作或运算，从高速公路交通网问题中抽取数据对象相应的运算。最后将数据的逻辑结构及其在该结构上的运算进行封装得到抽象数据类型。

【任务实施】

在高速公路交通网问题中，需要保存如图 7-2 所示高速公路交通网中城市信息和城市间关系，城市与城市之间通过高速公路连接，一个城市可以连接多个城市，这个城市也可以被多个城市连接，具有这种多对多特点的逻辑结构称为图。

步骤一：分析图的逻辑结构

1. 图的定义

视频讲解

图由一系列顶点（结点）和描述顶点之间的关系边（弧）组成。图是数据元素的集合，这些数据元素相互连接形成网络。其形式化定义如下。

$G=(V,E)$，其中，G 表示图，V 是顶点的有限集合，E 是连接 V 中两个不同顶点（顶点对）的边的有限集合。

$E=\{(V_i,V_j)|V_i,V_j \in V \wedge P(V_i,V_j)\}$，其中，$V_i$、$V_j$ 在顶点集合 V 中，且顶点 V_i 和顶点 V_j 之间有边或弧 $P(V_i,V_j)$ 相连。

在高速公路交通网问题中，可将城市表示为图的顶点，交通网中的多个城市构成了图中的数据对象。图 7-2 的高速公路交通网可以抽象成如图 7-3 所示的图。

在图 7-3 中，$V=\{V_0,V_1,V_2,V_3,V_4,V_5\}$

$E=\{(V_0,V_1),(V_0,V_3),(V_0,V_5),(V_1,V_2),(V_1,V_3),(V_2,V_4),$
$(V_2,V_5),(V_3,V_4),(V_3,V_5),(V_4,V_5)\}$

2. 图的基本术语

无向图和有向图：全部由无向边构成的图称为无向图，用圆括号序偶表示无向边，构成边的任意两顶点 (V_i,V_j) 与 (V_j,V_i) 是相同的，如在图 7-4(a) 中，(V_0,V_1) 与 (V_1,V_0) 是相同的。全部由有向边构成的图称为有向图，箭头表示边的方向，从起点指向终点，用尖括号序偶表示有向边，构成边的任意两顶点 $<V_i,V_j>$ 与 $<V_j,V_i>$ 是表示方向不同的两条边，在图 7-4(b) 中，$<V_0,V_1>$ 是边，但 $<V_1,V_0>$ 之间是没有边的。

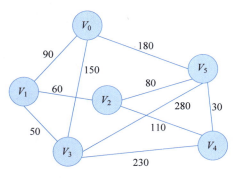

图 7-3 从高速公路交通网抽出的图

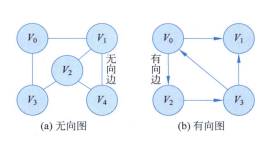

图 7-4 无向图和有向图

无向完全图和有向完全图：在一个无向图中，如果任意两个顶点之间都有无向边相连，则称该图为无向完全图，无向完全图又称完全图。在一个含有 n 个顶点的无向完全图中，有 $n(n-1)/2$ 条边，如图 7-5(a)所示。在一个有向图中，如果任意两个顶点之间都有有向边相连，则称该图为有向完全图。在一个含有 n 个顶点的有向完全图中，有 $n(n-1)$ 条边，如图 7-5(b)所示。

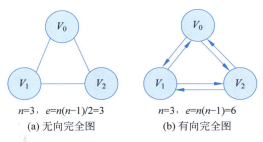

图 7-5 无向完全图和有向完全图

度、入度和出度：在无向图中，顶点的度是指连接该顶点的边的数量。在有向图中，每个顶点的度都有入度和出度两种类型，顶点的入度是指向那个顶点的边的数量，顶点的出度是由那个顶点出发的边的数量，有向图的度为入度和出度的和。

在图 7-4(a)中，顶点 V_0、V_1、V_2、V_3、V_4 的度分别为 2、3、3、2、2。在图 7-4(b)中，顶点 V_0、V_1、V_2、V_3 的入度为 1、2、1、1，出度为 2、0、1、2。

权值、无权图和带权图：有些图的边附带有一些数据信息，这些数据信息称为边的权。无权图是指图每条边都没有权值(或者权值为 1)，对于一个关系，如果只关心关系的有无，那么就可以用无权图表示二者的关系。如表示中国各个城市之间是否有直通的高铁，则可以用无权图来表示，若两个城市之间有边，则说明两个城市之间有高铁。有权图是指图的每条边都有权值，在实际问题中，权值可以表示某种含义，在一个工程进度图中，权值可以表示从前一个工程到后一个工程所需要的时间或其他代价等；在一个地方的交通图中，权值表示该条线路的长度或等级，如图 7-3 所示高速公路交通网为带权值的图，权值代表路线的长度。

路径、回路与路径长度：路径是指从图的一个顶点(始点)到另一个顶点(终点)所经过的顶点序列，序列中顶点不重复出现的路径称为初等路径。第一个顶点和最后一个顶点相同的路径称为回路或环。除了第一个顶点和最后一个顶点之外，其余顶点不重复出现的回路,称为初等回路。无权图的路径长度是指从始点到终点路径上各边的数目,有权图的路径长度是指从始点到终点路径上各边的权值之和。

在如图7-4(b)所示的有向图中,从顶点 V_0 到顶点 V_1 的一条路径 (V_0,V_2,V_3,V_1) 是初等路径,其路径长度为3。从顶点 V_0 到顶点 V_1 的一条路的另一条路径 (V_0,V_2,V_3,V_0,V_1) 不是初等路径,因为顶点 V_0 重复出现,其路径长度为4。路径 (V_0,V_2,V_3,V_0) 是初等回路,其路径长度为3。

在如图7-3所示高速公路交通网带权图中,从顶点 V_0 到 V_3 的一条路径 (V_0,V_5,V_2,V_4,V_3) 的路径长度为 $180+80+110+230=600$。

子图、生成子图、导出子图:子图 G' 中所有的顶点和边均包含于原图 G,即 $V'\subseteq V$ 且 $E'\subseteq E$;生成子图 G' 中顶点集合 V' 的顶点数量与原图 G 中顶点集合 V 的数量相同,G' 的边是 G 中边的一个子集,即 $V'=V, E'\subseteq E$;导出子图 G' 也是原图 G 的一个子图,即 $V'\subseteq V$,而 G' 的边 E' 包含了 G 中所有那些仅连接 V' 中顶点的边,如图7-6所示。

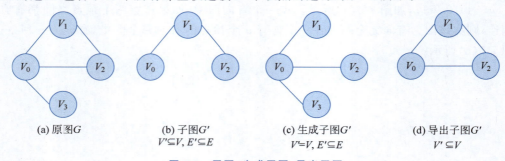

图7-6　子图、生成子图、导出子图

连通图、连通分量:在无向图中,若从顶点 v_i 到顶点 v_j 有路径,则称顶点 v_i 与 v_j 是连通的。如果图中任意一对顶点都是连通的,则称此图是连通图,否则为非连通图,非连通无向图的极大连通子图称为该图的连通分量。图7-5(a)为连通图,对于连通图,连通分量只有一个,就是它本身。对于非连通图,其连通分量可能有多个。例如,图7-7(a)是一个非连通图,它有三个连通分量,如图7-7(b)所示。

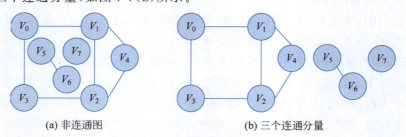

图7-7　非连通图及连通分量

强连通图、强连通分量:在有向图中,若对于每一对顶点 v_i 和 v_j,都存在一条从 v_i 到 v_j 和从 v_j 到 v_i 的路径,则称此图是强连通图,否则称为非强连通图,非强连通有向图的极大连通子图称为该图的强连通分量。

在图7-8(a)中,从 V_0 到 V_1 没有路径,因此该图为非强连通的。图7-8(a)可以分解出两个强连通分量,如图7-8(b)所示。V_0 通过路径 (V_0,V_3,V_2) 和 (V_2,V_0) 与 V_2 连通,V_2 通过路径 (V_2,V_0,V_3) 和 (V_3,V_2) 与 V_3 连通,V_3 通过路径 (V_3,V_2,V_0) 和 (V_0,V_3) 与 V_0 连

通,因此 V_0、V_2、V_3 为图 7-8(a)的一个强连通分量,V_1 与 V_0、V_2、V_3 都不连通,单独成为一个强连通分量。

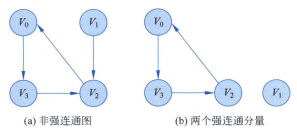

图 7-8 非强连通图及连通分量

步骤二：分析图的基本操作

高速公路交通网问题中数据对象关系为图结构,图通常有以下几种操作。

（1）初始化图：创建一个没有顶点和边的图。

（2）插入顶点：在图中增加一个新的顶点。如图 7-9 所示,在图 7-9(a)中插入顶点 V_4,结果如图 7-9(b)所示。

（3）插入边：在两个顶点之间添加指定权值的边或弧。如图 7-10 所示,在图 7-10(a)中插入边 V_3V_4 和 V_1V_4,结果如图 7-10(b)所示。

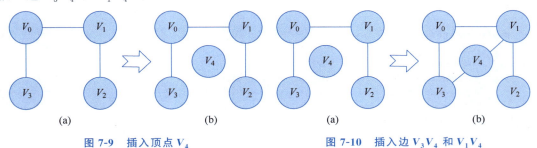

图 7-9 插入顶点 V_4　　　　　　　　图 7-10 插入边 V_3V_4 和 V_1V_4

（4）删除顶点：删除顶点以及所有与顶点相关联的边或弧。如图 7-11 所示,删除图 7-11(a)中顶点 V_2 时,与其相关联的边 V_1V_2 也删除了,结果如图 7-11(b)所示。

（5）删除边：删除两个顶点之间的边或弧。如图 7-12 所示,删除图 7-12(a)中的边 V_1V_2,结果如图 7-12(b)所示。

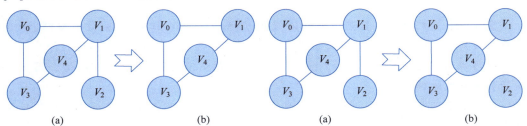

图 7-11 删除顶点 V_2 及与其相关联的边 V_1V_2　　　　图 7-12 删除边 V_1V_2

（6）查找顶点：获取图中指定顶点。

（7）查找边：获取两个顶点之间的边或弧。

(8) 求图的边数：获取图的边或弧的数量。

(9) 求图的顶点数：获取图的顶点的数目。

(10) 遍历图：将图中的顶点逐个访问一次。

(11) 求最短路径：求源点到图中其他顶点的最短距离。

步骤三：定义图的抽象数据类型

高速公路交通网问题中数据对象关系为图结构，根据对图的逻辑结构及基本操作的认识，得到图的抽象数据类型。

ADT 图(graph)

数据对象：

$D=\{v_i | 0 \leqslant i \leqslant n-1, n \geqslant 0, v_i$ 为 E 类型$\}$

数据关系：

$R=\{<v_i,v_j> | v_i,v_j \in D, 0 \leqslant i \leqslant n-1, 0 \leqslant j \leqslant n-1$，其中，$v_i$ 可以有零个或多个前驱元素，也可以有零个或多个后继元素$\}$

数据操作

除初始化图运算在图的实现类的构造函数中实现外，对图的其他基本运算定义在接口 IGraph 中，当存储结构确定后通过实现接口来具体实现这些基本操作，确保了算法定义和算法实现的分离。

```java
public interface IGraph<E> {
    public int getNumOfVertex();              //获取顶点的个数
    boolean insertVex(E v);                   //插入顶点
    boolean insertEdge(int v1, int v2, int weight);  //插入边
    boolean deleteVex(E v);                   //删除顶点
    boolean deleteEdge(int v1, int v2);       //删除边
    int indexOfVex(E v);                      //定位顶点的位置
    E valueOfVex(int v);                      //定位指定位置的顶点
    public int getEdge(int v1, int v2);       //查找边
    String depthFirstSearch(int v);           //深度优先搜索遍历
    String breadthFirstSearch(int v);         //广度优先搜索遍历
    public int[] dijkstra(int v);             //查找源点到其他顶点的路径
}
```

> **小贴示**
>
> 全球定位系统是通过卫星与地面接收器，实施传递地理位置信息、计算路程、语音导航。目前，许多汽车与手机都安装了 GPS 用于定位与路况查询，其中路程的计算就是以最短路径的理论作为程序设计的依据，为旅行者提供不同路径选择方案，增加驾驶者选择行车路线的弹性。
>
> 高速交通网是图的一个典型应用，图的深度优先遍历、广度优先遍历及最短路径等基本操作给出了如何选择最佳路径方法，告诉大家在解决问题时应运用方法论解决"怎么办"的问题，发扬中国传统文化，处理好"取"和"舍"的关系。

【任务评价】

请按表 7-2 查看是否掌握了本任务所学的内容。

表 7-2 "分析图的逻辑结构"完成情况评价表

序 号	鉴定评分点	分 值	评 分
1	理解图的定义和特点	15	
2	理解图的基本术语	25	
3	理解图的基本操作	20	
4	理解图的抽象数据类型	20	
5	能从实际问题中识别出图的数据结构	20	

7.4.2 用邻接矩阵实现高速公路交通网

【学习目标】

(1) 熟悉图的顺序存储结构：邻接矩阵。
(2) 掌握邻接矩阵的基本操作的实现方法。
(3) 能用邻接矩阵实现高速公路交通网。

【任务描述】

图是一种结构复杂的数据结构,表现在不仅各个顶点的度可以千差万别,而且顶点之间的逻辑关系也是错综复杂,因此图的存储结构也是多种多样的。对于实际问题,需要根据具体图结构本身的特点以及所要实施的操作选择建立合适的存储结构。从图的定义可知,一个图的信息包括两部分：图中顶点的信息以及描述顶点之间的关系——边或弧的信息。因此无论采用什么方法建立图的存储结构,都要完整、准确地反映这两方面的信息。邻接矩阵和邻接表是图的两种最通用的存储结构。本任务使用邻接矩阵存储图,实现高速公路交通网。

【任务实施】

步骤一：将图的逻辑结构映射成邻接矩阵

1. 理解邻接矩阵的存储结构

视频讲解

邻接矩阵(Adjacentcy Matrix)是用两个数组来表示图,一个数组是一维数组,存储图中的顶点信息,一个数组是二维数组,即邻接矩阵,存储顶点之间相邻的信息,也就是边的信息。如果图中有 n 个顶点,需要大小为 $n \times n$ 的二维数组来表示图。

如果图的边无权值,用 0 表示顶点之间无边,用 1 表示顶点之间有边。

$$\text{matrix}[i,j] = \begin{cases} 1, & \text{顶点 } i \text{ 和 } j \text{ 之间有边} \\ 0, & \text{顶点 } i \text{ 和 } j \text{ 之间无边} \end{cases}$$

如果图的边有权值,用无穷大表示顶点之间无边,用权值表示顶点之间有边,同一点之间的权值为 0。

$$\text{matrix}[i,j] = \begin{cases} v_{ij}, & \text{顶点 } i \text{ 和 } j \text{ 之间有边,边的权值} \\ 0, i=j, & \text{顶点 } i \text{ 和 } j \text{ 是同一个顶点} \\ \infty, & \text{顶点 } i \text{ 和 } j \text{ 之间无边} \end{cases}$$

图 7-13(a)中无权值图的邻接矩阵如图 7-13(c)所示。

图 7-14(a)中有权值图的邻接矩阵如图 7-14(c)所示。

存储图 7-13(a)的邻接矩阵需要一个 4×4 二维数组,存储图 7-14(a)的邻接矩阵需要一个 6×6 二维数组。如果图中没有许多边,会导致内存空间的浪费。例如,当使用邻接矩阵创建一个有 100 个结点和 150 个边的图形时,将需要创建一个 10 000 个元素的数组。在这

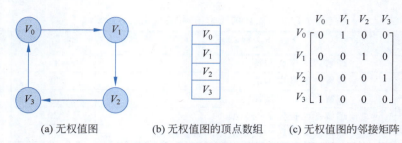

图 7-13　无权值图的邻接矩阵示意图

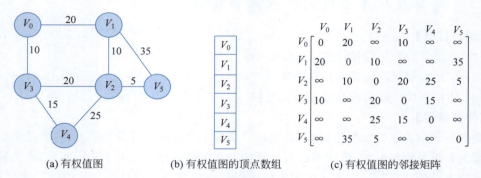

图 7-14　有权值图的邻接矩阵示意图

种情况下,邻接矩阵变成一个稀疏矩阵,导致了许多浪费。因此,应该仅在图是致密的时候使用邻接矩阵实现图。

2. 用邻接矩阵表示高速公路交通网

将如图 7-1 所示的高速公路交通网中的城市抽象为图的顶点,城市间距离抽象为图的边,用邻接矩阵存储边的信息,构建邻接矩阵为 matrix,如图 7-15 所示。

$$\text{matrix}[i,j] = \begin{array}{c} \\ A \\ B \\ C \\ D \\ E \\ F \end{array} \begin{bmatrix} \begin{array}{cccccc} A & B & C & D & E & F \end{array} \\ \begin{array}{cccccc} 0 & 90 & \infty & 150 & \infty & 180 \\ 90 & 0 & 60 & 50 & \infty & \infty \\ \infty & 60 & 0 & \infty & 110 & 80 \\ 150 & 50 & \infty & 0 & 230 & 280 \\ \infty & \infty & 110 & 230 & 0 & 30 \\ 180 & \infty & 80 & 280 & 30 & 0 \end{array} \end{bmatrix}$$

图 7-15　高速公路交通网邻接矩阵

3. 创建基于邻接矩阵的图类

（1）创建一个图类 GraphAdjMatrix＜E＞,该类实现接口 IGraph,接口中定义的基本运算的算法实现在步骤二完成。

（2）声明 5 个类变量 vexs、edges、numOfVexs、maxNumOfVexs 和 visited,依次表示存储图中顶点的一维数组、存储图的边的邻接矩阵、顶点的实际数量、顶点的最大数量和顶点是否被访问过。

邻接矩阵的实现代码的框架如下。

```java
public class GraphAdjMatrix<E> implements IGraph<E> {
    private E[] vexs;                    //存储图的顶点的一维数组
    private int[][] edges;               //存储图的边的二维数组
    private int numOfVexs;               //顶点的实际数量
    private int maxNumOfVexs;            //顶点的最大数量
    private boolean[] visited;           //判断顶点是否被访问过

    //IGraph 接口方法
}
```

步骤二：基于邻接矩阵实现图的基本操作

1. 初始化图

初始化图就是创建一个空图，即调用 GraphAdjMatrix＜E＞的构造函数，为图申请预留的存储空间，具体步骤如下。

（1）初始化 maxNumOfVexs 为实际值。

（2）为存储图的顶点的一维数组申请可以存储 maxNumOfVexs 个数据元素的存储空间，数据元素的类型由实际应用而定。

（3）为存储图的边的二维数组申请可以存储 maxNumOfVexs×maxNumOfVexs 个数据元素的存储空间。

```java
public GraphAdjMatrix(int maxNumOfVexs, Class<E> type) {
    this.maxNumOfVexs = maxNumOfVexs;
    vexs = (E[]) Array.newInstance(type, maxNumOfVexs);
    edges = new int[maxNumOfVexs][maxNumOfVexs];
}
```

2. 获取顶点的个数：getNumOfVertex()

变量 numOfVexs 存储了顶点的实际数量，直接返回该值。实现代码如下。

```java
//得到顶点的数目
public int getNumOfVertex() {
    return numOfVexs;
}
```

本算法的时间复杂度为 $O(1)$。

3. 插入顶点：insertVex(E v)

插入顶点操作是在顶点数组中添加顶点。

（1）由于图没有约定顶点的次序，在顶点顺序表中插入元素 v，是将 v 插入顶点数组 vexs 的尾部，即 vexs[numOfVexs] 中，同时 numOfVexs 的数量加 1。

（2）在图的邻接矩阵中，v 顶点所在的行和列的值默认为 0。

```java
//插入顶点
public boolean insertVex(E v) {
    if (numOfVexs >= maxNumOfVexs)
        return false;
    vexs[numOfVexs++] = v;
    return true;
}
```

4. 插入边：insertEdge(int v1, int v2, int weight)

在邻接矩阵中设置边＜$v1,v2$＞和＜$v2,v1$＞的权值为 weight。

```java
//插入边
public boolean insertEdge(int v1, int v2, int weight) {
    if (v1 < 0 || v2 < 0 || v1 >= numOfVexs || v2 >= numOfVexs)
        throw new ArrayIndexOutOfBoundsException();
    edges[v1][v2] = weight;
    edges[v2][v1] = weight;
    return true;
}
```

5. 删除顶点：deleteVex(E v)

删除顶点操作包括删除顶点和删除边。

(1) 在图的顶点数组中，定位顶点 v，将其后面的元素前移，将最后一个元素置空。

(2) 在图的邻接矩阵中，初始化 v 顶点所在的行和列的后续行和列依次前移一行和一列。

```java
// 删除顶点
public boolean deleteVex(E v) {
    for (int i = 0; i < numOfVexs; i++) {
        if (vexs[i].equals(v)) {
            for (int j = i; j < numOfVexs - 1; j++) {
                vexs[j] = vexs[j + 1];
            }
            vexs[numOfVexs - 1] = null;
            for (int row = i; row < numOfVexs - 1; row++) {
                for (int col = 0; col < numOfVexs; col++) {
                    edges[row][col] = edges[row + 1][col];
                }
            }
            for (int col = i; col < numOfVexs - 1; col++) {
                for (int row = 0; row < numOfVexs; row++) {
                    edges[row][col] = edges[row][col + 1];
                }
            }
            numOfVexs -- ;
            return true;
        }
    }
    return false;
}
```

6. 删除边：deleteEdge(int v1, int v2)

在邻接矩阵中设置边 $<v1,v2>$ 和 $<v2,v1>$ 的值为 0。

```java
// 删除边
public boolean deleteEdge(int v1, int v2) {
    if (v1 < 0 || v2 < 0 || v1 >= numOfVexs || v2 >= numOfVexs)
        throw new ArrayIndexOutOfBoundsException();
    edges[v1][v2] = 0;
    edges[v2][v1] = 0;
    return true;
}
```

7. 定位顶点：indexOfVex(E v)

根据顶点信息 v，取得其在顶点数组中的位置，若图中无此顶点，则返回 -1。

```java
// 定位顶点的位置
public int indexOfVex(E v) {
    for (int i = 0; i < numOfVexs; i++) {
        if (vexs[i].equals(v)) {
            return i;
        }
```

```
        return -1;
    }
```

8. 查找顶点：valueOfVex（int v）

返回顶点数组中指定下标位置 v 的顶点信息。

```
//定位指定位置的顶点
    public E valueOfVex(int v) {
        if (v < 0 ||v >= numOfVexs )
            return null;
        return vexs[v];
}
```

9. 查找边：getEdge（int v1,int v2）

返回邻接矩阵中边 $<v1,v2>$ 的权值。

```
//查找边
public int getEdge(int v1,int v2){
    if (v1 < 0 || v2 < 0 || v1 >= numOfVexs || v2 >= numOfVexs)
        throw new ArrayIndexOutOfBoundsException();
    return edges[v1][v2];
}
```

10. 深度优先遍历：depthFirstSearch（int v）

图的遍历是指从图中的任一顶点出发，对图中的所有顶点访问一次且只访问一次。图的遍历是图的一种基本操作，图的许多其他操作都是建立在遍历操作的基础之上。在图中，如果没有特殊的顶点被指定为起始顶点，图的遍历可以从任何顶点开始。图的遍历主要有深度优先搜索和广度优先搜索两种方式。

下面通过图 7-14（a）中顶点遍历过程的分析学习深度优先遍历。

（1）算法的思想。

图的深度优先遍历是从图的某一顶点 x 出发，访问 x，然后遍历任何一个与 x 相邻的未被访问的顶点 y，再遍历任何一个与 y 相邻的未被访问的顶点 z……以此类推，直到到达一个所有邻接点都被访问的顶点为止。然后依次回退到尚有邻接点未被访问过的顶点，重复上述过程，直到图中的全部顶点都被访问过为止。

（2）算法实现的思想。

深度优先遍历可以使用函数递归实现。

① 访问起始顶点 V_0。
② 从 V_0 出发，未访问相邻结点有 V_1、V_3，选择 V_0 到 V_1 路径①，访问 V_1。
③ 从 V_1 出发，未访问相邻结点有 V_2、V_5，选择 V_1 到 V_2 路径②，访问 V_2。
④ 从 V_2 出发，未访问相邻结点有 V_3、V_4、V_5，选择 V_2 到 V_3 路径③，访问 V_3。
⑤ 从 V_3 出发，未访问相邻结点有 V_4，沿 V_3 到 V_4 路径④，访问 V_4。
⑥ V_4 没有相邻的未被访问的顶点，回溯到 V_3。
⑦ V_3 没有相邻的未被访问的顶点，回溯到 V_2。
⑧ 从 V_2 出发，未访问相邻结点有 V_5，沿 V_2 到 V_5 路径⑤，访问 V_5。

访问完 V_5 后，整个图遍历完毕，遍历的顺序是 $\{V_0,V_1,V_2,V_3,V_4,V_5\}$。图 7-16（a）和

图 7-16(b)用不同的方式示意了图 7-14(a)深度优先遍历过程。

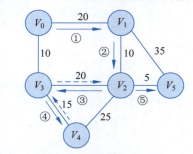

(a)深度优先搜索遍历过程(1)

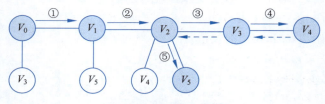

(b)深度优先搜索遍历过程(2)

图 7-16　深度优先搜索遍历过程示意图

(3)算法实现的代码。

```java
// 深度优先搜索遍历
public String depthFirstSearch(int v) {
    if (v < 0 || v >= numOfVexs)
        throw new ArrayIndexOutOfBoundsException();
    visited = new boolean[numOfVexs];
    StringBuilder sb = new StringBuilder();
    DFS(v, visited, sb);
    return sb.length() > 0 ? sb.substring(0, sb.length() - 1) : "";
}

public String DFS(int v, boolean[] visited, StringBuilder sb) {
    visited[v] = true;
    sb.append(vexs[v] + ",");
    System.out.println(vexs[v] + ",");
    for (int i = 0; i < numOfVexs; i++) {
        if ((edges[v][i] != 0 && edges[v][i] != Integer.MAX_VALUE) && !visited[i]) {
            DFS(i, visited, sb);
        }
    }
    return sb.toString();
}
```

视频讲解

11. 广度优先遍历：breadthFirstSearch(int v)

(1)算法的思想。

图的广度优先搜索是从图的某个顶点 x 出发,访问 x,然后访问与 x 相邻接的所有未被访问的顶点 $x_1, x_2, \cdots, x_n$；接着再依次访问与 $x_1, x_2, \cdots, x_n$ 相邻接的未被访问过的所有顶点。以此类推,直至图的每个顶点都被访问。

从图 7-14(a)的第一个顶点 V_0 开始遍历。在访问了顶点 V_0 之后,访问与 V_0 邻接的所有顶点。与 V_0 邻接的顶点有 V_1 和 V_3,可以以任何顺序访问顶点 V_1 和 V_3,假设先访问顶点 V_1,再访问顶点 V_3。

遍历与 V_1 邻接的所有未被访问的顶点,与 V_1 邻接的未被访问的顶点是 V_2 和 V_5,先访问 V_2 再访问 V_5;然后访问与 V_3 邻接的顶点,与 V_3 邻接的未被访问的顶点是 V_4。

依次遍历与顶点 V_2、V_5 和 V_4 邻接的未被访问的顶点,没有与 V_2、V_5 和 V_4 相邻接的未被访问的顶点。所有顶点都被遍历了。

图中所有顶点的访问顺序为 $V_0 \rightarrow V_1 \rightarrow V_3 \rightarrow V_2 \rightarrow V_5 \rightarrow V_4$。

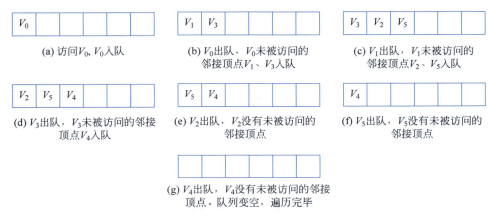

图 7-17　图 7-14(a)广度优先搜索遍历过程示意图

(2) 算法实现的思想。

可以使用队列来实现广度优先遍历算法,使用队列对图 7-14(a)中的顶点进行的广度优先遍历过程如下。

① 访问起始顶点 V_0,并将它插入队列,如图 7-17(a)所示。

② 从队列中删除队头顶点 V_0,访问所有它未被访问的邻接顶点 V_1 和 V_3,并将它们插入队列,如图 7-17(b)所示。

③ 从队列中删除队头顶点 V_1,访问所有它的未被访问的邻接顶点 V_2 和 V_5,并将它们插入队列,如图 7-17(c)所示。

④ 从队列中删除队头顶点 V_3,访问所有它的未被访问的邻接顶点 V_4,并将它们插入队列,如图 7-17(d)所示。

⑤ 从队列中删除队头顶点 V_2。V_2 没有任何未被访问的邻接顶点,因此没有顶点要访问或插入队列,如图 7-17(e)所示。

⑥ 从队列中删除队头顶点 V_5。V_5 没有任何未被访问的邻接顶点,因此没有顶点要访问或插入队列,如图 7-17(f)所示。

⑦ 从队列中删除队头顶点 V_4。V_4 没有任何未被访问的邻接顶点,因此没有顶点要访问或插入队列,如图 7-17(g)所示。

至此队列是空的,图遍历完成,遍历的顺序是 $\{V_0, V_1, V_3, V_2, V_5, V_4\}$。

(3) 算法实现的代码。

```java
//广度优先搜索遍历
public String breadthFirstSearch(int v) {
    if (v < 0 || v >= numOfVexs)
        throw new ArrayIndexOutOfBoundsException();
    visited = new boolean[numOfVexs];
    StringBuilder sb = new StringBuilder();
    Queue<Integer> queue = new LinkedList<Integer>();
    queue.offer(v);
    visited[v] = true;
    while (!queue.isEmpty()) {
        v = queue.poll();
        sb.append(vexs[v] + ",");
        for (int i = 0; i < numOfVexs; i++) {
            if ((edges[v][i] != 0 && edges[v][i] != Integer.MAX_VALUE)
                    && !visited[i]) {
                queue.offer(i);
                visited[i] = true;
            }
        }
    }
    return sb.length() > 0 ? sb.substring(0, sb.length() - 1) : " ";
}
```

视频讲解

12. 最短路径：dijkstra(int v)

1) 最短路径的概念

最短路径问题是比较典型的应用问题。假设一游客想从图 7-14(a) 中的顶点 V_0 到达顶点 V_5，问题是如何在 V_0 和 V_5 之间找一条最近的路径。分析图 7-14(a)，可得出从顶点 V_0 到顶点 V_5 有如下 5 条路径。

$V_0 \to V_1 \to V_5$，距离 = 55(20+35)

$V_0 \to V_1 \to V_2 \to V_5$，距离 = 35(20+10+5)

$V_0 \to V_3 \to V_2 \to V_1 \to V_5$，距离 = 75(10+20+10+35)

$V_0 \to V_3 \to V_2 \to V_5$，距离 = 35(10+20+5)

$V_0 \to V_3 \to V_4 \to V_2 \to V_5$，距离 = 55(10+15+25+5)

因此 V_0 到 V_5 的最近路径有两条：$V_0 \to V_1 \to V_2 \to V_5$ 和 $V_0 \to V_3 \to V_2 \to V_5$，它们的总距离都是 35。边的权值之和最小的那一条路径称为两点之间的最短路径，路径上的第一个顶点为源点，最后一个顶点为终点。狄克斯特拉(Dijkstra)提出了一个按长度递增的次序产生从源点出发到图中所有其余顶点最短路径的算法。

2) Dijkstra 算法的思想

Dijkstra 算法的基本思想是按路径长度递增的次序产生最短路径。把所有顶点分成两组，已确定最短路径的顶点为一组，用 S 表示；尚未确定最短路径的顶点为另一组，用 T 表示。初始时，S 中只包含源点 V_0，T 中包含除源点外的其余顶点，此时各顶点的当前最短路径长度为源点到该顶点的弧上的权值。然后按最短路径长度递增的次序逐个把 T 中的顶点加到 S 中去，直到从 V_0 出发可以到达所有顶点都包括到 S 中为止。

(1) 设置两个顶点集合 S 和 T，集合 S 中存放已经找到最短路径的顶点，集合 T 中存放当前还未找到最短路径的顶点。

(2) 初始状态时，集合 S 中只包含源点 V_0，T 中为除源点外的其余顶点，此时源点到各顶点的最短路径为两个顶点所连的边上的权值,如果源点 V_0 到该顶点没有边,则最短路径为无穷大。

(3) 从集合 T 中选取到源点 V_0 的路径长度最短的顶点 V_i 加入集合 S 中。

(4) 修改源点 V_0 到集合 T 中剩余顶点 V_j 的最短路径长度。新的最短路径长度值为 V_j 原来的最短路径长度值与顶点 V_i 的最短路径长度加上 V_i 到 V_j 的路径长度值中的较小值。

(5) 不断重复步骤(3)和(4),直到集合 T 的顶点全部加入集合 S 为止。

3) Dijkstra 算法的表示

下面通过图 7-14(a) 的 V_0 到 V_5 的最短路径,理解 Dijkstra 算法的思想。设顶点 V_0 为开始顶点,从它开始到所有其他顶点的最短距离需要被确定。

设置一个一维数组 st 来标记找到最短路径的顶点的状态,并规定:

$$\mathrm{st}[i] = \begin{cases} 0, & \text{未找到源点到顶点 } V_i \text{ 的最短路径} \\ 1, & \text{已找到源点到顶点 } V_i \text{ 的最短路径} \end{cases}$$

数组 st 中,值为 1 的元素组成的集合表示 Dijkstra 算法中的 S 集合,值为 0 的元素组成的集合表示 Dijkstra 算法中的 T 集合。还需要另一个数组 distance,用它来存储从 V_0 到其他顶点的距离。距离可能是直接的或间接的,也就是说,如果顶点 V_0、V_1、V_2、V_3、V_4、V_5 被给定了索引 0、1、2、3、4 和 5,那么 distance[index]给出了从顶点 V_0 到索引为 index 的顶点的距离,当对应的 st[index]的值为 1 时,这个距离为从 V_0 到索引为 index 的顶点的最短距离。

Dijkstra 算法思想的步骤(3)的伪代码表示如下。

```
if(st[V_i] == 0 && distance[V_i] = min{distance[V_j]})
{
    st[V_i] = 1;
}
```

Dijkstra 算法思想的步骤(4)的伪代码表示如下。

```
if(distance[V_j]> distance[V_i] + matrix[V_i, V_j])
distance[V_j] = distance[V_i] + matrix[V_i, V_j]
```

4) Dijkstra 算法的求解过程

下面详细地描述用 Dijkstra 算法来确定图 7-14(a)中从顶点 V_0 到其他顶点的最短距离。具体过程如下:

(1) 初始化数组 st 和 distance,如图 7-18(a)所示。数组 st 用于标记是否已找到从顶点 V_0 到图中各顶点的最短路径,其中 st[0]=1 表示已经找到了从 V_0 到自身(V_0)的最短路径,而其余 st 数组的元素均初始化为 0,表示尚未找到从 V_0 到这些顶点的最短路径。数组 distance 用于存储从 V_0 到图中各顶点的当前最短距离估计值,只有当对应的 st 数组中的值为 1 时,distance 数组中存储的距离才是最短距离;如果 st 数组中的值为 0,则表示该距离仍可能被更新为更短的值。

(2) 从尚未找到最短路径的顶点集合中,选择 distance 值最小的顶点,将其 st 值设为 1。分析图 7-18(a)中的 distance 数组,当 index=3 时,距离最短为 10,因此设置 st[3]=1,如图 7-18(b)所示,顶点 V_3 已被纳入最短路径集合中。

(3) 修改尚未找到最短路径的顶点的最短距离。分析图 7-18(b),对于 st[index]=0 的 index 为{1,2,4,5}中的值时,判断 distance[index]是否小于 distance[3]+matrix[3,

index],以确定是否修改 distance[index]的值。

当一Index=1 时,distance[1]的值 20 小于 distance[3]+matrix[3,1]=10+∞=∞,不修改。

当一index=2 时,distance[2]的值∞大于 distance[3]+matrix[3,2]=10+20=30,修改为 30。

当一index=4 时,distance[4]的值∞大于 distance[3]+matrix[3,4]=10+15=25,修改为 25。

当一index=5 时,distance[5]的值∞等于 distance[3]+matrix[3,5]=10+∞=∞,不修改。

修改后 distance 状态如图 7-18(c)所示。

(4) 从尚未找到最短路径的顶点集合中,选择 distance 值最小的顶点,将其 st 值设为 1。分析图 7-18(c)中的 distance 数组,当 index 取值为 1 时距离最短,因此设置 st[1]=1,如图 7-18(d)所示,顶点 V_1 已被纳入最短路径集合中。

(5) 修改尚未找到最短路径顶点的最短距离。分析图 7-18(d),对于 st[index]=0 的 index 为{2,4,5}中的值时,判断 distance[index]是否小于 distance[1]+matrix[1,index],以确定是否修改 distance[index]的值。

当一index=2 时,distance[2]的值 30 等于 distance[1]+matrix[1,2]=20+10=30,不修改。

当一index=4 时,distance[4]的值 25 小于 distance[1]+matrix[1,4]=20+∞=∞,不修改。

当一index=5 时,distance[5]的值∞ 大于 distance[1]+matrix[1,5]=20+35=55,修改为 55。

修改后 distance 状态如图 7-18(e)所示。

(6) 从尚未找到最短路径的顶点集合中,选择 distance 值最小的顶点,将其 st 值设为 1。分析图 7-18(e)中的 distance 数组,当 index=4 时,距离最短为 25,因此设置 st[4]=1,如图 7-18(f)所示,顶点 V_4 已被纳入最短路径集合中。

(7) 修改尚未找到最短路径的顶点的最短距离。分析图 7-18(f),对于 st[index]=0 的 index 为{2,5}中的值时,判断 distance[index]是否小于 distance[4]+matrix[4,index],以确定是否修改 distance[index]的值。

当一index=2 时,distance[2]的值 30 小于 distance[4]+matrix[4,2]=25+25=50,不修改。

当一index=5 时,distance[5]的值 55 小于 distance[4]+matrix[4,5]=25+∞=∞,不修改。

此次操作后,distance 的状态仍保持原有状态。

(8) 从尚未找到最短路径的顶点集合中,选择 distance 值最小的顶点,将其 st 值设为 1。分析图 7-18(f)中的 distance 数组,当 index=2 时,距离最短为 30,因此设置 st[2]=1。如图 7-18(g)所示,顶点 V_2 已被纳入最短路径集合中。

(9) 修改尚未找到最短路径的顶点的最短距离。分析图 7-18(g),对于 st[index]=0 的 index 取值为{5}时,判断 distance[index]是否小于 distance[2]+matrix[2,index],以确定

是否修改 distance[index]的值。

当-index＝5 时,distance[5]的值 55 大于 distance[2]＋matrix[2,5]＝30＋5＝35,修改为 35。

修改后 distance 状态如图 7-18(h)所示。

（10）从尚未找到最短路径的顶点集合中,选择 distance 值最小的顶点,将其 st 值设为 1。分析图 7-18(h)中的 distance 数组,当 index＝5 时,距离最短为 35,因此设置 st[5]＝1。

如图 7-18(i)所示,顶点 V_5 已被纳入最短路径集合中。

至此计算出了从源点 V_0 到所有其他顶点的最短路径长度,整个过程如图 7-18 所示。

	st	distance
0	1	0
1	0	20
2	0	∞
3	0	10
4	0	∞
5	0	∞

(a) 初始化

	st	distance
0	1	0
1	0	20
2	0	∞
3	1	10
4	0	∞
5	0	∞

(b) 变化st

	st	distance
0	1	0
1	0	20
2	0	30
3	1	10
4	0	25
5	0	∞

(c) 变化distance

	st	distance
0	1	0
1	1	20
2	0	30
3	1	10
4	0	25
5	0	∞

(d) 变化st

	st	distance
0	1	0
1	1	20
2	0	30
3	1	10
4	0	25
5	0	55

(e) 变化distance

	st	distance
0	1	0
1	1	20
2	0	30
3	1	10
4	1	25
5	0	55

(f) 变化st

	st	distance
0	1	0
1	1	20
2	1	30
3	1	10
4	1	25
5	0	55

(g) 变化st

	st	distance
0	1	0
1	1	20
2	1	30
3	1	10
4	1	25
5	0	35

(h) 变化distance

	st	distance
0	1	0
1	1	20
2	1	30
3	1	10
4	1	25
5	1	35

(i) 变化st

图 7-18　用 Dijkstra 算法求解最短路径长度

5）算法实现的代码

```java
// 实现 Dijkstra 算法
public int[] dijkstra(int v) {
    if (v < 0 || v >= numOfVexs)
        throw new ArrayIndexOutOfBoundsException();
    boolean[] st = new boolean[numOfVexs];        // 默认初始为 false
    int[] distance = new int[numOfVexs];          // 存放源点到其他点的距离

    for (int i = 0; i < numOfVexs; i++)
        for (int j = i + 1; j < numOfVexs; j++) {
            if (edges[i][j] == 0) {
                edges[i][j] = Integer.MAX_VALUE;
                edges[j][i] = Integer.MAX_VALUE;
            }
        }
    for (int i = 0; i < numOfVexs; i++) {
        distance[i] = edges[v][i];
```

```java
        }
        st[v] = true;
        // 处理从源点到其余顶点的最短路径
        for (int i = 0; i < numOfVexs; ++i) {
            int min = Integer.MAX_VALUE;
            int index = -1;
            // 比较从源点到其余顶点的路径长度
            for (int j = 0; j < numOfVexs; ++j) {
                // 从源点到 j 顶点的最短路径还没有找到
                if (st[j] == false) {
                    // 从源点到 j 顶点的路径长度最小
                    if (distance[j] < min) {
                        index = j;
                        min = distance[j];
                    }
                }
            }
            //找到源点到索引为 index 顶点的最短路径长度
            if(index!= -1)
                st[index] = true;
            // 更新当前最短路径及距离
            for (int w = 0; w < numOfVexs; w++)
                if (st[w] == false) {
                    if (edges[index][w] != Integer.MAX_VALUE
                            && (min + edges[index][w] < distance[w]))
                        distance[w] = min + edges[index][w];
                }
        }
        return distance;
    }
```

步骤三：测试邻接矩阵基本操作

测试代码如下。

```java
public class TestGraphAdjMatrix {
    public static void main(String[] args){
        String[] vexs = {"V0","V1","V2","V3","V4","V5"};
        /* 没有边的顶点用 0 表示,起点和终点相同的也用 0 表示.求解最短路径时会将非对角
        线上为零的边设成整数的最大值 */
        int[][] edges = {{0,20,0,10,0,0},
                         {20,0,10,0,0,35},
                         {0,10,0,20,25,5},
                         {10,0,20,0,15,0},
                         {0,0,25,15,0,0},
                         {0,35,5,0,0,0}
                        };
        IGraph<String> graph = new GraphAdjMatrix<String>(10,String.class);    //比实际长度长,以便插入
        Scanner sc = new Scanner(System.in);
        System.out.println("-----------------------------");
        System.out.println("操作选项菜单");
        System.out.println("1.添加顶点");
        System.out.println("2.添加边");
        System.out.println("3.显示邻接矩阵");
        System.out.println("4.删除顶点");
```

```java
            System.out.println("5.删除边");
            System.out.println("0.退出");
            System.out.println(" ------------------------------ ");
            char ch;
            do {
                System.out.print("请输入操作选项:");
                ch = sc.next().charAt(0);
                switch (ch) {
                case '1':
                    for (int i = 0; i < vexs.length; i++) {
                        graph.insertVex(vexs[i]);
                    }
                    System.out.println("添加顶点完成!");
                    break;
                case '2':
                    for (int i = 0; i < edges.length; i++) {
                        for (int j = i + 1; j < edges.length; j++) {
                            if (edges[i][j] != 0)
                                graph.insertEdge(i, j, edges[i][j]);
                        }
                    }
                    System.out.println("添加边完成!");
                    break;
                case '3':
                    int numOfVertex = graph.getNumOfVertex();
                    if (numOfVertex == 0) {
                        System.out.println("图还没有创建!");
                        return;
                    }
                    System.out.println("该图的邻接矩阵是:");
                    for (int i = 0; i < numOfVertex; i++) {
                        System.out.print(graph.valueOfVex(i) + "\t");
                    }
                    System.out.println();

                    for (int i = 0; i < graph.getNumOfVertex(); i++) {
                        for (int j = 0; j < graph.getNumOfVertex(); j++)
                            System.out.print(graph.getEdge(i, j) + "\t");
                        System.out.println("");
                    }
                    break;
                case '4':
                    System.out.print("请输入要删除顶点的名称:");
                    String vex = sc.next();
                    graph.deleteVex(vex);
                    System.out.println(vex + "删除成功");

                    break;
                case '5':
                    System.out.print("请输入要删除边的第一个的顶点的名称:");
                    String vex1 = sc.next();
                    System.out.print("请输入要删除边的第二个的顶点的名称:");
                    String vex2 = sc.next();
graph.deleteEdge(graph.indexOfVex(vex1),graph.indexOfVex(vex2));
                    System.out.println(vex1 + "与" + vex2 + "之间的边被删除");
```

```java
                    break;
            }
        } while (ch != '0');
        sc.close();
    }
}
```

运行结果：

```
------------------------------
操作选项菜单
1.添加顶点
2.添加边
3.显示邻接矩阵
4.删除顶点
5.删除边
0.退出
------------------------------
请输入操作选项:1
添加顶点完成!
请输入操作选项:2
添加边完成!
请输入操作选项:3
该图的邻接矩阵是:
V0   V1   V2   V3   V4   V5
0    20   0    10   0    0
20   0    10   0    0    35
0    10   0    20   25   5
10   0    20   0    15   0
0    0    25   15   0    0
0    35   5    0    0    0
请输入操作选项:4
请输入要删除顶点的名称:V0
V1 删除成功
请输入操作选项:3
该图的邻接矩阵是:
V1   V2   V3   V4   V5
0    10   0    0    35
10   0    20   25   5
0    20   0    15   0
0    25   15   0    0
35   5    0    0    0
请输入操作选项:5
请输入要删除边的第一个的顶点的名称:V1
请输入要删除边的第二个的顶点的名称:V2
V1 与 V2 之间的边被删除
请输入操作选项:3
该图的邻接矩阵是:
V1   V2   V3   V4   V5
0    0    0    0    35
0    0    20   25   5
0    20   0    15   0
0    25   15   0    0
35   5    0    0    0
请输入操作选项:0
```

步骤四：用邻接矩阵实现高速公路交通网

使用邻接矩阵类 GraphAdjMatrix＜E＞的深度优先搜索方法 depthFirstSearch()和广度优先搜索方法 breadthFirstSearch()实现城市的遍历并用 Dijkstra 方法算出最短的旅行路线，求解过程如图 7-19 所示。

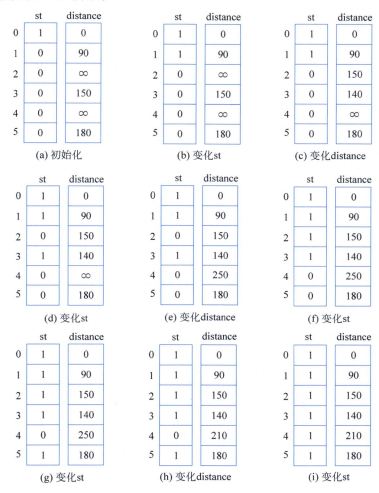

图 7-19　用 Dijkstra 算法求解城市间最短路径过程示意图

编码实现如下。

```
public class AdjMatrixApp {
    public static void main(String[] args) {
        String[] vexs = { "A", "B", "C", "D", "E", "F" };
        /*没有边的顶点用 0 表示，起点和终点相同的也用 0 表示.求解最短路径时会将非对角
线上为零的边设成整数的最大值*/
        int[][] edges = { { 0, 90, 0, 150, 0, 180 }, { 90, 0, 60, 50, 0, 0 },
                { 0, 60, 0, 0, 230, 80 }, { 150, 50, 0, 0, 110, 280 },
                { 0, 0, 230, 110, 0, 30 }, { 180, 0, 80, 280, 30, 0 } };
        Scanner sc = new Scanner(System.in);
        IGraph＜String＞ graph = new 
GraphAdjMatrix＜String＞(vexs.length,String.class);
```

```java
System.out.println("--------------------------------");
System.out.println("操作选项菜单");
System.out.println("1.添加顶点");
System.out.println("2.添加边");
System.out.println("3.显示邻接矩阵");
System.out.println("4.深度优先遍历");
System.out.println("5.广度优先遍历");
System.out.println("6.求最短路径");
System.out.println("7.退出");
System.out.println("--------------------------------");
char ch;
do {
    System.out.print("请输入操作选项:");
    ch = sc.next().charAt(0);
    switch (ch) {
    case '1':
        for (int i = 0; i < vexs.length; i++) {
            graph.insertVex(vexs[i]);
        }
        System.out.println("添加顶点完成!");
        break;
    case '2':
        for (int i = 0; i < edges.length; i++) {
            for (int j = i + 1; j < edges.length; j++) {
                if (edges[i][j] != 0)
                    graph.insertEdge(i, j, edges[i][j]);
            }
        }
        System.out.println("添加边完成!");
        break;
    case '3':
        int numOfVertex = graph.getNumOfVertex();
        if (numOfVertex == 0) {
            System.out.println("高速公路交通网还没有创建!");
            return;
        }
        System.out.println("高速公路交通网的城市有:");
        for (int i = 0; i < numOfVertex; i++) {
            System.out.print(graph.valueOfVex(i) + "\t");
        }
        System.out.println();

        for (int i = 0; i < graph.getNumOfVertex(); i++) {
            for (int j = 0; j < graph.getNumOfVertex(); j++)
                System.out.print(graph.getEdge(i, j) + "\t");
            System.out.println("\n");
        }
        break;
    case '4':
        System.out.print("请输入出发的城市名称:");
        String city = sc.next();
        String path = graph.depthFirstSearch(graph.indexOfVex(city));
        System.out.print("深度优先遍历的结果是:");
        System.out.println(path);
        break;
    case '5':
```

```java
                System.out.print("请输入出发的城市名称:");
                city = sc.next();
                path = graph.breadthFirstSearch(graph.indexOfVex(city));
                System.out.print("广度优先遍历的结果是:");
                System.out.println(path);
                break;
            case '6':
                System.out.print("请输入出发的城市名称:");
                city = sc.next();
                int[] distance = graph.dijkstra(graph.indexOfVex(city));
                System.out.println(city + "到各城市的距离是:");
                for (int i = 0; i < graph.getNumOfVertex(); i++) {
                    System.out.print(graph.valueOfVex(i) + "\t");
                }
                System.out.println();
                for (int i = 0; i < distance.length; i++) {
                    System.out.print(distance[i] + "\t");
                }
                System.out.println();
                break;
            }
        } while (ch != '7');
        sc.close();
    }
}
```

运行效果如下。

```
----------------------------
操作选项菜单
1.添加顶点
2.添加边
3.显示邻接矩阵
4.深度优先遍历
5.广度优先遍历
6.求最短路径
7.退出
----------------------------
请输入操作选项:1
添加顶点完成!
请输入操作选项:2
添加边完成!
请输入操作选项:3
高速公路交通网的城市有:
A       B       C       D       E       F
0       90      0       150     0       180
90      0       60      50      0       0
0       60      0       0       230     80
150     50      0       0       110     280
0       0       230     110     0       30
180     0       80      280     30      0

请输入操作选项:4
请输入出发的城市名称:A
深度优先遍历的结果是:A,B,C,E,D,F
请输入操作选项:5
请输入出发的城市名称:A
广度优先遍历的结果是:A,B,D,F,C,E
```

```
请输入操作选项:6
请输入出发的城市名称:A
城市 A 到各城市的最短距离是:
A B C D E F
0 90 150 140 210 180
```

【任务评价】

请按表 7-3 查看是否掌握了本任务所学的内容。

表 7-3 "用邻接矩阵实现高速公路交通网"完成情况评价表

序 号	鉴定评分点	分 值	评 分
1	能理解邻接矩阵的定义和存储特点	20	
2	能进行邻接矩阵的算法设计	20	
3	能编程实现邻接矩阵	20	
4	能在程序中正确应用邻接矩阵	20	
5	能用邻接矩阵实现高速交通网	20	

7.4.3 用邻接表实现高速公路交通网

【学习目标】

（1）理解图的链式存储结构。
（2）掌握邻接表基本运算的实现方法。
（3）能用邻接表实现高速交通网。

【任务描述】

前面介绍的邻接矩阵方法实际上是图的一种静态存储方法。建立这种存储结构时需要预先知道图中顶点的个数。如果图结构本身需要在解决问题的过程中动态地产生,则每增加或删除一个顶点都需要改变邻接矩阵的大小,显然这样做的效率很低。除此之外,邻接矩阵占用存储单元数目只与图中顶点的个数有关,而与边(或弧)的数目无关,若图的邻接矩阵为一个稀疏矩阵,必然会造成存储空间的浪费。图的链式存储结构邻接表可以解决这个问题。本任务使用邻接表实现高速公路交通网。

视频讲解

【任务实施】

步骤一：将图的逻辑结构映射成链式存储结构

1. 理解图的邻接表存储结构

邻接表的存储方法是一种顺序存储与链式存储相结合的存储方法,顺序存储部分用来保存图中顶点的信息,链式存储部分用来保存图中边的信息。具体的做法是使用一个一维数组保存图中顶点的信息,数组中每个数组元素包含两个域,其存储结构如图 7-20 所示。

其中：

- 顶点域(data)：存放与顶点有关的信息。
- 头指针域(firstadj)：存放与该顶点相邻接的所有顶点组成的单链表的头指针。

邻接单链表中每个结点表示依附于该顶点的一条边,称作边结点,边结点的存储结构如图 7-21 所示。

图 7-20 邻接表中顶点信息的存储结构　　图 7-21 邻接表中边信息的存储结构

其中：
- 邻接点域（adjvex）：指示与顶点的邻接点在图中的位置，对应着一维数组中的索引号，对于有向图，存放的是该边结点所表示弧的弧头顶点在一维数组中的索引号。
- 数据域（info）：存储边或弧相关的信息，如权值等，当图中边（或弧）不含有信息时，该域可以省略。
- 链域（nextadj）：指向与该顶点相邻的下一个边结点的指针。

对于如图 7-22(a)所示的无向图、如图 7-22(b)所示的有向图，它们的邻接表存储结构分别如图 7-23(a)和图 7-23(b)所示。

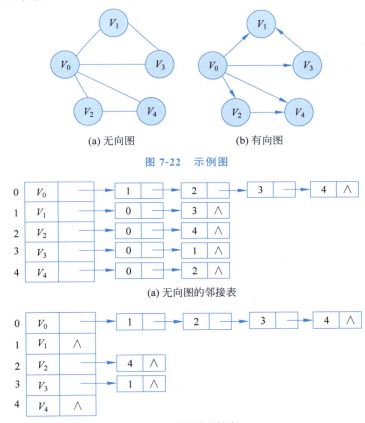

图 7-22 示例图

(a) 无向图的邻接表

(b) 有向图的邻接表

图 7-23 无权值图的邻接表示例图

图 7-14(a)有权值图的邻接表如图 7-24 所示。

图 7-24 图 7-14(a)中有权值图的邻接表示例图

2. 创建基于邻接表的图类

（1）创建一个图类 GraphAdjList＜E＞，该类实现接口 IGraph，接口中定义的基本运算的算法实现在步骤二完成。

（2）创建两个内部类 ENode 和 VNode，ENode 为邻接表中链表的边结点，包含 adjvex、weight 和 nextadj 三个成员变量，adjvex 为邻接顶点序号，weight 为边的权值、nextadj 为下一个边结点；VNode 为顶点表中的结点，包含两个成员变量：data 和 firstadj，data 存放与顶点有关的信息，firstadj 存放与该顶点相邻接的所有顶点组成的单链表的头指针。

（3）类 GraphAdjList＜E＞定义了 4 个成员变量：vexs、numOfVexs、maxNumOfVexs、visited。

```java
public class GraphAdjList<E> implements IGraph<E> {
    //邻接表中边信息
    private class ENode {
        int adjvex;                  //邻接顶点序号
        int weight;                  //存储边或弧相关的信息,如权值
        ENode nextadj;               //下一个邻接表结点
        public ENode(int adjvex, int weight) {
            this.adjvex = adjvex;
            this.weight = weight;
        }
    }
    //邻接表中顶点信息
    private class VNode {
        E data;                      //顶点信息
        ENode firstadj;              //相邻的所有结点组成的单链表的头指针
    };
    private VNode[] vexs;            //顶点数组
    private int numOfVexs;           //顶点的实际数量
    private int maxNumOfVexs;        //顶点的最大数量
    private boolean[] visited;       //判断顶点是否被访问过
//初始化邻接表
...
//IGraph 接口中定义的运算方法
...

}
```

视频讲解

步骤二：基于邻接表实现图的基本操作

1. 初始化图

初始化图就是创建一个空图，即调用 GraphAdjList＜E＞的构造函数，为图申请预留的存储空间，具体步骤如下。

（1）初始化 maxNumOfVexs 为实际值。

（2）为存储图的顶点的一维数组申请可以存储 maxNumOfVexs 个数据元素的存储空间，数据元素的类型为 VNode 类。

（3）顶点的实际数量 numOfVexs 初始化为 0。

```java
public GraphAdjList(int maxNumOfVexs) {
    this.maxNumOfVexs = maxNumOfVexs;
    vexs = (VNode[]) Array.newInstance(VNode.class, maxNumOfVexs);
    numOfVexs = 0;
}
```

2. 获取顶点的个数：getNumOfVertex( )

变量 numOfVexs 存储了顶点的实际数量，直接返回该值。实现代码如下。

```java
//得到顶点的数目
public int getNumOfVertex() {
    return numOfVexs;
}
```

3. 插入顶点：insertVex(E v)

插入顶点操作包括插入顶点和插入边。

（1）用 v 作为顶点信息，创建 VNode 类顶点 vex。

（2）由于图没有约定顶点的次序，在顶点顺序表中插入元素 vex，是将 vex 插入顶点数据组 vexs 的尾部，即 vexs[numOfVexs]中，同时 numOfVexs 的数量加 1。

```java
//插入顶点
public boolean insertVex(E v) {
    if (numOfVexs >= maxNumOfVexs)
        return false;
    VNode vex = new VNode();
    vex.data = v;
    vexs[numOfVexs++] = vex;
    return true;
}
```

4. 插入边：insertEdge(int v1, int v2, int weight)

插入权值为 weight 的边 $<v1,v2>$。

（1）判断 $v1,v2$ 是否符合顶点数组下标范围，若越界抛出数组越界异常。

（2）创建边结点 vex1，判断索引为 $v1$ 的顶点是否有邻接顶点，如果没有，修改索引为 $v1$ 的顶点的头指针域指向边结点 vex1，否则要将 vex1 链域(nextadj)指向头指针域后，再修改索引为 $v1$ 的顶点的头指针域指向边结点 vex1。

（3）创建边结点 vex2，判断索引为 $v2$ 的顶点是否有邻接顶点，如果没有，修改索引为 $v2$ 的顶点的头指针域指向边结点 vex2，否则要将 vex2 的链域 nextadj 指向头指针域后，再修改索引为 $v2$ 的顶点的头指针域指向边结点 vex2。

```java
//插入边
public boolean insertEdge(int v1, int v2, int weight) {
    if (v1 < 0 || v2 < 0 || v1 >= numOfVexs || v2 >= numOfVexs)
        throw new ArrayIndexOutOfBoundsException();
    ENode vex1 = new ENode(v2, weight);
    //下标为 v1 的顶点没有邻接顶点
    if (vexs[v1].firstadj == null) {
        vexs[v1].firstadj = vex1;
    }
    //下标为 v1 的顶点有邻接顶点
    else {
        vex1.nextadj = vexs[v1].firstadj;
        vexs[v1].firstadj = vex1;
    }
    ENode vex2 = new ENode(v1, weight);
    //下标为 v2 的顶点没有邻接顶点
```

```
        if (vexs[v2].firstadj == null) {
            vexs[v2].firstadj = vex2;
        }
        //下标为 v2 的顶点有邻接顶点
        else {
            vex2.nextadj = vexs[v2].firstadj;
            vexs[v2].firstadj = vex2;
        }
        return true;
    }
```

5. 删除顶点：deleteVex(E v)

删除值为 v 的顶点。

(1) 遍历顶点顺序表中的每个顶点元素，判断顶点元素的值是否等于 v，如果相等，记住该元素所在下标位置 i，依次执行步骤(2)～步骤(4)。

(2) 删除顶点顺序表中下标为 i 的顶点。将下标 i 后所有顶点元素前移后，最后一个下标位置元素置为 null，顶点顺序表的长度减 1。

(3) 删除邻接表中所有边结点序号 adjvex 为 i 的边。遍历顺序表，如果当前元素没有边，进入下一次循环；如果当前结点邻接表首结点的序号 adjvex 为 i，则设当前结点的头指针域(firstadj)为首结点的 nextadj，并进入下一次循环；如果当前结点的邻接表首结点的序号 adjvex 不为 i，则遍历其邻接表，当邻接表中的边结点的序号 adjvex 为 i 时，则设置邻接表中当前结点的前一个结点 nextadj 值为当前结点的 nextadj 值。

(4) 修改邻接表中边结点的序号 adjvex 的值。如果 adjvex 的值大于 i，设置其值减 1。

```
//删除顶点
public boolean deleteVex(E v) {
    for (int i = 0; i < numOfVexs; i++) {
        if (vexs[i].data.equals(v)) {
            for (int j = i; j < numOfVexs - 1; j++) {
                vexs[j] = vexs[j + 1];
            }
            vexs[numOfVexs - 1] = null;
            numOfVexs--;
            ENode current;
            ENode previous;
            for (int j = 0; j < numOfVexs; j++) {
                if (vexs[j].firstadj == null)
                    continue;
                if (vexs[j].firstadj.adjvex == i) {
                    vexs[j].firstadj = vexs[j].firstadj.nextadj;
                    continue;
                }
                current = vexs[j].firstadj;
                while (current != null) {
                    previous = current;
                    current = current.nextadj;
                    if (current != null && current.adjvex == i) {
                        previous.nextadj = current.nextadj;
                        break;
                    }
```

```
                }
            }
            for (int j = 0; j < numOfVexs; j++) {
                current = vexs[j].firstadj;
                while (current != null) {
                    if (current.adjvex > i)
                        current.adjvex -- ;
                    current = current.nextadj;
                }
            }
            return true;
        }
    }
    return false;
}
```

6. 删除边：deleteEdge(int v1, int v2)

删除下标为 $v1, v2$ 的顶点数组中两个顶点之间的边。

(1) 判断 $v1, v2$ 是否符合顶点数组下标范围,若不符合抛出数组越界异常。

(2) 遍历 $v1$ 对应顶点的邻接单链表,删除邻接点域的值等于 $v2$ 的边结点。

(3) 遍历 $v2$ 对应顶点的邻接单链表,删除邻接点域的值等于 $v1$ 的边结点。

```
//删除边
public boolean deleteEdge(int v1, int v2) {
    if (v1 < 0 || v2 < 0 || v1 >= numOfVexs || v2 >= numOfVexs)
        throw new ArrayIndexOutOfBoundsException();
    //删除下标为 v1 的顶点与下标为 v2 的顶点之间的边
    ENode current = vexs[v1].firstadj;
    ENode previous = null;
    while (current != null && current.adjvex != v2) {
        previous = current;
        current = current.nextadj;
    }
    if (current != null)
        previous.nextadj = current.nextadj;
    //删除下标为 v2 的顶点与下标为 v1 的顶点之间的边
    current = vexs[v2].firstadj;
    while (current != null && current.adjvex != v1) {
        previous = current;
        current = current.nextadj;
    }
    if (current != null)
        previous.nextadj = current.nextadj;
    return true;
}
```

7. 定位顶点：indexOfVex(E v)

根据顶点信息 v,取得其在顶点数组中的位置,若图中无此顶点,则返回 -1。

```
//定位顶点的位置
public int indexOfVex(E v) {
    for (int i = 0; i < numOfVexs; i++) {
        if (vexs[i].data.equals(v)) {
```

```
            return i;
        }
    }
    return -1;
}
```

8. 查找顶点：valueOfVex(int v)

返回顶点数组中指定下标位置 v 的顶点信息。

```
//定位指定位置的顶点
    public E valueOfVex(int v) {
        if (v < 0 || v >= numOfVexs)
            return null;
        return vexs[v].data;
    }
```

9. 查找边：getEdge(int v1, int v2)

返回邻接表中边<$v1,v2$>的权值。

（1）判断 $v1,v2$ 是否符合顶点数组下标范围，若不符合抛出数组越界异常。

（2）遍历 $v1$ 对应顶点的邻接单链表，返回邻接点域的值等于 $v2$ 的边结点的权值，若不存在返回 0。

```
//查找边
    public int getEdge(int v1, int v2) {
        if (v1 < 0 || v2 < 0 || v1 >= numOfVexs || v2 >= numOfVexs)
            throw new ArrayIndexOutOfBoundsException();
        ENode current = vexs[v1].firstadj;
        while (current != null) {
            if (current.adjvex == v2) {
                return current.weight;
            }
            current = current.nextadj;
        }
        return 0;
    }
```

视频讲解

10. 深度优先遍历：depthFirstSearch(int v)

定义了两个方法：depthFirstSearch 和 DFS。这两个方法协同工作，以递归的方式遍历图中的所有顶点，并记录遍历的顺序。

```
// 深度优先搜索遍历
public String depthFirstSearch(int v) {
    if (v < 0 || v >= numOfVexs)
        throw new ArrayIndexOutOfBoundsException();
    visited = new boolean[numOfVexs];
    StringBuilder sb = new StringBuilder();
    DFS(v, visited, sb);
    return sb.length() > 0 ? sb.substring(0, sb.length() - 1) : "";
}

public String DFS(int v, boolean[] visited, StringBuilder sb) {
    visited[v] = true;
```

```java
        sb.append(vexs[v].data + ",");
        ENode current = vexs[v].firstadj;
        while (current != null) {
            if (!visited[current.adjvex]) {
                DFS(current.adjvex, visited, sb);
            }
            current = current.nextadj;
        }
    return sb.toString();
}
```

11. 广度优先遍历：breadthFirstSearch(int v)

通过广度优先搜索算法遍历了一个通过邻接表表示的图，并以逗号分隔的字符串形式返回了遍历顺序。

视频讲解

```java
//广度优先搜索遍历
public String breadthFirstSearch(int v) {
    if (v < 0 || v >= numOfVexs)
        throw new ArrayIndexOutOfBoundsException();
    visited = new boolean[numOfVexs];
    StringBuilder sb = new StringBuilder();
    Queue<Integer> queue = new LinkedList<Integer>();
    queue.offer(v);
    visited[v] = true;
    ENode current;
    while (!queue.isEmpty()) {
        v = queue.poll();
        sb.append(vexs[v].data + ",");
        current = vexs[v].firstadj;
        while (current != null) {
            if (!visited[current.adjvex]) {
                queue.offer(current.adjvex);
                visited[current.adjvex] = true;
            }
            current = current.nextadj;
        }
    }
    return sb.length() > 0 ? sb.substring(0, sb.length() - 1) : " ";
}
```

12. 最短路径：dijkstra(int v)

基于邻接表，实现在一个带权图中找到从单个源头到所有其他顶点的最短路径长度。

视频讲解

```java
//实现 Dijkstra 算法
public int[] dijkstra(int v) {
    if (v < 0 || v >= numOfVexs)
        throw new ArrayIndexOutOfBoundsException();
    boolean[] st = new boolean[numOfVexs];      //默认初始为 false
    int[] distance = new int[numOfVexs];         //存放源点到其他点的距离
    for (int i = 0; i < numOfVexs; i++) {
        distance[i] = Integer.MAX_VALUE;
    }
    ENode current;
    current = vexs[v].firstadj;
    while (current != null) {
```

```java
                distance[current.adjvex] = current.weight;
                current = current.nextadj;
            }
            distance[v] = 0;
            st[v] = true;
            //处理从源点到其余顶点的最短路径
            for (int i = 0; i < numOfVexs; i++) {
                int min = Integer.MAX_VALUE;
                int index = -1;
                //比较从源点到其余顶点的路径长度
                for (int j = 0; j < numOfVexs; j++) {
                    //从源点到j顶点的最短路径还没有找到
                    if (st[j] == false) {
                        //从源点到j顶点的路径长度最小
                        if (distance[j] < min) {
                            index = j;
                            min = distance[j];
                        }
                    }
                }
                //找到源点到索引为index顶点的最短路径长度
                if (index != -1)
                    st[index] = true;
                //更新当前最短路径及距离
                for (int w = 0; w < numOfVexs; w++)
                    if (st[w] == false) {
                        current = vexs[w].firstadj;
                        while (current != null) {
                            if (current.adjvex == index)
                                if ((min + current.weight) < distance[w]) {
                                    distance[w] = min + current.weight;
                                    break;
                                }
                            current = current.nextadj;
                        }
                    }
            }
            return distance;
        }
```

步骤三：测试邻接表基本操作

```java
public class TestGraphAdjList {
    public static void main(String[] args){
        String[] vexs = {"V0","V1","V2","V3","V4","V5"};
        /*没有边的顶点用0表示,起点和终点相同的也用0表示.求解最短路径时会将非对角
线上为零的边设成整数的最大值*/
        int[][] edges = {{0,20,0,10,0,0},
                         {20,0,10,0,0,35},
                         {0,10,0,20,25,5},
                         {10,0,20,0,15,0},
                         {0,0,25,15,0,0},
                         {0,35,5,0,0,0}
                        };
        IGraph<String> graph = new GraphAdjList<String>(10); //比实际长度长,以便插入
                                                             //操作
```

```java
Scanner sc = new Scanner(System.in);
System.out.println(" ------------------------------ ");
System.out.println("操作选项菜单");
System.out.println("1.添加顶点");
System.out.println("2.添加边");
System.out.println("3.显示邻接表");
System.out.println("4.删除顶点");
System.out.println("5.删除边");
System.out.println("0.退出");
System.out.println(" ------------------------------ ");
char ch;
do {
    System.out.print("请输入操作选项:");
    ch = sc.next().charAt(0);
    switch (ch) {
        case '1':
            for (int i = 0; i < vexs.length; i++) {
                graph.insertVex(vexs[i]);
            }
            System.out.println("添加顶点完成!");
            break;
        case '2':
            for (int i = 0; i < edges.length; i++) {
                for (int j = i + 1; j < edges.length; j++) {
                    if (edges[i][j] != 0)
                        graph.insertEdge(i, j, edges[i][j]);
                }
            }
            System.out.println("添加边完成!");
            break;
        case '3':
            int numOfVertex = graph.getNumOfVertex();
            if (numOfVertex == 0) {
                System.out.println("图还没有创建!");
                return;
            }
            System.out.println("该图的邻接矩阵是:");
            for (int i = 0; i < numOfVertex; i++) {
                System.out.print(i + ":");
                for (int j = 0; j < numOfVertex; j++) {
                    if (graph.getEdge(i, j) != 0)
                        System.out.print(graph.valueOfVex(i) + "->"
                                + graph.valueOfVex(j) + ":"
                                + graph.getEdge(i, j) + " \t");
                }
                System.out.println();
            }
            break;
        case '4':
            System.out.print("请输入要删除顶点的名称:");
            String vex = sc.next();
            graph.deleteVex(vex);
            System.out.println(vex + "删除成功");

            break;
        case '5':
```

```java
                    System.out.print("请输入要删除边的第一个的顶点的名称:");
                    String vex1 = sc.next();
                    System.out.print("请输入要删除边的第二个的顶点的名称:");
                    String vex2 = sc.next();
                    graph.deleteEdge(graph.indexOfVex(vex1),graph.indexOfVex(vex2));
                    System.out.println(vex1 + "与" + vex2 + "之间的边被删除");
                    break;
            }
        } while (ch != '0');
        sc.close();
    }
}
```

步骤四：用邻接表实现高速公路交通网

1. 设计思路

将图 7-2 高速公路交通网中的城市抽象为图的顶点，城市间距离抽象为图的边，用邻接表存储边的信息，构建的邻接表如图 7-25 所示。

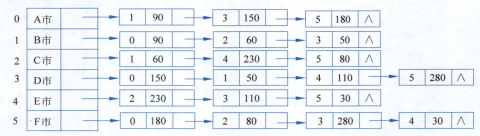

图 7-25 高速公路交通网邻接表

使用邻接表类 GraphAdjList＜E＞的深度优先搜索方法 depthFirstSearch()和广度优先搜索方法 breadthFirstSearch()实现城市的遍历并用 Dijkstra 方法算出最短的旅行路线。

2. 编码实现

下面的代码与用邻接矩阵实现的代码基本相同，不同的是 IGraph 要声明为 GraphAdjList 类型变量，菜单选项"3 显示邻接表"中的代码与邻接矩阵的实现方式不同，其他都是一样的。

```java
public class GraphAdjListApp {
    public static void main(String[] args) {
        String[] vexs = { "A", "B", "C", "D", "E", "F" };
        //没有边的顶点用 0 表示,起点和终点相同的也用 0 表示
        int[][] edges = { { 0, 90, 0, 150, 0, 180 }, { 90, 0, 60, 50, 0, 0 },
                          { 0, 60, 0, 0, 230, 80 }, { 150, 50, 0, 0, 110, 280 },
                          { 0, 0, 230, 110, 0, 30 }, { 180, 0, 80, 280, 30, 0 } };
        Scanner sc = new Scanner(System.in);
        IGraph< String > graph = new GraphAdjList< String >(vexs.length);
        System.out.println("------------------------------");
        System.out.println("操作选项菜单");
        System.out.println("1.添加顶点");
        System.out.println("2.添加边");
        System.out.println("3.显示邻接表");
        System.out.println("4.深度优先遍历");
```

```java
System.out.println("5.广度优先遍历");
System.out.println("6.求最短路径");
System.out.println("7.退出");
System.out.println("------------------------------");
char ch;
do {
    System.out.print("请输入操作选项:");
    ch = sc.next().charAt(0);
    switch (ch) {
    case '1':
        for (int i = 0; i < vexs.length; i++) {
            graph.insertVex(vexs[i]);
        }
        System.out.println("添加顶点完成!");
        break;
    case '2':
        for (int i = 0; i < edges.length; i++) {
            for (int j = i + 1; j < edges.length; j++) {
                if (edges[i][j] != 0)
                    graph.insertEdge(i, j, edges[i][j]);
            }
        }
        System.out.println("添加边完成!");
        break;
    case '3':
        int numOfVertex = graph.getNumOfVertex();
        if (numOfVertex == 0) {
            System.out.println("高速公路交通网还没有创建!");
            return;
        }
        System.out.println("高速公路交通网的城市有:");

        for (int i = 0; i < numOfVertex; i++) {
            System.out.print(i + ":");
            for (int j = 0; j < numOfVertex; j++) {
                if (graph.getEdge(i, j) != 0)
                    System.out.print(graph.valueOfVex(i) + "->"
                            + graph.valueOfVex(j) + ":"
                            + graph.getEdge(i, j) + " \t");
            }
            System.out.print("\n");
        }
        break;
    case '4':
        System.out.print("请输入出发的城市名称:");
        String city = sc.next();
        String path = graph.depthFirstSearch(graph.indexOfVex(city));
        System.out.print("深度优先遍历的结果是:");
        System.out.println(path);
        break;
    case '5':
        System.out.print("请输入出发的城市名称:");
        city = sc.next();
        path = graph.breadthFirstSearch(graph.indexOfVex(city));
        System.out.print("广度优先遍历的结果是:");
        System.out.println(path);
```

```
                break;
            case '6':
                System.out.print("请输入出发的城市名称:");
                city = sc.next();
                int[] distance = graph.dijkstra(graph.indexOfVex(city));
                System.out.println(city + "到各城市的距离是:");
                for (int i = 0; i < graph.getNumOfVertex(); i++) {
                    System.out.print(graph.valueOfVex(i) + "\t");
                }
                System.out.println();
                for (int i = 0; i < distance.length; i++) {
                    System.out.print(distance[i] + "\t");
                }
                System.out.println();
                break;
        }
    } while (ch != '7');
    sc.close();
    }
}
```

【任务评价】

请按表 7-4 查看是否掌握了本任务所学的内容。

表 7-4 "用邻接表实现高速公路交通网"完成情况评价表

序 号	鉴定评分点	分 值	评 分
1	理解图的链式存储结构邻接表	20	
2	能进行邻接表的算法设计	20	
3	能编程实现邻接表的基本操作	20	
4	能对邻接表进行测试	15	
5	能应用邻接表实现高速交通网	25	

7.5 项目拓展

1. 问题描述

如图 7-26 所示是某城市的交通网络干线图,其中的顶点代表该市的交通要点,顶点间的有向连线代表有方向交通线路,线上的数字表示两个交通要点的距离。

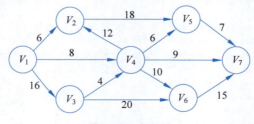

图 7-26 有向图

2. 基本要求

根据图 7-26,编程实现:

(1) 分别用邻接矩阵和邻接表存储图,并显示存储的结果。
(2) 分别计算 V_4 和 V_6 的入度和出度。
(3) 分别用深度优先搜索和广度优先搜索遍历该交通干线图。
(4) 给定图中的任一交通要点,用 Dijkstra 算法求出从该点到其余各顶点的最短路径。

7.6 项目小结

本章在介绍图的基本概念和抽象数据类型的基础上,重点介绍了图及其操作在计算机中的两种存储方法和实现方法,并用图实现高速公路交通网。

(1) 图是由一系列顶点和边(弧)组成的数据结构,数据元素之间的关系是多对多的关系。

(2) 有两种类型的图:有向图和无向图。无向图中,构成边的任意两顶点(V_i,V_j)与(V_j,V_i)是相同的。有向图中箭头表示边的方向,从起点指向终点,构成边的任意两顶点(V_i,V_j)与(V_j,V_i)是表示方向不同的两条边。

(3) 存储图的两种最常用的方法是邻接矩阵和邻接表。邻接矩阵(Adjacentcy Matrix)是用两个数组来表示图,一个是一维数组,存储图中的顶点信息;另一个是二维数组,即邻接矩阵,存储顶点之间相邻的信息,即边的信息。邻接表的存储方法是一种顺序存储与链式存储相结合的存储方法,顺序存储部分用来保存图中顶点的信息,链式存储部分用来保存图中边的信息。

(4) 遍历图的两种最常用的方法是深度优先遍历和广度优先遍历。图的深度优先遍历从图的某一顶点 x 出发,访问 x,然后遍历任何一个与 x 相邻的未被访问的顶点 y,再遍历任何一个与 y 相邻的未被访问的顶点 z……以此类推,直到到达一个所有邻接点都被访问的顶点为止。图的广度优先搜索是从图的某个顶点 x 出发,访问 x;然后访问与 x 相邻接的所有未被访问的顶点 $x_1,x_2,\cdots,x_n$;接着再依次访问与 $x_1,x_2,\cdots,x_n$ 相邻接的未被访问过的所有顶点。以此类推,直至图的每个顶点都被访问。

(5) Dijkstra 算法能够找到给定的开始顶点到图中其他所有顶点间的最短路径。其基本思想是按路径长度递增的次序产生最短路径。把所有顶点分成两组,已确定最短路径的顶点为一组,用 S 表示;尚未确定最短路径的顶点为另一组,用 T 表示。初始时,S 中只包含源点 V_0,T 中包含除源点外的其余顶点,此时各顶点的当前最短路径长度为源点到该顶点的弧上的权值。然后按最短路径长度递增的次序逐个把 T 中的顶点加到 S 中去,直到从 V_0 出发可以到达的所有顶点都包括到 S 中为止。

(6) 本项目以高速公路网问题为主线,分析了高速公路网问题中一个城市可以连接多个城市,这个城市也可以被多个城市连接,城市与城市之间的关系为多对多的图结构,然后先后用邻接矩阵和邻接表存储图并实现相关算法,并用 Dijkstra 算法解决了高速公路网城市间最短路径问题。

7.7 项 目 测 验

一、选择题

1. 在一个无向图中,所有顶点的度数之和等于所有边数的(　　)倍。

A. 1/2　　　　　B. 2　　　　　　C. 1　　　　　　D. 4

2. 具有 n 个顶点的有向图最多有（　　）条边。

A. n　　　　　B. $n(n-1)$　　　C. $n(n+1)$　　　D. $n(n-1)/2$

3. 对于一个有向图，若一个顶点的入度为 k_1、出度为 k_2，则对应邻接表中该顶点的单链表中的结点数为（　　）。

A. k_1　　　　B. k_2　　　　C. k_1-k_2　　　D. k_1+k_2

4. 在一个无权值无向图中，若两个顶点之间的路径长度为 k，则该路径上的顶点数为（　　）。

A. k　　　　　B. $k+1$　　　　C. $k+2$　　　　D. $2k$

5. 下面关于图的存储的叙述中，正确的是（　　）。

A. 用相邻矩阵法存储图，占用的存储空间数只与图中结点个数有关，而与边数无关
B. 用相邻矩阵法存储图，占用的存储空间数只与图中边数有关，与结点个数无关
C. 用邻接表法存储图，占用的存储空间数只与图中结点个数有关，与边数无关
D. 用邻接表法存储图，占用的存储空间数只与图中边数有关，与结点个数无关

6. 带权有向图 G 用邻接矩阵 A 存储，则顶点 i 的入度等于 A 中（　　）。

A. 第 i 行非∞的元素之和　　　　B. 第 i 列非∞的元素之和
C. 第 i 行非∞且非 0 的元素个数　　D. 第 i 列非∞且非 0 的元素个数

7. 已知图的邻接矩阵如图 7-27 所示，则从顶点 0 出发按深度优先遍历的结点序列是（　　）。

A. 0 2 4 3 1 5 6　　B. 0 1 3 6 5 4 2　　C. 0 1 3 4 2 5 6　　D. 0 3 6 1 5 4 2

8. 已知图的邻接表如图 7-28 所示，则从顶点 0 出发，按深度优先遍历的结点序列是（　　）。

A. 0 1 3 2　　　B. 0 2 3 1　　　C. 0 3 2 1　　　D. 0 1 2 3

$$\begin{bmatrix} 0 & 1 & 1 & 1 & 1 & 0 & 1 \\ 1 & 0 & 0 & 1 & 0 & 0 & 1 \\ 1 & 0 & 0 & 0 & 1 & 0 & 0 \\ 1 & 1 & 0 & 0 & 1 & 1 & 0 \\ 1 & 0 & 1 & 1 & 0 & 1 & 0 \\ 0 & 0 & 0 & 1 & 1 & 0 & 1 \\ 1 & 1 & 0 & 0 & 0 & 1 & 0 \end{bmatrix}$$

图 7-27　选择题 7 的有向图　　　　图 7-28　选择题 8 的有向图

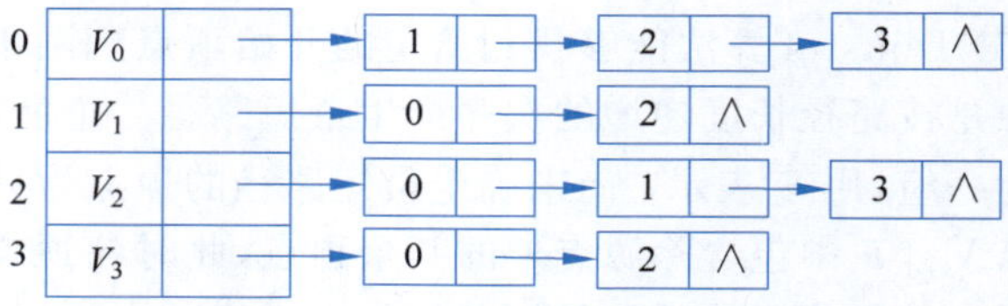

9. 对于如图 7-29 所示的带权有向图，从顶点 1 到顶点 5 的最短路径为（　　）。

A. 1,4,5　　　　B. 1,2,3,5　　　C. 1,4,3,5　　　D. 1,2,4,3,5

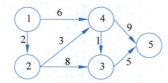

图 7-29　选择题 9 的有向图

10. 关于 Dijkstra 算法说法不正确的是（　　）。

A. Dijkstra算法是按路径长度递增的次序来得到最短路径
B. Dijkstra算法能处理带负权值的图
C. Dijkstra算法是典型的单源最短路径算法
D. Dijkstra算法是从一个顶点到其余各顶点的最短路径算法

二、判断题

1. 在一个有向图中,所有顶点的入度之和等于所有顶点的出度之和的2倍。(   )

2. 在n个结点的无向图中,若边数大于$n-1$,则该图必是连通图。(   )

3. 连通分量指的是有向图中的极大连通子图。(   )

4. 在有向图中,如果顶点i到顶点j有路径,而顶点i到顶点k没有路径,则顶点j到顶点k也没有路径。(   )

5. 用邻接矩阵存储一个图时,在不考虑压缩存储的情况下,所占用的存储空间大小只与图中的顶点个数有关,而与图的边数无关。(   )

6. 无向图的邻接矩阵一定是对称的,有向图的邻接矩阵不一定是对称的。(   )

7. 邻接表只能用于有向图的存储,邻接矩阵对于有向图和无向图的存储都适用。(   )

8. 用邻接表法存储图,占用的存储空间数只与图中结点个数有关,而与边数无关。(   )

9. 如果从无向图的任一顶点出发进行一次深度优先搜索可访问所有顶点,则该图一定是连通图。(   )

10. 在图的广度优先遍历算法中用到一个队列,每个顶点最多进队1次。(   )

第 8 章　用排序实现商品排名

8.1　项目概述

排序无处不在,工作生活中人们经常会遇到排序的问题。购买商品时要货比三家,就要对各个商家的产品质量和价格进行列表排序。期末考试后为了了解同学们各自的水平,老师通常会按照学生成绩排序。为体现各国竞技运动实力,对获奖奖牌进行排名。不同排名方式,体现了不同的利益诉求和价值倾向,如在奖牌排行榜中,以金牌数量为基准的排名,是一种"永远争第一"的心态,体现了一种不断超越自我、超越对手的决心,以及对世界巅峰和人类运动极限的不懈追求。而以奖牌数为基准的排名,则相对客观地反映了一个国家对其竞技能力的成长性和延续性的关注。生活的艺术在某种程度上,就是排序的艺术。把所有的事情捋一捋,标上个一、二、三、四,实在顾及不到的,只有在第一时间说"不",这既是对自己的尊重,也是对他人的尊重。

本章将重点学习插入排序、选择排序、交换排序、归并排序和基数排序 5 类排序的基本思想及算法实现方式,并应用这些排序来实现商品排序问题。

8.2　项目目标

本章项目学习目标如表 8-1 所示。

表 8-1　项目学习目标

序　号	学 习 目 标	知 识 要 点
1	理解排序的基本概念和分类	排序的基本概念、排序的分类
2	理解各类排序的基本思想并 能用 Java 语言实现排序的算法	插入排序:直接插入排序、希尔排序 选择排序:直接选择排序、堆排序 交换排序:冒泡排序、快速排序 归并排序 基数排序
3	能根据问题的特点选择合适的排序算法	用排序实现商品排序

8.3 项目情境

编程实现商品列表排序

1. 情境描述

随着电商网站迅速发展,人们的购物习惯和方式相较过去已经发生了巨大的改变。相比线下实体店,电商网站有着明显的空间和人工成本优势,真正实现 24h 不关店。此外,网络商城的商品更加丰富,实体店找不到的商品,网上几乎都能找到,再加上便捷的物流体系,就能够快速送到消费者手中,具有极大的便利性。而在电商平台中无论有多少类型的数据,用户总是能在通过简单的操作后找到同类型的信息,这些都离不开电商网站里的各种排序功能。电商网站提供了按销量排序、按评论数排序、按新品排序、按价格排序等。假设拟购买一个 20～100 元的鼠标,通过电商网站搜索这个价位综合排名的鼠标商品信息,如图 8-1 所示。

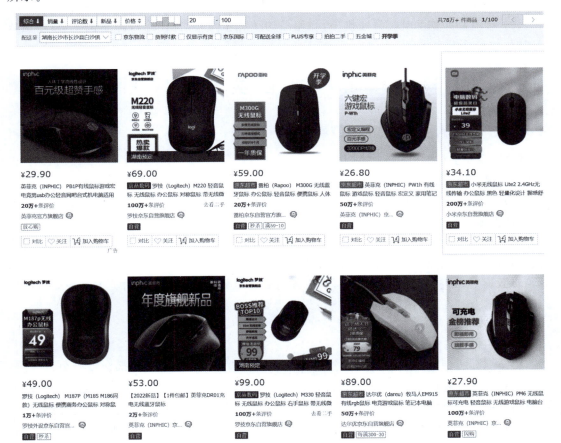

图 8-1 电商网站商品列表排序示意图

表 8-2 列出了搜索结果中前 10 个商品的品牌、型号、评论数和价格,其中,价格采用了四舍五入法。

表 8-2　电商网站鼠标商品列表

序　号	品　牌	型　号	评论数/万条	价格/元
1	英菲克(INPHIC)	PB1P	20	30
2	罗技(Logitech)	M220	100	69
3	雷柏(Rapoo)	M300G	20	59
4	英菲克(INPHIC)	PW1h	50	27
5	小米(MI)	Lite2	200	34
6	罗技(Logitech)	M187P	1	49
7	英菲克(INPHIC)	DR01	2	53
8	罗技(Logitech)	M330	100	99
9	达尔优(DAREU)	EM915	50	89
10	英菲克(INPHIC)	PM6	100	28

2. 基本要求

编写程序实现对商品列表排序。

(1) 按商品价格升序排序。

(2) 按商品品牌的英文升序排序,当商品的品牌相同时,按评论数降序排序,当评论数相同时,按价格升序排序。

8.4　项目实施

8.4.1　分析商品排序中数据的逻辑结构

【学习目标】

(1) 理解排序的基本概念。

(2) 理解排序的分类。

【任务描述】

为了完成商品列表排序编程任务,首先对问题抽象,建立问题的抽象数据类型。一是确定数据对象的逻辑结构,找出构成数据对象的数据元素之间的关系;二是确定为求解问题需要对数据对象进行的操作或运算,本任务主要是对数据对象进行排序运算;最后将数据的逻辑结构及其在该结构上的运算进行封装得到抽象数据类型。

【任务实施】

步骤一:分析数据的逻辑结构

视频讲解

在商品列表排序问题中,表 8-2 中商品列表信息构成了问题要处理的数据对象,该数据对象由若干条商品信息组成,每一商品信息为一个数据元素,每个数据元素由品牌、型号、评论数和价格 4 个数据项组成。信息表中第一个商品信息可视为开始结点,它的前面无数据元素;最后一个商品视为终止结点,它的后面无数据元素;其他的商品则各有一个也只有一个前驱和一个后继,因此商品列表的数据结构为线性表。

步骤二:分析数据的排序运算

在商品列表排名中,创建线性表并将列表中的元素添加到线性表后,接下来主要的运算就是按照项目情境要求进行不同维度的排序。要确定排序的运算,需要首先熟悉排序的概念和分类。

1. 排序的概念

排序是计算机内经常进行的一种操作,其目的是将一组"无序"的数据元素序列调整为"有序"的数据元素序列,使之按关键字递增(或递减)次序排列起来。

例如,将商品价格关键字序列

$$30,69,59,27,34,49,53,99,89,28$$

调整为

$$27,28,30,34,49,53,59,69,89,99$$

假设含 n 个数据元素序列的原有关系式为 $\{R_1,R_2,\cdots,R_n\}$,其相应的关键字序列为 $\{K_1,K_2,\cdots,K_n\}$,这些关键字相互之间可以进行比较,即在它们之间存在着这样一个关系 $Kp_1 \leqslant Kp_2 \leqslant \cdots \leqslant Kp_n$,按此顺序,原有关系式的数据元素序列重新排列为 $\{Rp_1,Rp_2,\cdots,Rp_n\}$ 的操作称作排序。

被排序的对象由一组数据元素组成。数据元素则由若干个数据项组成。其中有一项用来标识一个数据元素,称为关键字项。该数据项的值称为关键字(Key)。用来作排序运算依据的关键字,可以是数字类型,也可以是字符类型。关键字的选取应根据问题的要求而定。

2. 排序的分类

有多种不同的排序算法可以按特定的顺序排序数据,即使两个算法具有相同的效率,也可能在不同的工作情况下有所差异。

1) 按涉及数据的内、外存交换分类

在排序过程中,若整个文件都是放在内存中处理,排序时不涉及数据的内、外存交换,则称为**内部排序**(简称内排序);反之,若排序过程中要进行数据的内、外存交换,则称为**外部排序**。

2) 按策略划分的内部排序分类

按策略可将内部排序分为 5 类:插入排序、选择排序、交换排序、归并排序和分配排序。

插入排序:每次将一个待排序的数据元素,按其关键字大小插入前面已经排好序的子列表中的适当位置,直到全部数据元素插入完成为止。插入排序分为直接插入排序和希尔排序。插入排序与打扑克时整理手上的牌非常类似。摸来的第一张牌无须整理,此后每次从桌上的牌(无序区)中摸最上面的一张并插入左手的牌(有序区)中正确的位置上。为了找到这个正确的位置,自左向右(或自右向左)将摸来的牌与左手中已有的牌逐一比较。

选择排序:每一趟从待排序的数据元素中选出关键字最小或最大的数据元素,顺序放在已排好序的子列表的最后,直到全部数据元素排序完毕。选择排序分为直接选择排序和堆排序。

交换排序:两两比较待排序数据元素的关键字,发现两个数据元素的次序相反时即进行交换,直到没有反序的数据元素为止。交换排序分为冒泡排序和快速排序。

归并排序:将两个或两个以上的有序子序列"归并"为一个有序序列。

分配排序:无须比较关键字,通过"分配"和"收集"过程实现排序。

本书只讨论内部排序,根据商品排序的需求选择插入排序、选择排序、交换排序、归并排序、分配排序。下面将用不同的排序法实现商品列表按价格排序。

步骤三：定义抽象数据类型

ADT　ProductRanking

数据对象：

$D = \{a_i \mid 0 \leqslant i \leqslant n-1, n \geqslant 0, a_i$ 为商品$\}$

数据关系：

$R = \{<a_i, a_{i+1}> \mid a_i, a_{i+1} \in D, i = 0, \cdots, n-2\}$

基本操作：

```
public void insertSort();        //用插入排序实现商品按价格排序
public void shellSort();         //用希尔排序实现商品按价格排序
public void selectSort();        //用直接选择排序实现商品按价格排序
public void heapSort();          //用堆排序实现商品按价格排序
public void bubbleSort();        //用冒泡排序实现商品按价格排序
public void quickSort();         //用快速排序实现商品按价格排序
public void mergeSort();         //用归并排序实现商品按价格排序
public void radixSort() ;        //用基数排序实现商品按价格排序
public void brandSort();         //用基数排序实现商品按品牌排序
```

步骤四：创建一个商品列表排序类

（1）创建类 Product，表示商品的信息，代码如下。

```java
public class Product {
    String brand;              //品牌
    String type;               //型号
    int reviews;               //评论数
    int price;                 //价格
    public Product(String brand, String type, int reviews, int price) {
        super();
        this.brand = brand;
        this.type = type;
        this.reviews = reviews;
        this.price = price;
    }
    @Override
    public String toString() {
        return "[" + brand + "," + type + "," + reviews + "," + price + "]";
    }
}
```

（2）创建一个类 ProductSort，声明一个类型为 Product 的数组变量 r，用于存储商品列表中的商品信息。并创建一个构造函数，用于初始化变量 r。代码如下。

```java
public class ProductSort {
    Product[] r;
    public ProductSort(Product[] r) {
        this.r = r;
    }
    //在后面添加各类排序算法
}
```

【任务评价】

请按表 8-3 查看是否掌握了本任务所学的内容。

表 8-3 "分析商品排序中数据的逻辑结构"完成情况评价表

序 号	鉴定评分点	分 值	评 分
1	理解排序的定义	25	
2	熟悉排序的分类	25	
3	会定义商品列表排序的抽象数据类型	25	
4	会创建商品列表排序类	25	

8.4.2 用插入排序实现商品按价格排序

【学习目标】
（1）理解直接插入排序法和希尔排序的思想。
（2）能用Java语言实现插入排序法和希尔排序。

【任务描述】
插入排序(Insertion Sort)的基本思想是：每次将一个待排序的数据元素，按其关键字大小插入前面已经排好序的数据序列的适当位置，直到全部数据元素插入完成为止。本任务使用两种插入排序方法——直接插入排序和希尔排序完成电商网站商品列表按价格排序。

【任务实施】
步骤一：用直接插入排序实现商品按价格排序
1. 理解直接插入排序的基本思想

假设待排序的数据元素存放在数组 $r[0\cdots n-1]$ 中。初始时，$r[0]$ 自成一个有序区，无序区为 $r[1\cdots n-1]$。从 $i=1$ 起直至 $i=n-1$ 为止，依次将 $r[i]$ 插入当前的有序区 $r[0\cdots i-1]$ 中，生成含 n 个数据元素的有序区。

直接插入排序过程的某一中间时刻，r 被划分成两个子区间：有序区 $r[0\cdots i-1]$ 和无序区 $r[i\cdots n-1]$，将一个数据元素 $r[i](i=1,2,\cdots,n-1)$ 插入当前的有序区，使 $r[0\cdots i]$ 变为新的有序区，这个操作称为第 i 趟直接插入排序。因为这种排序方法每次使有序区增加一个数据元素，通常称为增量法。直接插入排序示意图如图 8-2 所示。

2. 直接插入排序的算法实现

在类 ProductSort 中，添加直接插入排序的算法代码。

```java
/* 直接插入排序算法 */
public void insertSort() {
    for (int i = 1; i < r.length; i++) {
        //判断无序区的第一个元素是否小于有序区的最后一个元素
        if (r[i].price < r[i - 1].price) {
            //将待插入元素存储在临时变量 tmp 中
            Product tmp = r[i];
            int j = 0;
            //将有序区的元素向后移动，为待插入元素留出位置
            for (j = i - 1; j >= 0 && tmp.price < r[j].price; j--) {
                r[j + 1] = r[j];
            }
            //将 r[i]插入有序区的位置上
            r[j + 1] = tmp;
        }
    }
}
```

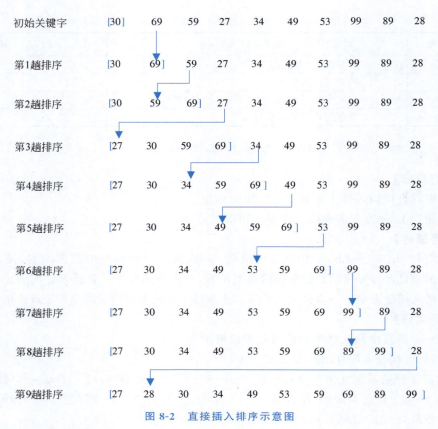

图 8-2　直接插入排序示意图

3. 直接插入法应用

创建一个类 TestProductSort，调用 ProductSort 类的直接插入排序法 insertSort() 实现商品列表按价格排序。代码如下。

```java
public class TestProductSort {
    public static void main(String[] args) {
        Product[] plist = {new Product("inphic","PB1P",20,30),
            new Product("logitech","M220",100,69),
            new Product("rapoo","M300G",20,59),
            new Product("inphic","PW1h",50,27),
            new Product("mi","Lite2",200,34),
            new Product("logitech","M187P",1,49),
            new Product("inphic","DR01",2,53),
            new Product("logitech","M330",100,99),
            new Product("dareu","EM915",50,89),
            new Product("inphic","PM6",100,28)};
        System.out.println("排序前的商品列表:");
        for(int i = 0;i < plist.length;i++) {
            System.out.println(plist[i]);
        }
        ProductSort psort = new ProductSort(plist);
        psort.insertSort();
        System.out.println("排序后的商品列表:");
        for(int i = 0;i < plist.length;i++) {
```

```
            System.out.println(plist[i]);
        }
    }
}
```

步骤二：用希尔排序实现商品按价格排序

1. 希尔排序的基本思想

希尔排序(Shell Sort)是插入排序的一种，因 D. L. Shell 于 1959 年提出而得名，是对待排数据元素序列先做"宏观"调整，再做"微观"调整。

所谓"宏观"调整，指的是"跳跃式"的插入排序，将数据元素序列 $r[0\cdots n-1]$ 分成若干子序列，每个子序列分别进行插入排序。关键是，这种子序列不是由相邻的数据元素构成的。假设增量为 d，将 n 个数据元素分成 d 个子序列，每个子序列有 k 个元素，则这 d 个子序列分别为

$$\{r[0],r[0+d],r[0+2d],\cdots,r[0+(k-1)d]\}$$
$$\{r[1],r[1+d],r[1+2d],\cdots,r[1+(k-1)d]\}$$
$$\cdots$$
$$\{r[d-1],r[d-1+d],r[d-1+2d],\cdots,r[d-1+(k-1)d]\}$$

其中，d 称为增量，它的值在排序过程中从大到小逐渐缩小，直至最后一趟排序减为 1。商品列表中的价格用希尔排序法排序的过程如图 8-3 所示。

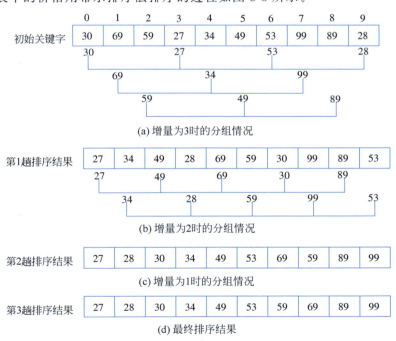

图 8-3 希尔排序示意图

通过图 8-3 分析一下希尔排序的过程。初始关键字列表是一组没有排序的数字列表，最初增量设为 3，将数字列表分成三个子序列 {30,27,53,28},{69,34,99},{59,49,89}，分别对三个子序列进行直接插入排序，得出第 1 趟排序结果 {27,34,49,28,69,59,30,99,89,

53}。然后设增量为 2,将数字列表分成两个子序列{27,49,69,30,89},{34,28,59,99,53},分别对两个子序列进行直接插入排序,得出第 2 趟排序结果{27,28,30,34,49,53,69,59,89,99}。第 2 趟排序结果也为增量为 1 的分组,对数字列表进行完全的排序,得出第 3 趟排序结果。

2. 希尔排序的算法实现

在 ProductSort 类中,添加希尔排序的算法代码。

```java
/* 希尔排序 */
public void shellSort() {
    int i, j, d;
    Product tmp;
    //增量的起始值取数字序列总长度的 1/3
    int increment = r.length / 3;
    for (int m = increment; m >= 1; m--) {
        d = m;
        for (i = d; i < r.length; i++)
            //将 r[d+1..n]分别插入各组当前的有序区
            if (r[i].price < r[i - d].price) {
                tmp = r[i];
                j = i;
                do {//查找 r[i]的插入位置
                    r[j] = r[j - d]; //后移数据元素
                    j = j - d; //查找前一数据元素
                    if (j - d < 0)
                        break;
                } while (j > 0 && tmp.price < r[j - d].price);
                r[j] = tmp; //插入 r[i]到正确的位置上
            }
    }
}
```

3. 希尔排序的算法应用

在类 TestProductSort 中应用希尔排序算法实现商品列表按价格排序,应用方法与直接插入排序的相同,只须将

$$psort.insertSort();$$

替换为

$$psort.shellSort();$$

运行程序后,输出结果与使用直接插入排序程序运行结果相同。

步骤三:分析插入排序的时间复杂度

1. 直接插入排序的时间复杂度

直接插入排序算法的时间复杂度分为最好、最坏和随机三种情况。

(1) 最好的情况是关键字在序列中顺序有序。这时外层循环的比较次数为 $n-1$,if 条件的比较次数为 $n-1$,内层循环的次数为 0。这样,外层循环中每次记录的比较次数为 2,整个序列的排序所需的记录关键字的比较次数为 $2(n-1)$,移动次数为 0,所以直接插入排序算法在最好情况下的时间复杂度为 $O(n)$。

(2) 最坏的情况是关键字在记录序列中逆序有序。这时内层循环的循环系数每次均为 i。这样,整个外层循环的比较次数为

$$\sum_{i=1}^{n=1}(i+1)=\frac{(n-1)(n+2)}{2}$$

移动的次数为

$$\sum_{i=1}^{n=1}(i+2)=\frac{(n-1)(n+4)}{2}$$

因此,直接插入排序算法在最坏情况下的时间复杂度为 $O(n^2)$。

(3) 如果顺序表中的记录的排列是随机的,则记录的期望比较次数为 $n^2/4$。因此,直接插入排序算法在一般情况下的时间复杂度为 $O(n^2)$。

可以证明,顺序表中的记录越接近于有序,直接插入排序算法的时间效率越高,其时间效率为 $O(n) \sim O(n^2)$。

总体来说,直接插入排序所需进行关键字间的比较次数和记录移动的次数均为 $n^2/4$,所以直接插入排序的时间复杂度为 $O(n^2)$。

2. 希尔排序的时间复杂度

希尔排序的时间复杂度分析是一个复杂的问题,它实际所需要的时间取决于各次排序时增量的取法,即增量的个数和它们的取值。大量研究证明,若增量序列的取值比较合理,希尔排序时关键字比较次数和记录移动次数接近于 $O(n(\log_2 n)^2)$。由于该分析涉及一些复杂的数字问题,超出了本书的范围,这里不做详细的推导。

由于希尔排序法是按增量分组进行的排序,所以希尔排序是不稳定的排序。希尔排序法适用于中等规模记录序列的排序。

【任务评价】

请按表 8-4 查看是否掌握了本任务所学的内容。

表 8-4 "用插入排序实现商品按价格排序"完成情况评价表

序 号	鉴定评分点	分 值	评 分
1	理解直接插入排序基本思想	25	
2	理解希尔排序的基本思想	25	
3	能实现直接插入排序算法并能正确运行	25	
4	能实现希尔排序算法并能正确运行	25	

8.4.3 用选择排序实现商品按价格排序

【学习目标】

(1) 理解直接选择排序和堆排序的思想。

(2) 能用 Java 语言实现直接选择排序和堆排序。

【任务描述】

选择排序(Selection Sort)的基本思想是将排序序列分为有序区和无序区,每一趟排序从无序区中选出最小(或最大)的元素放在有序区的最后,从而扩大有序区,直到全部元素有序为止。常用的选择排序方法有直接选择排序和堆排序。本任务使用选择排序方法完成电商网站商品列表按价格排序。

视频讲解

【任务实施】

步骤一:用直接选择排序实现商品按价格排序

1. 直接选择排序的基本思想

直接选择排序的基本思想是：从无序区中选择关键码最小（或最大）的元素并将它与无序区中的第一个元素交换位置，无序区中的第一个元素进入有序区；然后选择关键码最小（或最大）的元素并将它与无序区中的第一个元素交换位置，有序区扩大一个元素；如此重复，直到序列中只剩下一个数据元素为止。

在直接选择排序中，每次排序完成一个数据元素的排序，也就是找到了无序区中关键字最小（或最大）的元素的位置，$n-1$ 次排序就对 $n-1$ 个数据元素进行了排序，此时剩下的一个元素必定是原始序列中关键码最大（或最小）的，应排在所有元素的后面，因此具有 n 个数据元素的序列要做 $n-1$ 次排序。

商品列表中的价格用直接选择排序法排序的过程如图 8-4 所示。

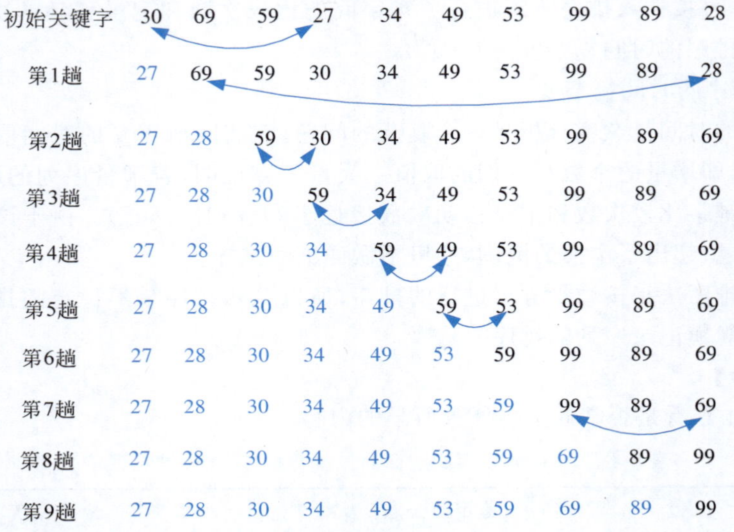

初始关键字	30	69	59	27	34	49	53	99	89	28
第1趟	27	69	59	30	34	49	53	99	89	28
第2趟	27	28	59	30	34	49	53	99	89	69
第3趟	27	28	30	59	34	49	53	99	89	69
第4趟	27	28	30	34	59	49	53	99	89	69
第5趟	27	28	30	34	49	59	53	99	89	69
第6趟	27	28	30	34	49	53	59	99	89	69
第7趟	27	28	30	34	49	53	59	99	89	69
第8趟	27	28	30	34	49	53	59	69	89	99
第9趟	27	28	30	34	49	53	59	69	89	99

图 8-4 直接选择排序法示意图

2. 直接选择排序的算法实现

在 ProductSort 类中，添加直接选择排序的算法代码。

```java
//直接选择排序
public void selectSort() {
    int k;                                      //k 记下目前找到的最小关键字所在的位置
    Product tmp;
    for (int i = 0; i < r.length - 1; i++) {    //做第 i 趟排序
        k = i;
        for (int j = i + 1; j < r.length; j++)
            if (r[j].price < r[k].price)
                k = j;
        if (k != i) {                           //交换
            tmp = r[i];
            r[i] = r[k];
            r[k] = tmp;
        }
    }
}
```

3. 直接选择排序的应用

在类 TestProductSort 中应用直接选择排序算法实现商品列表按价格排序,将

$$psort.shellSort();$$

替换为

$$psort.selectSort();$$

步骤二:用堆排序实现商品按价格排序

1. 堆排序的基本思想

视频讲解

堆排序是在直接选择排序的基础上借助于完全二叉树而形成的一种排序方法。从数据结构的观点看,堆排序是完全二叉树的顺序存储结构的应用。

在直接选择排序中,为找出关键字最小的数据元素需要做 $n-1$ 次比较,然后为寻找关键字次小的数据元素要对剩下的 $n-1$ 个数据元素进行 $n-2$ 次比较。在这 $n-2$ 次比较中,有许多次比较在第一次排序的 $n-1$ 次比较中已做了。事实上,直接选择排序的每次排序除了找到当前关键字最小的数据元素外,还产生了许多比较结果的信息,这些信息在以后各次排序中还有用,但由于没有保存这些信息,所以每次排序都要对剩余的全部数据元素的关键字重新进行一遍比较,这样就大大增加了时间开销。

堆排序是针对直接选择排序存在问题的一种改进方法。它在寻找当前关键字最小数据元素的同时,还保存了本次排序过程中所产生的其他比较信息。

设有 n 个元素组成的序列 $r[0 \cdots n-1]$,若满足下面的条件:

(1) 这些元素是一棵完全二叉树的结点,且对于 $i=0,1,\cdots,n-1$,$r[i]$ 是该完全二叉树编号为 i 的结点。

(2) 满足下列不等式:

$$\begin{cases} r[i] \geqslant r[2i+1] \\ r[i] \geqslant r[2i+2] \end{cases} \quad ①$$

或

$$\begin{cases} r[i] \leqslant r[2i+1] \\ r[i] \leqslant r[2i+2] \end{cases} \quad ②$$

则称该序列为一个堆。堆分为最大堆和最小堆两种。满足不等式①的为最大堆,满足不等式②的为最小堆。

图 8-5(a)是一棵完全二叉树,图 8-5(b)是与图 8-5(a)对应的最大堆。

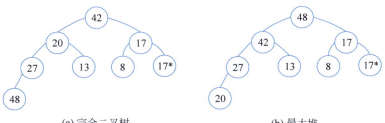

图 8-5 完全二叉树和最大堆示意图

图 8-6(a)是一棵完全二叉树,图 8-6(b)是与图 8-6(a)对应的一个最小堆。由堆的定义可知,堆具有如下两个性质。

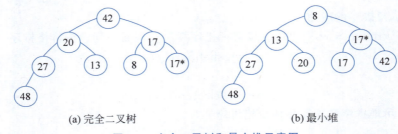

图 8-6 完全二叉树和最小堆示意图

(1) 最大堆的根结点是堆中关键码最大的结点,最小堆的根结点是堆中关键码最小的结点,称堆的根结点数据元素为堆顶数据元素。

(2) 对于最大堆,从根结点到每个叶子结点的路径上,结点组成的序列都是递减有序的;对于最小堆,从根结点到每个叶子结点的路径上,结点组成的序列都是递增有序的。

堆排序的基本思想:将待排序的数据元素建成一个堆,并借助于堆的性质进行排序的方法叫作堆排序。堆排序的基本思想是:设有 n 个数据元素,首先将这 n 个数据元素按关键码建成堆,将堆顶数据元素输出,得到 n 个数据元素中关键码最大(或最小)的数据元素;调整剩余的 $n-1$ 个数据元素,使之成为一个新堆,再输出堆顶数据元素;如此反复,当堆中只有一个数据元素时,整个序列排序结束,得到的序列便是原始序列的非递减或非递增序列。

从堆排序的基本思想中可看出,在堆排序的过程中,主要包括以下两方面的工作。

(1) 如何将原始的数据元素序列按关键码建成堆。

(2) 输出堆顶数据元素后,调整剩下的数据元素,使其按关键码成为一个新堆。

首先,以最大堆为例讨论第一个问题:如何将 n 个数据元素的序列按关键码建成堆。如图 8-7 所示为商品价格对应的完全二叉树及最大堆示意图。

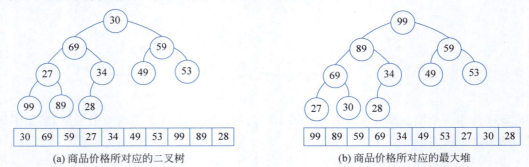

图 8-7 商品价格的完全二叉树及最大堆示意图

根据前面的定义,将 n 个数据元素构成一棵完全二叉树,所有的叶子结点都满足最大堆的定义。对于第 1 个非叶子结点(通常从 $i=(n-1)/2$ 开始),找出第 $2i+1$ 个数据元素和第 $2i+2$ 个数据元素中关键码的较大者,然后与第 i 个数据元素的关键码进行比较,如果第 i 个数据元素的关键码大于或等于第 $2i+1$ 和第 $2i+2$ 个数据元素的关键码,则以第 i 个数据元素为根结点的完全二叉树已满足最大堆的定义;否则,对换第 i 个数据元素和关键码较大的数据元素,对换后以第 i 个数据元素为根结点的完全二叉树满足最大堆的定义。按照这样的方法,再调整第 2 个非叶子结点($i=(n-1)/2-1$),第 3 个非叶子结点……直到根结点。当根结点调整完后,则这棵完全二叉树就是一个最大堆了。

图 8-8 说明了如何把图 8-7(a)的完全二叉树建成如图 8-7(b)所示的最大堆的过程。

(1) $i=(n-1)/2=(10-1)/2=4$ 对应的关键码为 34,$2i+1=9$ 对应的关键码值为 28,$2i+2=10$ 超出顺序表的最大下标 9,不需要调整,如图 8-8(a)所示。

(2) $i=(n-1)/2-1=(10-1)/2-1=3$ 对应的关键码值为 27,$2i+1=7$ 对应的关键码值为 99,$2i+2=8$ 对应的关键码值为 89,交换关键码 27 和 99 的位置。如图 8-8(b)所示。

(3) $i=(n-1)/2-2=(10-1)/2-2=2$ 对应的关键码为 59,$2i+1=5$ 对应的关键码为 49,$2i+2=6$ 对应的关键码为 53,不需要调整,如图 8-8(c)所示。

(4) $i=(n-1)/2-3=(10-1)/2-3=1$ 对应的关键码为 69,$2i+1=3$ 对应的关键码为 99,$2i+2=4$ 对应的关键码为 34,交换关键码 69 和 99 的位置,这导致 $i=3$ 时所对应的关键码 69 小于 $i=8$ 时所对应的关键码 89,交换关键码 69 和 89 的位置,如图 8-8(d)所示。

(5) $i=(n-1)/2-4=(10-1)/2-4=0$ 对应的关键码为 30,$2i+1=1$ 对应的关键码为 99,$2i+2=2$ 对应的关键码为 59,交换关键码 30 和 99 的位置,这导致 $i=1$ 时所对应的关键码 30 小于 $i=3$ 时所对应的关键码 89,交换关键码 30 和 89 的位置,又导致 $i=3$ 时所对应的关键码 30 小于 $i=8$ 时所对应的关键码 69,交换关键码 30 和 69 的位置,如图 8-8(e)所示。

经过这个过程建立了以关键码 99 为根结点的完全二叉树,它是一个最大堆,如图 8-8(f)所示。

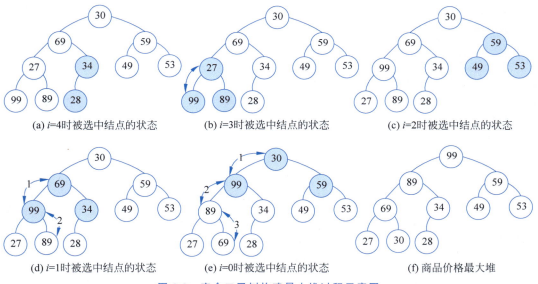

图 8-8 完全二叉树构建最大堆过程示意图

2. 堆排序的算法实现

把顺序表中的数据元素建好堆后,就可以进行堆排序了。在实现堆排序算法之前,先要实现将完全二叉树构建成最大堆的算法,算法定义在 ProductSort 类中,算法实现如下:

```
//创建堆
public void createHeap( int low, int high) {
    if ((low < high) && (high < r.length)) {
        int j = 0;
        int k = 0;
        Product tmp ;
        for (int i = high / 2; i >= low; -- i) {
            tmp = r[i];
            k = i;
```

```
            j = 2 * k + 1;
            while (j <= high) {
            if ((j < high) && (j + 1 <= high) &&
                (r[j].price < r[j + 1].price)) {
                    ++j;
                }
                if (tmp.price < r[j].price) {
                    r[k] = r[j];
                    k = j;
                    j = 2 * k + 1;
                } else {
                    break;
                }
            }
            r[k] = tmp;
        }
    }
}
```

在实现构建堆算法的基础上,实现堆排序算法,算法实现如下。

```
//堆排序
public void heapSort() {
    Product tmp;
    createHeap( 0, r.length - 1);
    for (int i = r.length - 1; i > 0; --i) {
        tmp = r[0];
        r[0] = r[i];
        r[i] = tmp;
        createHeap(0, i - 1);
    }
}
```

3. 堆排序的算法应用

在类 TestProductSort 中应用直接选择排序算法实现商品列表按价格排序,将

$$psort.selectSort();$$

替换为

$$psort.heapSort();$$

步骤三：分析选择排序时间复杂度

1. 直接选择排序的时间复杂度

在直接选择排序中,第一次排序要进行 $n-1$ 次比较,第二次排序要进行 $n-2$ 次比较,第 $n-1$ 次排序要进行 1 次比较,所以总的比较次数为

$$\sum_{i=0}^{n-2}(n-1-i)=\frac{n(n-1)}{2}$$

在各次排序时,记录的移动次数最好为 0 次,最坏为 3 次。所以,如果 data[0…$n-1$]原来的顺序是从小到大排序的,总的移动次数最好为 0 次;如果每次选择都要进行交换,则移动次数达到最大值,最坏为 $3(n-1)$次。因此,直接选择排序算法的时间复杂度为 $O(n^2)$。

直接选择排序算法只需要一个辅助空间用于交换记录,所以直接选择排序算法是一种稳定的排序方法。

2. 堆排序的时间复杂度

对深度为 k 的堆,"筛选"所需进行的关键字比较的次数至多为 $2(k-1)$。

对 n 个关键字,建成深度为 $h=\log_2 n+1$ 的堆,所需进行的关键字比较的次数至多为 $4n$。

调整"堆顶" $n-1$ 次,总共进行的关键字比较的次数不超过
$$2(\log_2(n-1)+\log_2(n-2)+\cdots+\log_2 2)<2n(\log_2 n)$$

因此,堆排序在最坏的情况下,时间复杂度为 $O(n\log_2 n)$,这是堆的最大优点。堆排序方法在记录较少的情况下并不适用,但对于记录较多的数据列表还是很有效的。其运行时间主要耗费在建初始堆和调整新建堆时进行的反复筛选。

【任务评价】

请按表 8-5 查看是否掌握了本任务所学的内容。

表 8-5 "用选择排序实现商品按价格排序"完成情况评价表

序 号	鉴定评分点	分 值	评 分
1	理解直接选择排序的基本思想	25	
2	理解堆排序的基本思想	25	
3	能实现直接选择排序算法并能正确运行	25	
4	能实现堆排序算法并能正确运行	25	

8.4.4 用交换排序实现商品按价格排序

【学习目标】

(1) 理解冒泡排序和快速排序的思想。

(2) 能用 Java 语言实现冒泡排序和快速排序。

【任务描述】

交换排序的基本思想是:两两比较待排序数据元素的关键字,发现两个数据元素的次序相反时即进行交换,直到没有反序的数据元素为止。应用交换排序基本思想的主要排序方法有冒泡排序和快速排序。本任务使用交换排序方法完成电商网站商品列表按价格排序。

【任务实施】

步骤一:用冒泡排序实现商品按价格排序

1. 理解冒泡排序的基本思想

视频讲解

将排序的数据元素关键字垂直排列,首先将第一个数据元素的关键字与第二个数据元素的关键字进行比较,若前者大于后者,则交换两个数据元素,然后比较第二个数据元素与第三个数据元素的关键字,以此类推,直到第 $n-1$ 个数据元素与第 n 个元素的关键字比较为止。上述过程称为第 1 趟冒泡排序,其结果使得关键字最大的数据元素被安排在最后一个数据元素的位置上。然后进行第 2 趟冒泡排序,对前 $n-1$ 个数据元素进行同样的排序,使得关键字次大的数据元素被安排在第 $n-1$ 的位置上。对于数据序列 $r[0\cdots n-1]$,第 i 趟冒泡排序从第 1 个数据元素开始依次比较 $r[0]\sim r[n-i]$ 的相邻两个数据元素的关键字,并在逆序时交换相邻数据元素,其结果使得 $n-i+1$ 个数据元素中关键字最大的数据元素被交换到 $r[n-i]$ 的位置上。整个排序过程需要 $K(1\leqslant K\leqslant n-1)$ 趟冒泡排序,判断冒泡

排序结束的条件是在一趟冒泡排序的过程中,没有进行过数据元素交换的操作。图 8-9 是商品价格序列的冒泡排序,从图中可见,在冒泡排序的过程中,关键字较小的数据元素像水中的气泡逐渐向上飘浮,而关键字较大的数据元素好比石块逐渐向下沉,每次有一块最大的石块沉到底。

30	30	30	27	27	27	27	27	27	27
69	59	27	30	30	30	30	28	28	
59	27	34	34	34	34	28	30	30	
27	34	49	49	49	28	34			
34	49	53	53	28	49				
49	53	59	28	53					
53	69	28	59						
99	28	69							
89	89								
28	99								
初始关键字	第1趟排序后	第2趟排序后	第3趟排序后	第4趟排序后	第5趟排序后	第6趟排序后	第7趟排序后	第8趟排序后	第9趟排序后

图 8-9　商品价格冒泡排序示意图

2. 冒泡排序的算法实现

在 ProductSort 类中,添加冒泡选择排序的算法代码。

```java
//冒泡排序
public void bubbleSort() {
    boolean exchange;                    //交换标志
    Product tmp;
    int n = r.length;
    for (int i = 1; i < n; i++) {        //最多做 n-1 趟排序
        exchange = false;                //本趟排序开始前,交换标志应为假
        for (int j = 0; j < n - i; j++)
            //对当前无序区 r[0..n-i]自下向上扫描
            if (r[j].price > r[j + 1].price) {//交换记录
                tmp = r[j + 1];
                r[j + 1] = r[j];
                r[j] = tmp;
                //发生了交换,故将交换标志置为真
                exchange = true;
            }
        if (!exchange) //本趟排序未发生交换,提前终止算法
            break;
    }
}
```

3. 冒泡排序的算法应用

在类 TestProductSort 中应用冒泡排序算法实现商品列表按价格排序,将

　　　　　　　　　　　psort.heapSort();

替换为

　　　　　　　　　　　psort.bubbleSort();

步骤二：用快速排序实现商品按价格排序

1. 快速排序的基本思想

快速排序是 C. R. A. Hoare 于 1962 年提出的一种分区交换排序。它采用一种分治法（Divide and Conquer）策略。分治法的基本思想是：将原问题分解为若干个规模更小但结构与原问题相似的子问题，递归地解决这些子问题，然后将这些子问题的解组合为原问题的解。快速排序是目前已知的平均速度最快的一种排序方法，是对冒泡排序的一种改进。

视频讲解

快速排序方法的基本思想是：首先将待排序数据元素中的所有数据元素作为当前待排序区域，从中任选取一个数据元素（通常选取第 1 个数据元素）作为基准数据元素，并以该基准数据元素的关键字值为基准，从位于待排序数据元素左右两端开始，逐渐向中间靠拢，交替与基准数据元素的关键字值进行比较、交换。通过一趟快速排序后，用基准数据元素将待排序数据元素分隔成独立的两部分，前一部分数据元素的关键字值均小于或等于基准数据元素，后一部分的关键字值均大于或等于基准数据元素，然后分别对这两部分进行快速排序，直到每个部分为空或只包含一个数据元素，整个快速排序结束。

假设待排序数据元素存放在顺序表 $r[0\cdots n-1]$ 中，设置两个指示器，一个指示器 low，指向顺序表的低端（第 1 个数据元素所在位置）；一个指示器 high，指向顺序表的高端（最后一个数据元素所在位置）。设置两个变量 i 和 j，它们的初值为当前待排序子序列中第一个数据元素位置号 low 的下一条数据元素和最后一条数据元素的位置号 high。将第一个数据元素作为标准放到临时变量 pivot 中，然后从子序列的两端开始逐步向中间扫描，在扫描的过程中，变量 i 和 j 代表当前扫描到左、右两端数据元素在序列中的位置号。

扫描数据元素序列的右端时，从序列的右端当前位置 j 开始，把基准数据元素的关键字值与 $r[j]$ 比较，若 $r[j]$ 大于或等于基准数据元素的关键字值，令 $j=j-1$，继续进行比较，如此下去，直到 $i=j$ 或者 $r[j]$ 小于基准数据元素的关键字。

扫描数据元素序列的左端时，从序列的左端当前位置 i 开始，将基准数据元素的关键字与 $r[i]$ 比较，若 $r[i]$ 小于或等于基准数据元素的关键字值，令 $i=i+1$，继续进行比较，直到 $i=j$ 或者 $r[i]$ 大于基准数据元素的关键字。

如果 i 小于 j，交换位置 i 和 j 的值。

上述步骤反复交替执行，当 $i \geqslant j$ 时，扫描结束，i（或 j）便为第一个数据元素在数据元素序列中应放置的位置。

图 8-10 是商品价格序列的快速排序过程示意图。

在图 8-10 的排序过程中，首先从右向左移动，搜索小于标准值的第一个元素，这里 $j=9$ 的位置所对应的元素 28 小于标准值 30；从左向右移动搜索大于标准值的第一个元素，$i=1$ 的位置所对应的元素 69 大于标准值 30；因为 $i<j$，所以交换 $j=9$ 和 $i=1$ 位置上的元素值。这样就完成了第 1 趟排序的第一次交换。接着继续第 2 次交换，第 2 次交换发生在 $j=3$ 和 $i=2$ 的位置上，这时它们的值分别为 27 和 59；接着 j 继续移动，当 $j=2$ 时所对应的元素值 27 小于标准值 30，j 停止移动，i 开始移动，但因 i 和 j 的值都为 2，停止本趟移动。交换标准值所在位置 low 和 i 所在位置的值，完成一趟快速排序。

2. 快速排序的算法实现

在 ProductSort 类中，添加快速选择排序的算法代码。

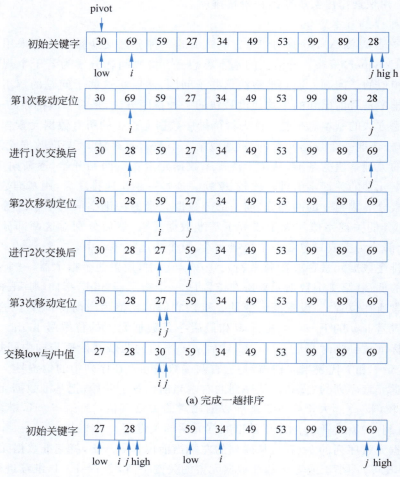

图 8-10 快速排序示意图

```java
// 快速排序
public int[] quickSort(int[] data) {
    return quickSort(data, 0, data.length - 1);
}
public int[] quickSort(int[] data, int low, int high) {
    int pivot = data[low];
    int i = low + 1;
    int j = high;
    int temp;
    while (i < j) {
        while ((j > i) && pivot <= data[j]) {
            --j;
        }
        while ((i < j) && (pivot >= data[i])) {
            ++i;
        }
        if (i < j) {
```

```
            temp = data[i];
            data[i] = data[j];
            data[j] = temp;
        }
    }
    //交换标准值所在位置和 j 所在位置的值
    if (data[j] < data[low]) {
        temp = data[low];
        data[low] = data[j];
        data[j] = temp;
    }
    if (i - low > 1)
        quickSort(data, low, i - 1);
    if (high - j > 1)
        quickSort(data, j + 1, high);
    return data;
}
```

3. 快速排序的算法应用

在类 TestProductSort 中应用快速排序算法实现商品列表按价格排序,将

$$psort.bubbleSort();$$

替换为

$$psort.quickSort();$$

步骤三:分析交换排序时间复杂度

1. 冒泡排序的时间复杂度

冒泡排序算法的最好情况是记录已全部排序,这时,第一次循环时,因没有数据交换而退出。冒泡排序算法的最坏情况是记录全部逆序存放,这时,循环 $n-1$ 次,比较和移动次数计算如下。

$$总比较次数 = \sum_{i=n-1}^{1} i = (n-1)+(n-2)+(n-3)+\cdots+3+2+1 = n(n-1)/2$$

$$总移动次数 = 3\sum_{i=n-1}^{1} i = 3n(n-1)/2$$

因此,冒泡排序算法是 $O(n^2)$ 的算法,这意味着执行算法所用的时间会按照元素个数的增加而呈二次方增长,冒泡排序是一种稳定的排序。

2. 快速排序的时间复杂度

快速排序算法的执行时间取决于标准记录的选择。如果每次排序时所选取记录的关键字的值都是当前子序列的"中间数",那么该记录的排序终止位置在该子序列的中间,这样就把原来的子序列分解成了两个长度基本相等更小的子序列,在这种情况下,排序的速度最快。最好情况下,快速排序的时间复杂度为 $O(n\log_2 n)$。

另一种极端的情况是每次选取的记录的关键字都是当前子序列的"最小数",那么该记录的位置不变,它把原来的序列分解成一个空序列和一个长度为原来序列长度减 1 的子序列,这种情况下时间复杂度为 $O(n^2)$。因此若原始记录序列已"正序"排列,且每次选取的记录都是序列中的第一个记录,即序列中关键字最小的记录,此时,快速排序就变成了"慢速排序"。

由此可见,快速排序时记录的选取是非常重要的。一般情况下,序列中各记录关键字的分布是随机的,所以每次选取当前序列中的第一个记录不会影响算法的执行时间,因此算法的平均比较次数为 $O(n\log_2 n)$。快速排序是一种不稳定的排序方法。

【任务评价】

请按表 8-6 查看是否掌握了本任务所学的内容。

表 8-6 "用交换排序实现商品按价格排序"完成情况评价表

序 号	鉴定评分点	分 值	评 分
1	理解冒泡排序的基本思想	25	
2	理解快速排序的基本思想	25	
3	能实现冒泡排序算法并能正确运行	25	
4	能实现快速排序算法并能正确运行	25	

8.4.5 用归并排序实现商品按价格排序

【学习目标】

(1) 理解归并排序的思想。
(2) 能用 Java 语言实现归并排序。

【任务描述】

对于大列表数据的排序,一个有效的排序算法是归并排序。类似于快速排序算法,其使用的是分治法来排序。归并排序的基本思想是将两个或两个以上的有序子序列"归并"为一个有序序列。在内部排序中,通常采用的是二路归并排序,即将两个位置相邻的有序子序列"归并"为一个有序序列。本任务使用归并排序方法完成电商网站商品列表按价格排序。

【任务实施】

步骤一:用二路归并排序实现商品按价格排序

1. 理解二路归并排序的基本思想

将有 n 个数据元素的原始序列看作 n 个有序子序列,每个子序列的长度为 1,然后从第一个子序列开始,把相邻的子序列两两合并后排序,得到 $n/2$ 个长度为 2 或 1 的有序子序列(当子序列的个数为奇数时,最后一组合并得到的序列长度为 1),把这一过程称为一次归并排序,对一次归并排序的 $n/2$ 个子序列采用上述方法继续顺序成对归并排序,如此重复,当最后得到长度为 n 的一个子序列时,该子序列便是原始序列归并排序后的有序序列。

图 8-11 是商品价格序列的二路归并排序过程示意图。

第 1 趟,将列表中的 10 个元素看成 10 个有序的子序列,每个子序列的长度为 1,然后两两归并,得到 5 个长度为 2 的有序子序列。

第 2 趟,将 5 个有序子序列两两归并,得到两个长度为 4 和一个长度为 2 的有序子序列。

第 3 趟,将两个长度为 4 的有序子序列归并,得到一个长度为 8 和一个长度为 2 的有序子序列。

第 4 趟,将长度为 8 的有序子序列和长度为 2 的有序子序列归并,得到长度为 10 的一

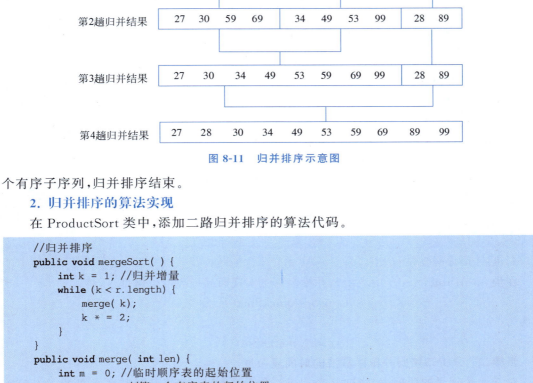

图 8-11 归并排序示意图

个有序子序列,归并排序结束。

2. 归并排序的算法实现

在 ProductSort 类中,添加二路归并排序的算法代码。

```
//归并排序
public void mergeSort( ) {
    int k = 1; //归并增量
    while (k < r.length) {
        merge( k);
        k * = 2;
    }
}
public void merge( int len) {
    int m = 0; //临时顺序表的起始位置
    int l1 = 0; //第 1 个有序表的起始位置
    int h1; //第 1 个有序表的结束位置
    int l2; //第 2 个有序表的起始位置
    int h2; //第 2 个有序表的结束位置
    int i = 0;
    int j = 0;
    //临时表,用于临时将两个有序表合并为一个有序表
    Product[ ] tmp = new Product[r.length];
    //归并处理
    while (l1 + len < r.length) {
        l2 = l1 + len; //第 2 个有序表的起始位置
        h1 = l2 - 1; //第 1 个有序表的结束位置
        //第 2 个有序表的结束位置
        h2 = (l2 + len - 1 < r.length) ? l2 + len - 1 : r.length - 1;
        i = l1;
        j = l2;
        //两个有序表中的记录没有排序完
        while ((i <= h1) && (j <= h2)) {
            //第 1 个有序表记录的关键码小于第 2 个有序表记录的关键码
            if (r[i].price <= r[j].price) {
                tmp[m++] = r[i++];
```

```
            }
            //第2个有序表记录的关键码小于第1个有序表记录的关键码
            else {
                tmp[m++] = r[j++];
            }
        }
        //第1个有序表中还有记录没有排序完
        while (i <= h1) {
            tmp[m++] = r[i++];
        }
        //第2个有序表中还有记录没有排序完
        while (j <= h2) {
            tmp[m++] = r[j++];
        }
        l1 = h2 + 1;
    }
    i = l1;
    //原顺序表中还有记录没有排序完
    while (i < r.length) {
        tmp[m++] = r[i++];
    }
    //临时顺序表中的记录复制到原顺序表,使原顺序表中的记录有序
    for (i = 0; i < r.length; ++i) {
        r[i] = tmp[i];
    }
}
```

3. 归并排序算法的应用

在类 TestProductSort 中应用归并排序算法实现商品列表按价格排序,将

$$psort.quickSort();$$

替换为

$$psort.mergeSort();$$

步骤二:分析二路归并排序算法的时间复杂度

对于 n 个记录的顺序表,将这 n 个记录看作叶子结点,若将两两归并生成的子表看作它们的父结点,则归并过程对应于由叶子结点向根结点生成一棵二叉树的过程。所以,归并趟数约等于二叉树的高度减 1,即 $\log_2 n$,每趟归并排序记录关键码比较的次数都约为 $n/2$,记录移动的次数为 $2n$(临时顺序表的记录复制到原顺序表中记录的移动次数为 n)。因此,二路归并排序的时间复杂度为 $O(n\log_2 n)$。

【任务评价】

请按表 8-7 查看是否掌握了本任务所学的内容。

表 8-7 "用归并排序实现商品按价格排序"完成情况评价表

序 号	鉴定评分点	分 值	评 分
1	理解归并排序基本思想	50	
2	能实现归并排序算法并能正确运行	50	

8.4.6 用基数排序实现商品按品牌排序

【学习目标】

(1) 理解基数排序的思想。

（2）能用Java语言实现基数排序。

【任务描述】

前面介绍的排序方法主要是通过关键码的比较和数据元素的移动两种操作来实现排序，都属于"比较性"的排序法，也就是每次排序时，都通过比较整个键值的大小来进行排序。基数排序则属于"分配式排序"，排序过程中无须比较关键字值，而是通过"分配"和"收集"过程来实现排序。本任务按商品品牌的英文名称升序排序。当商品品牌的英文名称相同时，按评论数降序排序；当评论数相同时，按价格升序排序。

【任务实施】

步骤一：用基数排序实现商品按价格升序排序

1. 理解基数排序的基本思想

基数排序属于非比较类排序，基本思想是：无须比较关键字，而是通过"分配"和"收集"过程来实现排序。将待比较的数据元素拆分成一个个数字或字符，其中每个数字或字符可能的取值个数称为基数。如数位为数字，可将所有待比较数据统一为同样的数位长度，数位较短的数前面补零，按照低位先排序，然后收集；再按照高位排序，然后再收集；以此类推，直到最高位。这样从最低位排序一直到最高位排序完成以后，数列就变成一个有序序列。如果元素类型是字符串，在计数排序过程中，可以直接使用该位字符对应 ASCII 码值进行计数，对于长度不足的字符串，可直接在其后面补 0 实现长度对齐。即在计数排序过程中，如果发现某位字符是为对齐所填充的"0"的话，则可认为其对应的 ASCII 码值为 0 进行计数，因为字符'A'所对应的 ASCII 码值是 65，字符'0'所对应的 ASCII 码值是 48，均比 0 大。这样即可保证基数排序的结果是符合字典顺序的。按待排序数据元素关键字的组成成分进行排序的一种方法，即依次比较各个数据元素关键字相应"位"的值，进行排序，直到比较完所有的"位"，得到一个有序的序列。

图 8-12 是商品价格序列的基数排序过程示意图。

在该基数排序中，基数为 0～9 的数。首先从关键码最低位起，按关键码最低位的不同值将待排序序列中的数字分配到 10 个链表中，每个链表设立一个指向链表的头引用，如在第一次分配过程中，所有个位为 0 的数字都分配到头指针为 head[0]的链表中。分配后，再按从小到大将数据元素依次收集，n 个数据元素已经按最低位关键码有序。以此类推，直至按关键字最高位分配收集完毕，这样就得到了一个有序的序列。

2. 基数排序的算法实现

在 ProductSort 类中，添加用基数排序进行价格排序的算法代码。

```java
static class RadixNode {
    public Product data;                //数据域
    public RadixNode next;              //引用域
}
//基数排序
public void radixSort() {
    int k, l, power;
    RadixNode p, q;
    RadixNode[] head = new RadixNode[10];
    power = 1;
    //首先确定排序的趟数
    int max = r[0].price;
```

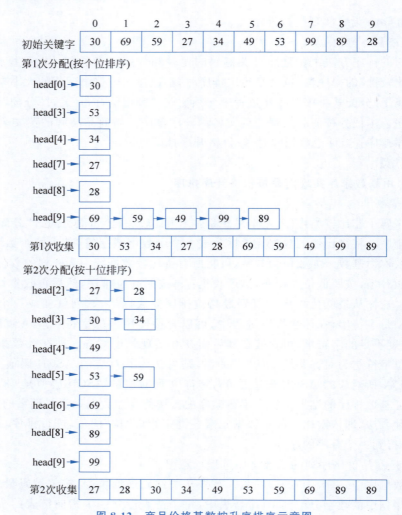

图 8-12 商品价格基数按升序排序示意图

```
for (int i = 1; i < r.length; i++) {
    if (r[i].price > max) {
        max = r[i].price;
    }
}
int d = 0;  //关键码的位数
//判断位数
while (max > 0) {
    d++;
    max /= 10;
}
//进行 d 次分配和收集
for (int i = 0; i < d; i++) {
    if (i == 0)
        power = 1;
    else
        power = power * 10;
    for (int j = 0; j < 10; j++) {
```

```
            head[j] = new RadixNode();
        }
        //分配数组元素
        for (int j = 0; j < r.length; j++) {
            k = r[j].price / power - (r[j].price / (power * 10)) * 10;
            q = new RadixNode();
            q.data = r[j];
            q.next = null;
            p = head[k].next;
            if (p == null)
                head[k].next = q;
            else {
                while (p.next != null)
                    p = p.next;
                p.next = q;
            }
        }
        //收集链表元素
        l = 0;
        for (int j = 0; j < 10; j++) {
            p = head[j].next;
            while (p != null) {
                r[l] = p.data;
                l++;
                p = p.next;
            }
        }
    }
}
```

3. 基数排序的算法应用

在类 TestProductSort 中应用基数排序算法实现商品列表按价格排序,将

$$psort.mergeSort();$$

替换为

$$psort.radixSort();$$

步骤二:电商网站商品列表按评论数降序排序

商品的评论数表示商品的活跃程序,一般评论数越高,说明商品越活跃,在步骤一中用基数排序法实现了按价格关键字升序排序,现需要将该方法改进为可按价格升序和评论数降序排序,主要的变化如下。

(1) 在基数排序中设置参数。

将方法的定义 **public void** radixSort()改为 **public void** radixSort(**int** type),当 type=1 时,为按价值升序排序;当 type=2 时,为按评论数降序排序。

(2) 修改确定排序的趟数的代码。

将下面的代码:

```
int max = r[0].price;
    for (int i = 1; i < r.length; i++) {
        if (r[i].price > max) {
            max = r[i].price;
        }
    }
```

改换成:

```
int max = type == 1 ? r[0].price : r[0].reviews;
    for (int i = 1; i < r.length; i++) {
        if (type == 1 ? r[i].price > max : r[i].reviews > max) {
            max = type == 1 ? r[i].price : r[i].reviews;
        }
}
```

如果是价格排序,求的是价格序列中的最大值;如果是评论数排序,求的是评论序列中的最大值。

(3) 修改计算基数的代码。

将

```
k = r[j].price / power - (r[j].price / (power * 10)) * 10;
```

改为

```
k = type == 1 ? r[j].price / power - (r[j].price / (power * 10)) * 10
             : r[j].reviews / power - (r[j].reviews / (power * 10)) * 10;
```

(4) 修改收集链表元素的代码。

将

```
//收集链表元素
        l = 0;
        for (int j = 0; j < 10; j++) {
            p = head[j].next;
            while (p != null) {
                r[l] = p.data;
                l++;
                p = p.next;
            }
        }
```

改为

```
//收集链表元素
        switch(type) {
        case 1:
        l = 0;
        for (int j = 0; j < 10; j++) {
            p = head[j].next;
            while (p != null) {
                r[l] = p.data;
                l++;
                p = p.next;
            }
        }
        break;
        case 2:
            l = 0;
            for (int j = 9; j >= 0; j--) {
                p = head[j].next;
```

```
            while (p != null) {
                r[l] = p.data;
                l++;
                p = p.next;
            }
        }
        break;
    }
```

(5) 基数排序算法的应用。

在类 TestProductSort 中应用基数排序算法实现商品列表按价格升序排序,按评论数降序排序。

将

$$psort.radixSort();$$

替换为

$$psort.radixSort(1);$$
$$psort.radixSort(2);$$

价格按升序排序,评论数按降序排序示意图如图 8-13 所示。图中每个格子中第一个数字为评论数,第二个数字为价格,可以看到初始关键字中数据元素为按价格升序排序后的序列。分配数字时,按照个位、十位、百位进行分配,每次分配完收集数据时,则是按从大到小将数据元素收集,通过第 3 次的收集结果,可以看到在实现了评论数降序,同时也确保了当评论数相同时价格升序排列,这表示这个商品活跃度高,又便宜。

步骤三:电商网站商品列表按品牌排序

1. 理解多关键字排序的思想

设序列中有 n 个数据元素,每个数据元素包含 d 个关键码 $\{k^1, k^2, \cdots, k^d\}$,序列有序指的是对序列中的任意两个数据元素 r_i 和 r_j ($0 \leqslant i \leqslant j \leqslant n-1$),$(k_i^1, k_i^2, \cdots, k_i^d) < (k_j^1, k_j^2, \cdots, k_j^d)$,其中,$k^1$ 称为最主位关键码;k^d 称为最次位关键码。

多关键码排序方法按照从最主位关键码到最次位关键码或从最次位关键码到最主位关键码的顺序进行排序,分为以下两种排序方法。

(1) 最高位优先法(MSD 法)。先按 k^1 排序,将序列分成若干子序列,每个子序列中的数据元素具有相同的 k^1 值;再按 k^2 排序,将每个子序列分成更小的子序列;然后,对后面的关键码继续同样的排序分成更小的子序列,直到按 k^d 排序分组分成最小的子序列后,最后将各个子序列连接起来,便可得到一个有序的序列。

(2) 最次位优先法(LSD 法)。先按 k^d 排序,将序列分成若干子序列,每个子序列中的数据元素具有相同的 k^d 值;再按 k^{d-1} 排序,将每个子序列分成更小的子序列;然后,对后面的关键码继续同样的排序分成更小的子序列,直到按 k^1 排序分组分成最小的子序列后,最后将各个子序列连接起来,便可得到一个有序的序列。前面介绍的扑克牌先按面值再按花色进行排序的方法就是 LSD 法。

基数排序法就是基于 LSD 方法的链式排序方法,其基本思想是用"多关键字排序"的思想实现了"单关键字排序"。

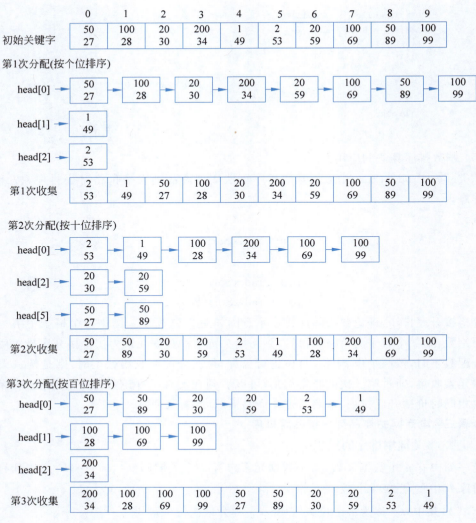

图 8-13　价格按升序排序,评论数按降序排序示意图

2. 按品牌排序算法实现

按品牌排序为多关键字排序,这里采用最次位优先法(LSD 法),即先按价格关键字升序排序,再按评论数关键字降序排序,然后再按品牌升序排序。排序的结果能实现按商品品牌的英文升序排序,当商品的品牌相同时,按评论数降序排序,当评论数相同时,按价格升序排序。

在 ProductSort 类中,添加用基数排序进行品牌排序的算法代码。该算法中先调用 radixSort(1)对价格升序排序,然后调用 radixSort(2)对评论数降序排序。接着编写了字符串基数排序代码,实现按品牌升序排序。代码中品牌中最长的字符串的长度为分配-收集的趟数,将 26 个英文字母和数字 0 共 27 种字符作为基数,分配时将品牌长度不足的字符串,在其后面补 0 实现长度对齐,位为 0 的分配到 head[0]所指向的链中,因 a~z 的 ASCII 码为 97~122,因此 a~z 字符按照该字符的 ASCII-96 计算公式分配到 head[1]~head[26],然后依次收集 head[0]~head[26]链上的元素。

```java
//按品牌排序
    public void brandSort() {
        radixSort(1);                   //按价格升序排序
        radixSort(2);                   //按评论数降序排序
        int k, l;
        RadixNode p, q;
        RadixNode[] head = new RadixNode[27];
        //首先确定排序的趟数,关键码的位数
        int d = r[0].brand.length();
        for (int i = 1; i < r.length; i++) {
            if (r[i].brand.length() > d) {
                d = r[i].brand.length();
            }
        }
        //进行 d 次分配和收集
        for (int i = 1; i <= d; i++) {
            for (int j = 0; j < 27; j++) {
                head[j] = new RadixNode();
            }
            //分配数组元素
            for (int j = 0; j < r.length; j++) {
                String tmpstr = r[j].brand;
                if (tmpstr.length() < d) {
                    int count = d - tmpstr.length();
                    while (count > 0) {
                        tmpstr = tmpstr + "0";
                        count-- ;
                    }
                }
                if (tmpstr.charAt(d - i) == 48)
                    k = 0;
                else
                    k = tmpstr.charAt(d - i) - 96;
                q = new RadixNode();
                q.data = r[j];
                q.next = null;
                p = head[k].next;
                if (p == null)
                    head[k].next = q;
                else {
                    while (p.next != null)
                        p = p.next;
                    p.next = q;
                }
            }
            //收集链表元素
            l = 0;
            for (int j = 0; j < 27; j++) {
                p = head[j].next;
                while (p != null) {
                    r[l] = p.data;
                    l++;
                    p = p.next;
                }
            }
        }
    }
```

3. 基数排序算法的应用

在类 TestProductSort 中应用基数排序算法实现多关键字排序。将

$$\text{psort.radixSort(1);}$$
$$\text{psort.radixSort(2);}$$

替换为

$$\text{psort.brandSort();}$$

步骤四：基数排序的时间复杂度

设待排序列为 n 个记录，d 个关键码，关键码的取值范围为 r，则进行链式基数排序的时间复杂度为 $O(d(n+r))$，其中，一趟分配时间复杂度为 $O(n)$，一趟收集时间复杂度为 $O(r)$，共进行 d 趟分配和收集。

常用排序算法的时间复杂度对比情况如表 8-8 所示。

表 8-8 常用排序算法的时间复杂度对比表

类　　别	排序方法	时间复杂度			稳　定　性
		平均情况	最好情况	最坏情况	
插入排序	直接插入排序	$O(n^2)$	$O(n)$	$O(n^2)$	稳定
	希尔排序	$O(n^2)$	$O(n)$	$O(n^2)$	不稳定
选择排序	直接选择排序	$O(n^2)$	$O(n^2)$	$O(n^2)$	不稳定
	堆排序	$O(n\log_2 n)$	$O(n\log_2 n)$	$O(n\log_2 n)$	不稳定
交换排序	冒泡排序	$O(n^2)$	$O(n)$	$O(n^2)$	稳定
	快速排序	$O(n\log_2 n)$	$O(n\log_2 n)$	$O(n^2)$	不稳定
归并排序		$O(n\log_2 n)$	$O(n\log_2 n)$	$O(n\log_2 n)$	稳定
基数排序		$O(d(n+r))$	$O(d(n+r))$	$O(d(n+r))$	稳定

【任务评价】

请按表 8-9 查看是否掌握了本任务所学的内容。

表 8-9 "用基数排序实现商品按品牌排序"完成情况评价表

序　号	鉴定评分点	分　值	评　分
1	理解基数排序的基本思想	25	
2	能实现基数排序算法并能正确运行	25	
3	能进行商品列表按品牌的排序	25	
4	能编写测试程序并正确运行	25	

8.5 项目拓展

1. 问题描述

2008 年北京奥运会成功举办，中国人百年奥运梦圆。作为各国竞技运动实力的数字化体现，奖牌榜以一种简单而快捷的方式实现了信息的有效传播，增加了各国民众对奥运的关注。不同的排名方式，体现了不同的利益诉求和价值倾向。以金牌数量为基准的排名，通俗地说，就是一种"永远争第一"的心态，体现了一种不断超越自我、超越对手的决心，以及对世界巅峰和人类运动极限的不懈追求。而以奖牌数为基准的排名，则相对客观，反映了一个国

家对其竞技能力的成长性和延续性的关注。表 8-10 是 2008 年北京各国奥运奖牌按金牌数量为基础的排名。

表 8-10 2008 年北京奥运会奥运奖牌排名前 15 名

排 名	国家和地区	英文缩写	金	银	铜	总
1	中国	CHN	48	22	30	100
2	美国	USA	36	38	36	110
3	俄罗斯	RUS	23	21	28	72
4	英国	GBR	19	13	15	47
5	德国	GER	16	10	15	41
6	澳大利亚	AUS	14	15	17	46
7	韩国	KOR	13	10	8	31
8	日本	JPN	9	6	10	25
9	意大利	ITA	8	10	10	28
10	法国	FRA	7	16	17	40
11	乌克兰	UKR	7	5	15	27
12	荷兰	NED	7	5	4	16
13	牙买加	JAM	6	3	2	11
14	西班牙	ESP	5	10	3	18
15	肯尼亚	KEN	5	5	4	14

2. 基本要求

根据上面的描述,编写程序实现奥运奖牌不同要求的排名。

(1) 按奥运金牌总数排名,当金牌总数相同时,按银牌总数排名;当银牌总数也相同时,按铜牌总数排名;如果三种奖牌数据都相同,按英文字母顺序排序。

(2) 按奥运奖牌总数排名,当奖牌总数相同时,依次比较金牌数、银牌数和铜牌数。

8.6 项 目 小 结

本章介绍常见的内部排序方法,包括插入排序、交换排序、选择排序、归并排序和基数排序,并应用这些排序实现了商品按价格、评论数、品牌的排序。

(1) 排序是计算机内经常进行的一种操作,其目的是将一组"无序"的数据元素序列调整为"有序"的数据元素序列,使之按关键字递增(或递减)次序排列起来。

(2) 在排序过程中,若整个文件都是放在内存中处理,排序时不涉及数据的内、外存交换,则称为内部排序(简称内排序);反之,若排序过程中要进行数据的内、外存交换,则称为外部排序。

(3) 按策略可将内部排序分为 5 类:插入排序、选择排序、交换排序、归并排序和基数排序。

(4) 插入排序的基本思想是:每次将一个待排序的数据元素,按其关键字大小插入前面已经排好序的子文件中的适当位置,直到全部数据元素插入完成为止。插入排序方法有直接插入排序和希尔排序。

(5) 交换排序的基本思想是:两两比较待排序数据元素的关键字,发现两个数据元素的次序相反时即进行交换,直到没有反序的数据元素为止。应用交换排序基本思想的主要排序方法有冒泡排序和快速排序。

(6) 选择排序的基本思想是:每一趟从待排序的数据元素中选出关键字最小的数据元素,顺序放在已排好序的子序列的最后,直到全部数据元素排序完毕。常用的选择排序方法有直接选择排序和堆排序。

(7) 归并排序的基本思想是:将两个或两个以上的有序子序列"归并"为一个有序序列。在内部排序中,通常采用的是二路归并排序。即将两个位置相邻的有序子序列归并为一个有序子序列。

(8) 基数排序的基本思想是:将待比较的数据元素拆分成一个个数字或字符,其中每个数字或字符可能的取值个数称为基数。如数位为数字,可将所有待比较数据统一为同样的数位长度,数位较短的数前面补零,按照低位先排序,然后收集;再按照高位排序,然后再收集;以此类推,直到最高位。

8.7 项目测验

一、选择题

1. 排序过程中,依据(　　)的递增或递减顺序,将一组"无序"的记录序列调整为"有序"的记录序列。
    A. 关键字   B. 数据项   C. 数据对象   D. 数据元素
2. 对一个由 n 个整数组成的序列,借助排序过程找出其中的最大值,希望比较次数和移动次数最少,应选用(　　)方法。
    A. 归并排序   B. 直接插入排序   C. 直接选择排序   D. 快速排序
3. n 个数据元素直接插入排序所需的数据元素最小比较次数是(　　)。
    A. $n-1$ B. $2(n-1)$
    C. $(n+2)(n-1)/2$ D. n
4. 若用冒泡排序对关键字序列(18,16,14,12,10,8)进行从小到大的排序,所需进行的关键字比较总次数是(　　)。
    A. 10   B. 15   C. 21   D. 34
5. 在所有排序方法中,关键字比较次数与数据元素的初始排列无关的是(　　)。
    A. 希尔排序   B. 冒泡排序   C. 插入排序   D. 选择排序
6. 一组数据元素的关键字为(45,80,55,40,42,85),则利用堆排序的方法建立的初始堆为(　　)。
    A. (80,45,55,40,42,85)   B. (85,80,55,40,42,45)
    C. (85,80,55,45,42,40)   D. (85,55,80,42,45,40)
7. 一组数据元素的关键字为(45,80,55,40,42,85),则利用快速排序的方法,以第一个数据元素为基准得到一次划分结果是(　　)。
    A. (40,42,45,55,80,85)   B. (42,40,45,80,55,85)
    C. (42,40,45,55,80,85)   D. (42,40,45,85,55,80)
8. 一组数据元素的关键字为(25,50,15,35,80,85,20,40,36,70),其中含有 5 个长度

为 2 的有序表,用归并排序方法对该序列进行一趟归并后的结果为( )。

A. (15,25,35,50,20,40,80,85,36,70)
B. (15,25,35,50,80,20,85,40,70,36)
C. (15,25,50,35,80,85,20,36,40,70)
D. (15,25,35,50,80,20,36,40,70,85)

9. 设一组初始记录关键字序列为(345,253,674,924,627),则用基数排序需要进行( )趟的分配和回收才能使得初始关键字序列变成有序序列。

A. 3   B. 4   C. 5   D. 8

10. 在对一组记录(54,38,96,23,15,72,60,45,83)进行直接插入排序时,当把第 7 个记录 60 插入有序表时,为寻找插入位置需比较的次数为( )。

A. 5   B. 6   C. 3   D. 2

二、判断题

1. 每次将一个待排序的记录,按其关键字大小插入前面已经排好序的子列表中的适当位置,直到全部记录插入完成为止,该排序方法称为插入排序。(   )

2. 对于 n 个记录的集合进行冒泡排序,在最坏情况下所需要的时间是$(n \times (n-1)/2)$。(   )

3. 在任何情况下,快速排序方法的时间性能总是最优的。(   )

4. 大多数排序的算法都有两个基本的操作,分别是比较和移动。(   )

5. 在堆排序、快速排序和归并排序中,若从节省存储空间考虑,则应首先选取堆排序方法,其次选取归并排序。(   )

6. 对 n 个元素序列进行冒泡排序时,最小的比较次数是 $n-1$。(   )

7. 快速排序方法在要排序的数据已基本有序情况下最不利于发挥其长处。(   )

8. 在排序算法中,每次从未排序的记录中挑出最小(或最大)关键码字的记录,加入到已排序记录的末尾,该排序方法是选择排序。(   )

9. 对(05,46,13,55,94,17,42)进行基数排序,使用最次位优先法一趟排序的结果是(42,13,94,05,55,46,17)。(   )

10. 已知序列(10,18,4,3,6,12,19,15,18),采用二路归并排序法产生的结果[3,4,10,18][1,6,9,12][8,15]是第 3 趟的结果。(   )

第 9 章　用查找实现手机通讯录

9.1　项目概述

在实际的工作生活中,查找操作无处不在。例如,在通讯录中查找某个人的电话号码,在英汉字典中查找某个单词的中文解释,在图书馆里根据书名查找某一本书,这些都是查找的具体应用。查找操作如今可以通过计算机软件完成,例如,在百度搜索引擎中查找想要的信息,在电子商务网站中查找想要的商品,在教务管理系统中查找学生的成绩,几乎各种信息管理系统、各种行业应用软件,都具有查找的功能。因此,查找操作已经成为应用程序的重要组成部分。查找问题就是在给定的集合中找寻一个给定的值,有许多查找算法可供选择,其中既包括直截了当的顺序查找,也包括效率极高但应用受限的折半查找,还有将原集合用另一种形式表示以方便查找的算法,但没有一种算法在任何情况下都是最优的,如何根据实际的应用选择一种好的查找算法是一项不同寻常的挑战。

本章将重点介绍线性表查找、树表查找和哈希表查找的基本思想及算法实现方式,并应用这些查找算法来实现手机通讯录。

9.2　项目目标

本章项目学习目标如表 9-1 所示。

表 9-1　项目学习目标

序　号	能　力　目　标	知　识　要　点
1	理解查找的基础知识	查找的基本概念、查找的分类、平均查找长度
2	理解查找算法的基本思想	静态查找:顺序查找、折半查找、分块查找 动态查找:二叉排序树查找、哈希表查找
3	能用 Java 实现查找算法	用 Java 语言实现顺序查找、折半查找、分块查找、二叉排序树查找、哈希表查找
4	能基于实际应用选择合适的查找算法	使用查找实现手机通讯录

9.3　项目情境

视频讲解

编程实现手机通讯录管理

1. 情境描述

手机通讯录是手机最基本的功能之一,它是一种能够保存大量联系人信息的电子列表,联系人信息包括姓名、电话、工作单位等,可以对联系人的信息进行增删改查操作,为方便查询,还可以对联系人进行分组,如亲人、朋友、同事等。

打电话和接电话一般都先执行查找运算。打电话时,通常先到通讯录中按姓名搜索联系人的号码,找到该号码后拨号,没有找到时才会输入号码拨打;接电话时,系统也会先到通讯录中查找该号码对应的联系人信息,有则显示姓名,无则显示号码,接话人以此来判断是否是陌生的来电。接听后还可将陌生人的电话保存到通讯录中。接电话的流程如图 9-1 所示。

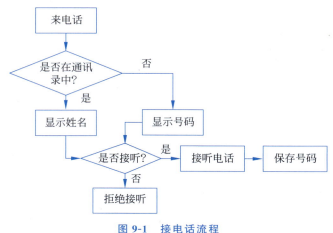

图 9-1 接电话流程

2. 基本要求

假设某手机通讯录中保存了表 9-2 中的电话信息,现以该组电话为测试数据,编程实现如下功能。

(1) 来电时,查看电话号码是否在通讯录中,有则显示姓名,无则显示电话号码。
(2) 如电话号码不在通讯录中,可保存该电话号码。
(3) 可删除电话通讯录中的电话信息。

表 9-2 手机通讯录

序 号	姓 名	号 码
1	铁路服务热线	12306
2	公共卫生健康热线	12320
3	旅游服务热线	12301
4	中国移动客服热线	10086
5	中国电信服务热线	10000
6	中国联通服务热线	10010
7	中国银行服务热线	95566
8	建设银行服务热线	95533
9	工商银行服务热线	95588

9.4 项目实施

9.4.1 分析手机通讯录中数据的逻辑结构

【学习目标】

(1) 熟悉查找的基本概念。

(2) 熟悉查找表的分类。
(3) 熟悉查找的技术。

【任务描述】

为实现手机通讯录功能,需要抽象手机通讯录问题,建立问题的抽象数据类型。一是确定数据对象的逻辑结构,找出构成数据对象的数据元素之间的关系;二是确定为求解问题需要对数据对象进行的操作或运算;最后将数据的逻辑结构及其在该结构上的运算进行封装得到抽象数据类型。

【任务实施】

步骤一:分析数据的逻辑结构

在手机通讯录问题中,表 9-2 中的电话信息数据表构成了问题要处理的数据对象,数据表由若干条联系人信息组成,每一条信息为一个数据元素,每个数据元素由姓名、号码两个数据项组成。数据表中第一个联系人信息可视为开始结点,它的前面无数据元素;最后一个联系人信息视为终止结点,它的后面无数据元素;其他联系人信息则各有一个也只有一个前驱和一个后继,因此通讯录信息表的数据结构为线性表。

步骤二:分析数据的查找运算

在手机通讯录管理问题中,创建线性表并将列表中的元素添加到线性表后,接下来主要的运算就是按照学习情境要求进行不同维度的查找运算,要确定用哪些查找的算法,需要首先熟悉查找的概念和分类。

1. 查找的基本概念

1) 查找的定义

查找是指在一组给定的数据元素中寻找关键字等于某个给定值的数据元素。若存在这样的数据元素,则查找成功,返回数据元素的信息或数据元素的位置;否则查找不成功,返回的结果可以给出一个"空"值,或位置值为"－1"。

2) 关键字和主关键字

关键字是数据元素中某个数据项的值,又称为键值,用它可以标识一个数据元素,也可以标识一个数据元素的某个数据项。

主关键字是可以唯一地标识一个数据元素的关键字。对于那些可以标识多个数据元素的关键字,称为次关键字。

3) 查找表

查找表是一种以同一类型的数据元素构成的集合为逻辑结构,以查找为核心运算的数据结构。从逻辑上来说,查找基于的数据结构是集合,集合中的记录之间没有本质关系。但为了获得较高的查找性能,通常将查找集合组织成表、树等结构。

2. 查找的技术

对应不同的数据结构,有线性表、树表、哈希表三种查找技术。

线性表查找是指进行查找运行的查找表所采用的存储结构是线性表的存储结构,在其上所进行的查找为线性表的查找。在线性表查找技术中,对数据元素的查找又有顺序查找、折半查找和分块查找。

树表查找是指进行查找运行的查找表所采用的存储结构是树的存储结构,在其上所进行的查找为树表的查找。在树表查找技术中,对数据元素的查找又有平衡二叉树、B 树、二叉排序树查找。

哈希表查找是指进行查找运行的查找表所采用的存储结构是哈希存储结构，在其上所进行的查找为哈希表查找。

3. 查找表的分类

查找表按照操作方式可以分为两大类：静态查找表和动态查找表。

静态查找表：只做查找操作的查找表。主要操作有查询某个"特定的"数据元素是否在查找表中。代表有顺序查找、二分查找、分块查找。

动态查找表：在查找的同时对表做插入、删除或修改操作。代表有平衡二叉树、B树、二叉排序树、哈希表。

步骤三：定义抽象数据类型

ADT ContactList

数据对象：

$D = \{a_i \mid 0 \leqslant i \leqslant n-1, n \geqslant 0, a_i$ 为联系人信息$\}$

数据关系：

$R = \{<a_i, a_{i+1}> \mid a_i, a_{i+1} \in D, i = 0, \cdots, n-2\}$

基本操作：

```
public E selectByNumber();        //按号码查找联系人信息
public void addcontacts();        //添加联系人信息
public void deletecontacts();     //删除联系人信息
```

步骤四：创建一个手机通讯录类

（1）创建类 Contacts，表示联系人的信息，该类实现了接口 Comparable，支持按电话号码排序，代码如下。

```java
public class Contacts implements Comparable<Contacts>{
    String name;                  //联系人名称
    int phone;                    //联系人电话
    public Contacts(int phone) {
        this.phone = phone;
    }
    public Contacts(String name, int phone) {
        this.phone = phone;
        this.name = name;
    }
    @Override
    public String toString() {
        return "[" + name + ", " + phone + "]";
    }
    @Override
    public int compareTo(Contacts o) {
        if(phone == o.phone)
            return 0;
        else if(phone > o.phone)
            return 1;
        else
            return -1;
    }
}
```

(2) 创建一个类 ContactsList,声明一个为 Contacts 类型的数组变量 cList,用于表示通讯录。并创建一个构造函数,用于初始化变量 clist。代码如下。

```java
public class ContactsList {
    Contacts[] cList;
    public ContactsList(Contacts[] clist) {
        this.clist = cList;
    }
}
```

【任务评价】

请按表 9-3 查看是否掌握了本任务所学的内容。

表 9-3 "分析手机通讯录中数据的逻辑结构"完成情况评价表

序号	鉴定评分点	分值	评分
1	理解什么是查找	25	
2	熟悉查找的技术	25	
3	熟悉查找的分类	25	
4	能定义手机通讯录的抽象数据类型	25	

9.4.2 用顺序查找技术查找联系人信息

【学习目标】

(1) 理解顺序查找的基本思想。
(2) 能用 Java 语言实现顺序查找的算法。

【任务描述】

在理解顺序查找基本思想的基础上,将姓名和电话号码作为关键字,用顺序查找技术查找手机通讯录中联系人的信息。

【任务实施】

步骤一:理解顺序查找的基本思想

视频讲解

顺序查找是最简单的查询方法,它的基本思想是:从表的一端开始,顺序扫描线性表,依次将扫描到的结点关键字与给定值 Key 相比较。若当前扫描到的结点关键字与 Key 相等,查找成功,返回该结点的索引下标;若扫描结束后,仍未找到关键字等于 Key 的结点,则查找失败,返回 -1。

下面用顺序存储结构存储表 9-2 中的通讯录,顺序表中的每个元素为一个联系人的信息,由号码和姓名组成,如图 9-2 所示。

0	→	12306	铁路服务热线
1	→	12320	公共卫生健康热线
2	→	12301	旅游服务热线
3	→	10086	中国移动客服热线
4	→	10000	中国电信服务热线
5	→	10010	中国联通服务热线
6	→	95566	中国银行服务热线
7	→	95533	建设银行服务热线
8	→	95588	工商银行服务热线

图 9-2 用顺序存储结构存储手机通讯录

图 9-3 记录了在顺序表中查找电话 10086 是什么电话的过程,比较 4 次后找到关键字 10086 所在的下标位置为 3。再查找 12316 是什么电话,比较 9 次后到顺序表的最后一个元素,仍没有找到该电话,则返回 -1。

元素下标	0	1	2	3	4	5	6	7	8
第1次比较	12306 ↑	12320	12301	10086	10000	10010	95566	95533	95588
第2次比较	12306	12320 ↑	12301	10086	10000	10010	95566	95533	95588
第3次比较	12306	12320	12301 ↑	10086	10000	10010	95566	95533	95588
第4次比较	12306	12320	12301	10086 ↑ 查找成功,返回下标3	10000	10010	95566	95533	95588

图 9-3　用顺序查找查找电话为 10086 的联系人

步骤二:实现顺序查找算法

在类 ContactList 中,编写顺序查找算法 seqSearchByPhone(),查找关键字为电话 phone 的联系人在通讯录中的位置,代码如下。

```java
/* 顺序查找 */
public int seqSearchByPhone(int phone) {
    for (int i = 0; i < cList.length; i++)
        if (phone == cList[i].phone)
            return i;
    return -1;
}
```

步骤三:测试顺序查找算法

创建类 TestContactsList,在类中调用顺序查找算法 seqSearchByPhone(),查找关键字 10086 的电话信息。

```java
public class TestContactsList {
    public static void main(String[] args) {
        Contacts[] data = {
            new Contacts("铁路服务热线",12306),
            new Contacts("公共卫生健康热线",12320),
            new Contacts("旅游服务热线",12301),
            new Contacts("中国移动客服热线",10086),
            new Contacts("中国电信服务热线",10000),
            new Contacts("中国联通服务热线",10010),
            new Contacts("中国银行服务热线",95566),
            new Contacts("建设银行服务热线",95533),
            new Contacts("工商银行服务热线",95588)
        };
        int findphone = 10086;           //指定要查找的电话号码
        ContactsList cList = new ContactsList(data);
```

```
        if(cList.seqSearchByPhone(findphone)!= -1)
            System.out.println("查找号码:" + findphone + " 的信息为:" + data[cList.
seqSearchByPhone(findphone)]);
        else
            System.out.println("不存在号码: " + findphone);
    }
}
```

步骤四：分析顺序查找算法性能

1. 平均查找长度的概念

在查找的过程中，一次查找的长度是指需要比较的关键字的次数，而平均查找长度则是所有查找过程中进行关键字比较的次数的平均值。

平均查找长度(Average Search Length,ASL)定义为

$$\text{ASL} = \sum_{i=1}^{n} p_i c_i$$

其中：

n 是结点的个数。

p_i 是查找第 i 个结点的概率。若不特别声明，认为每个结点的查找概率相等，即 $p_1 = p_2 = \cdots = p_n = 1/n$。

c_i 是找到第 i 个结点所需进行的比较次数。

平均查找长度通常用来作为衡量一个查找算法效率优劣的标准。

2. 顺序查找的性能

在顺序查找时，若线性表中的第一个元素就是被查找元素，则只需做一次比较就可查找成功，查找效率最高；但如果被查的元素是线性表中的最后一个元素，或被查元素根本不在线性表中，则为了查找这个元素，需要与线性表中所有的元素进行比较，这是顺序查找的最坏情况。在平均情况下，利用顺序查找法在线性表中查找一个元素，大约要与线性表中一半的元素进行比较。因此，对于大的线性表来说，顺序查找的效率是很低的。

假设顺序表中每个记录的查找概率相同，即 $p_i = 1/n (1 \leq i \leq n)$，查找表中第 i 个记录所需进行比较的次数 $C_i = i$，则顺序查找算法查找成功时的平均查找长度为

$$\text{ASL}_{sq} = \sum_{i=1}^{n} p_i c_i = \sum_{i=1}^{n}(n-i+1) = np_1 + (n-1)p_2 + \cdots + 2p_{n-1} + p_n$$

在等概率情况下，成功的平均查找长度为

$$(n + \cdots + 2 + 1)/n = (n+1)/2$$

即查找成功时的平均比较次数约为表长的一半。在查找失败时，算法的平均查找长度为

$$\text{ASL}_{sq} = \sum_{i=1}^{n} \frac{1}{n} \times n = n$$

虽然顺序查找的效率不高，但在下列两种情况下只能采用顺序查找。

(1) 如果顺序表为无序表，那么只能用顺序查找。

(2) 采用链式存储结构的线性表，只能采用顺序查找。

【任务评价】

请按表 9-4 查看是否掌握了本任务所学的内容。

表 9-4 "用顺序查找技术查找联系人信息"完成情况评价表

序 号	鉴定评分点	分 值	评 分
1	理解顺序查找的基本思想	30	
2	能实现顺序查找算法并能正确运行	30	
3	能用顺序查找算法解决实际的问题	40	

9.4.3 用二分查找技术查找联系人信息

【学习目标】

（1）理解二分查找的基本思想。

（2）能实现二分查找的算法。

【任务描述】

在理解二分查找基本思想的基础上，将电话号码作为关键字，用二分查找技术查找手机通讯录中联系人的信息。

【任务实施】

步骤一：理解二分查找算法

二分查找又称折半查找，是一种效率较高的查找方法。二分查找要求线性表是有序表，即表中结点按关键字有序排列，并且要用顺序表作为表的存储结构。假设表中元素是按升序排列，将表中间位置记录的关键字与查找关键字比较，如果两者相等，则查找成功；否则利用中间位置记录将表分成前、后两个子表，如果中间位置记录的关键字大于查找关键字，则进一步查找前一子表，否则进一步查找后一子表。重复以上过程，直到找到满足条件的记录，使查找成功，或直到子表不存在为止，此时查找不成功。

视频讲解

设线性表存储在数组 data 中，各记录的关键字满足下列条件：

$$\text{data}[0].\text{key} \leqslant \text{data}[1].\text{key} \leqslant \cdots \leqslant \text{data}[n-1].\text{key}$$

设置三个变量 low、high 和 mid，分别指向表的当前待查范围的下界、上界和中间位置。初始时，low=0，high=$n-1$，设待查数据元素的关键字为 key。

（1）令 $mid = \dfrac{low+high}{2}$。

（2）比较 key 与 data[mid].key 值的大小，具体情况如下。

① data[mid].key=key，则查找成功，结束查找。

② data[mid].key<key，表明关键字为 key 的记录可能位于记录 data[mid]的右边，修改查找范围，令下界指示变量 low=mid+1，上界指示变量 high 的值保持不变。

③ data[mid].key>key，表明关键字为 key 的记录可能位于记录 data[mid]的左边，修改查找范围，令上界指示变量 high=mid−1，下界指示变量 low 的值保持不变。

（3）比较当前变量 low 与 high 的值，若 low≤high，重复步骤（1）和（2），若 low>high，表明整个查找完毕，线性表中不存在关键字为 key 的记录，查找失败，返回−1。

在图 9-4 中，在进行第 1 次查找时，low=0，high=8，因此 $mid = \dfrac{0+8}{2} = 4$，在这个位置上的号码为 12306，将 12306 与 10086 比较，说明 10086 只可能排在 mid 的左边，所以令 high=mid−1=3；在进行第 2 次查找时，low=0，high=3，因此 $mid = \dfrac{0+3}{2} = 1$，在这个位

置上的数字为10010,将10010与10086比较,说明10086只可能排在mid的右边,所以令low=mid+1=2;在进行第3次查找时,low=2,high=3,因此mid=$\frac{2+3}{2}$=2,在这个位置上的数字为10086,查找成功,返回下标2。

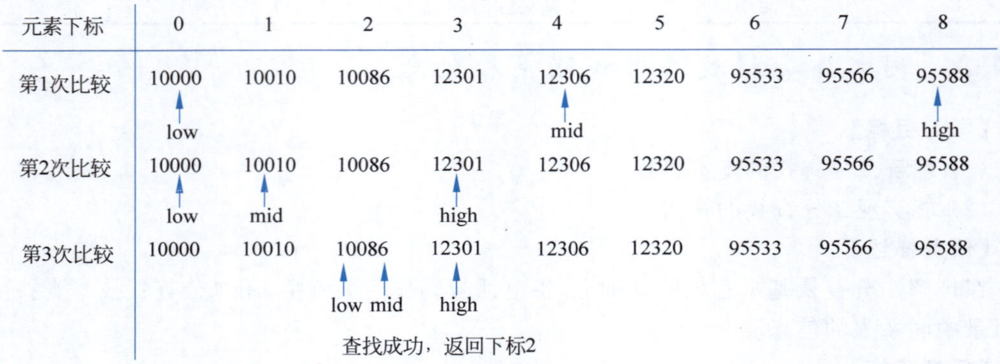

元素下标	0	1	2	3	4	5	6	7	8
第1次比较	10000	10010	10086	12301	12306	12320	95533	95566	95588
	low				mid				high
第2次比较	10000	10010	10086	12301	12306	12320	95533	95566	95588
	low	mid		high					
第3次比较	10000	10010	10086	12301	12306	12320	95533	95566	95588
			low mid	high					

查找成功,返回下标2

图 9-4 用二分查找查找电话为 10086 的联系人

步骤二:实现二分查找算法

在类 ContactList 中编写二分查找方法 binSearchByPhone(),方法中的 cList 为电话数据列表,查找的关键字为电话 phone,三个变量 low、high 和 mid 分别指向表的当前待查范围的下界、上界和中间位置,通过循环不断将关键字与数据列表中的元素比较,查找相等的元素,当上界小于下界时,查找结束。代码如下。

```java
/* 二分查找 */
public int binSearchByPhone(int phone) {
    //对数组元素进行排序
    Arrays.sort(cList);
    int low = 0, high = cList.length - 1, mid;
    while (high >= low) {
        mid = (low + high) / 2;
        if (phone == cList[mid].phone) {
            return mid;
        } else if (phone > cList[mid].phone)
            low = mid + 1;
        else
            high = mid - 1;
    }
    return -1;
}
```

步骤三:测试二分查找算法

在 TestContactsList 类中调用二分查找方法 binSearchByPhone(),查找 findphone 变量指定的电话信息。

```java
if(cList.binSearchByPhone(findphone)!= -1)
    System.out.println("查找号码:" + findphone + " 的信息为:" + data[cList.binSearchByPhone(findphone)]);
else
    System.out.println("不存在号码: " + findphone);
```

步骤四：分析二分查找算法性能

二分查找过程可用一个二叉判定树来表示：把当前查找区间的中间位置上的结点作为根，左子表和右子表中的结点分别作为根的左子树和右子树。由此得到的二叉树称为二叉判定树。即若用查找区间[low,high]构造二叉判定树，那么二叉判定树的根结点的值为[low,high]的中间元素 mid，其左子树用查找区间[low,mid−1]构建的二叉判定树，右子树用查找区间[mid+1,high]构建的二叉判定树，以此类推。查找给定值 key 的过程，就是逐一自上而下遍历二叉树根结点的过程。

对于图 9-4 所给的长度为 9 个元素的有序表，它的二叉查找判定树如图 9-5 所示。树中的每个圆形结点表示一个记录，结点中的值为记录在表中的位置，方形结点表示外部结点，外部结点中的值表示查找不成功时给定值在记录中所对应的记录序号的范围。

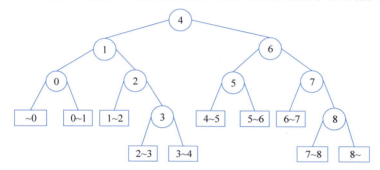

图 9-5　描述二分查找过程的二叉判定树

从判定树上可见，查找 10086 的过程恰好是走了一条从根结点到结点②的路径，和给定值进行比较的关键字为该路径上的结点数或结点②在判定树上的层次数。类似地，找到有序表中任一记录的过程就是走了一条从根结点到该记录相应的结点的路径，和给定值进行比较的关键字个数恰为该结点在判定树上的层次数。因此，二分查找成功时进行比较的关键字个数最多不超过树的深度。例如，查找关键字 10086 的记录所走的路径为④→①→②，所做的比较次数为 3。

假设有序表中记录的个数恰好为

$$n = 2^0 + 2^1 + \cdots + 2^{k-1} = 2^k - 1$$

则相应的二叉判定树的深度为 $k = \log_2(n+1)$ 的满二叉树。在树的第 i 层上总共有 2^{i-1} 个记录结点，查找该层上的每个结点需要进行 i 次比较。因此，当表中的每个记录的查找概率相等时，查找成功的平均查找长度为

$$\text{ASL}_{\text{bins}} = \sum_{i=1}^{n} \frac{1}{n} \times 2^{i-1} \times i = \frac{n+1}{n} \log_2(n+1) - 1 \approx \log_2(n+1) - 1$$

从分析的结果可以看出，二分查找法平均查找长度小，查找速度快，尤其当 n 值较大时，它的查找效率较高，但为此付出的代价是需要在查找之前将顺序表按记录关键字的大小排序。这种排序过程也需要花费一定的时间，所以二分查找适合于长度较大且经常进行查找的有序表。

【任务评价】

请按表 9-5 查看是否掌握了本任务所学内容。

表 9-5 "用二分查找技术查找联系人信息"完成情况评价表

序号	鉴定评分点	分值	评分
1	理解二分查找的基本思想	20	
2	能实现二分查找算法	20	
3	能编码测试二分查找算法	20	
4	能用二分查找算法解决实际的问题	40	

9.4.4 用分块查找技术查找联系人信息

【学习目标】

（1）理解分块查找的基本思想。

（2）能实现分块查找的算法。

（3）能用分块查找解决实际的问题。

视频讲解

【任务描述】

在理解分块查找算法基本思想的基础上，将电话号码作为关键字，用分块查找技术查找手机通讯录中联系人的信息。

【任务实施】

步骤一：理解分块查找的基本思想

当数据量很大时，将数据元素集合划分成互不相交的若干块，每块包含具有相同特性的一组数据元素。如果只在一块中进行查找数据元素的操作，这样能缩小查找范围，提高查找效率。

分块查找把顺序表分成若干块，每块包含的若干元素具有相同的特性，用一个关键字识别，各块的关键字互不相同。建立一个索引表保存块元素的索引信息，索引表中的每个元素含有各块的索引关键字及其第一个元素的地址。

图 9-6 将表 9-2 中电话信息表分成三块：100 开头的电话号码对应索引表中的关键字 100，123 开头的电话号码对应索引表中的关键字 123，955 开头的电话号码对应索引表中的关键字 955。实际应用中，还可以分更多的块，如 131、132、133、134、135、136、137、138、139 等，也可以按名称的首字母进行分块。

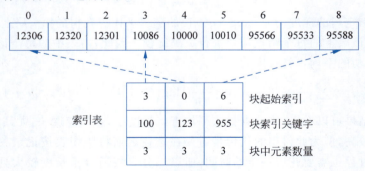

图 9-6 分块查找示意图

在带索引表的顺序表中查找关键字等于 key 的记录时，需要按如下步骤进行。

（1）首先查找索引表，确定待查记录所在块。索引表是有序表，可采用二分查找或顺序查找，以确定待查的结点的位置。

(2) 在已确定的块中进行顺序查找。当块内的记录是任意排列的,只能用顺序查找。

在图 9-6 中,对于给定的关键字 10086,首先截取前三位,分析是否为 100、123、955 开头,如果不是,没有为它建立分块索引,否则用二分查找法在索引表中查找对应关键字所在顺序表中的下标,索引表中 100 对应的块的起始位置为 3,终止位置为起始位置加上块中元素数量减 1。在顺序表中从下标位置 3 开始查找 10086,比较一次后可以定位到其下标为 3。

分块查找在现实生活中也很常用。例如,一个学校有很多个班级,每个班级有几十个学生。给定一个学生的学号,要求查找这个学生的相关资料。显然,每个班级的学生档案是分开存放的,没有任何两个班级的学生的学号是交叉重叠的,那么最好的查找方法是先确定这个学生所在的班级,然后再在这个学生所在班级的学生档案中查找这个学生的资料。

步骤二:实现分块查找算法

(1) 在类 ContactList 中创建一个内部类,表示索引表结点类型,代码如下。

```java
//定义一个内部类,表示索引表结点类型
    static class BlockInfo {
        int blockBeginIndex;              //块的起始下标
        int blockKey;                     //块中关键字
        int count;                        //块中元素的数量
        public BlockInfo(int blockKey) {
            this.blockBeginIndex = -1;
            this.blockKey = blockKey;
            this.count = 0;
        }
    }
```

(2) 在类 ContactList 中编写方法 getIndexBlock(),用于生成分块索引表,代码如下。

```java
/**
 * 创建分块查找的索引表: blocks 表示索引表
 */
public BlockInfo[] getIndexBlock() {
    BlockInfo[] blocks = { new BlockInfo(100), new BlockInfo(123), new BlockInfo(955) };
    for (int i = 0; i < cList.length; i++) {
        int tmp = Integer.parseInt(Integer.toString(cList[i].phone).substring(0, 3));
        switch (tmp) {
        case 100:
            if (blocks[0].blockBeginIndex == -1)
                blocks[0].blockBeginIndex = i;
            blocks[0].count++;
            continue;
        case 123:
            if (blocks[1].blockBeginIndex == -1)
                blocks[1].blockBeginIndex = i;
            blocks[1].count++;
            continue;
        case 955:
            if (blocks[2].blockBeginIndex == -1)
                blocks[2].blockBeginIndex = i;
            blocks[2].count++;
```

```
                    continue;
                default:
                    continue;
            }
        }
        return blocks;
    }
```

在类 ContactList 中编写二分查找方法 binSearchByPhone()，查找的关键字为电话 phone，在执行分块查找算法时，要调用 getIndexBlock() 对 data 进行分块。

```
    /**
     * 分块查找:blockindex 表示关键字所在的块, blocks 表示索引表
     */
    public int blockSearchByPhone(int phone) {
        int blockindex = -1;
        BlockInfo[] blocks = getIndexBlock();
        int key = Integer.parseInt(Integer.toString(phone).substring(0, 3));
        //用顺序查找确定在哪一块
        for (int i = 0; i < blocks.length; i++) {
            if (key == blocks[i].blockKey) {
                blockindex = i;
                break;
            }
        }
        //用顺序查找在指定块中查找元素
        if (blockindex != -1) {
            for (int i = blocks[blockindex].blockBeginIndex; i < blocks[blockindex].blockBeginIndex + blocks[blockindex].count; i++)
                if (phone == cList[i].phone)
                    return i;                      //找到,返回下标
        }
        return -1;
    }
```

步骤三：测试分块查找算法

在 TestContactsList 类中，调用分块查找方法 blockSearchByPhone()，查找 findphone 变量指定的电话信息。

```
if(cList.blockSearchByPhone(findphone)!= -1)
    System.out.println("查找号码:" + findphone + " 的信息为:" + data[cList.blockSearchByPhone(findphone)]);
else
    System.out.println("不存在号码: " + findphone);
```

步骤四：分析分块查找算法性能

分块查找的过程分为两部分，一部分是在索引表中确定待查记录所在块；另一部分是在块里寻找待查的记录。因此，分块查找法的平均查找长度是两部分平均查找长度的和，即

$$ASL_{blocks} = ASL_b + ASL_{wW}$$

其中，ASL_b 是确定待查块的平均查找长度；ASL_{wW} 是在块内查找某个记录所需的平均查找长度。

假定长度为 n 的顺序表要分成 b 块，且每块的长度相等，那么有：块长 $s = n/b$。若假定

表中各记录的查找概率相等,仅考虑成功的查找,那么每块的查找概率为 $1/b$,块内各记录的查找概率为 $1/s$。当在索引表内对块的查找以及在块内对记录的查找都采用顺序查找时,有

$$\mathrm{ASL}_b = \sum_{i=1}^{b} \frac{1}{b} \times i = \frac{b+1}{2}$$

$$\mathrm{ASL}_{wW} = \sum_{i=1}^{s} \frac{1}{s} \times i = \frac{s+1}{2}$$

因此,有

$$\mathrm{ASL}_{blocks} = \frac{b+1}{2} + \frac{s+1}{2} = \frac{1}{2}\left(\frac{n}{s} + s\right) + 1$$

由此可见,分块查找时的平均查找长度不但和表的长度有关,而且和块的长度也有关。当 $s = \sqrt{n}$ 时,ASL_{blocks} 取得最小值,有

$$\mathrm{ASL}_{blocks} = \sqrt{n} + 1 \approx \sqrt{n}$$

从上述分析的结果可以看出,分块查找是介于顺序查找和二分查找之间的一种查找方法,它的速度要比顺序查找法的速度快,但付出的代价是增加辅助存储空间和将顺序表分块排序;同时,它的速度要比二分查找法的速度慢,但优点是不需要对全部记录进行排序。

【任务评价】

请按表 9-6 查看是否掌握了本任务所学内容。

表 9-6 "用分块查找技术查找联系人信息"完成情况评价表

序 号	鉴定评分点	分 值	评 分
1	能理解分块查找的基本思想	20	
2	能实现分块查找算法并能正确运行	20	
3	能编码测试分块查找算法	20	
4	能用分块查找算法解决实际的问题	40	

9.4.5 用树表查找技术管理通讯录

【学习目标】

(1) 理解树表查找的基本思想。
(2) 能实现树表查找的算法。
(3) 能用树表查找算法管理通讯录。

【任务描述】

在顺序表的三种查找方法中,二分查找具有最高的查找率,但二分查找要求表中记录必须有序,且不能用链表作存储结构。因此,当表的插入、删除操作非常频繁时,为维护表的有序性,需要移动表中的很多记录,引起额外的时间开销,这会抵消二分查找的优势。如果要提高动态查找表的效率,可采用特殊的二叉排序树作为查找表的存储结构,以支持高效的查找、插入和删除操作。本任务在理解树表查找算法基本思想的基础上,将电话号码作为关键字,用树表查找技术查找来电号码是否在通讯录中,如果不在,可将该号码存储到通讯录中。

【任务实施】

步骤一：理解树表查找的基本思想

树表查找法是将待查表组织成特定树的形式并在树结构上实现查找的方法，故主要包括二叉排序树、平衡二叉树和 B-树等，本书主要介绍二叉排序树查找。

1. 二叉排序树的定义

二叉排序树或是一棵空树，或是具有下列性质的二叉树。

（1）若左子树非空，则左子树上所有结点的关键字值均小于根结点的关键字值。

（2）若右子树非空，则右子树上所有结点的关键字值均大于根结点的关键字值。

（3）左、右子树也分别为二叉排序树。

（4）没有关键字值相等的结点。

如图 9-7 所示为一棵二叉排序树。构造一棵二叉排序树的目的，不是为了排序，而是为了提高查找、插入和删除关键字的速度。在一个有序的数据集上查找，速度总是要快于无序的数据集，二叉排序树也利于插入和删除的实现。

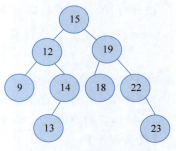

图 9-7　二叉排序树示例

2. 二叉排序树的基本操作

二叉排序树是一种动态树表，其特点是：树的结构通常不是一次生成的，而是在查找过程中，当树中不存在关键字等于给定值的结点时再进行插入。二叉排序树有以下几种基本操作。

（1）初始化：创建一个空的二叉排序树。

（2）查找：在二叉排序树中查找关键字为 key 的结点，若查找成功，则返回该结点，否则返回 null。

（3）插入：在二叉排序树中插入关键字为 key 的结点，若插入成功，则返回 true，否则返回 false。

（4）删除：在二叉排序树中删除关键字为 key 的结点，若删除成功，则返回 true，否则返回 false。

（5）遍历：中序遍历二叉排序树，得到按关键字升序排列的数据元素。

3. 二叉排序树的抽象数据类型

根据对二叉排序树逻辑结构及基本操作的认识，得到二叉排序树的抽象数据类型。

ADT 二叉排序树（Binary Search Tree）

数据对象：
$$D = \{a_i \mid 0 \leqslant i \leqslant n-1, n \geqslant 0, a_i \text{ 为 } E \text{ 类型}\}$$

数据关系：
$$R = \{<a_i, a_j> \mid a_i, a_j \in D, 0 \leqslant i, j \leqslant n-1, a_i \text{ 与 } a_j \text{ 为一对多的关系}\}$$

数据操作：

```
E search(int key);              //查找元素
boolean insert(int key);        //插入元素
boolean remove(int key);        //删除元素
String traverse()               //遍历树中所有的元素
```

4. 构建二叉排序树的过程

将查找表构建为二叉排序树的过程如下。

（1）把第一个元素作为根结点。

（2）把第二个元素拿出来与第一个元素做比较，如果比根结点大就放在根结点的右子树，如果比根结点小就放在根结点的左子树。

重复步骤（2），将列表中所有其他的数据元素添加到二叉排序树中。未排序的元素列表构建二叉排序树的过程如图 9-8 所示。

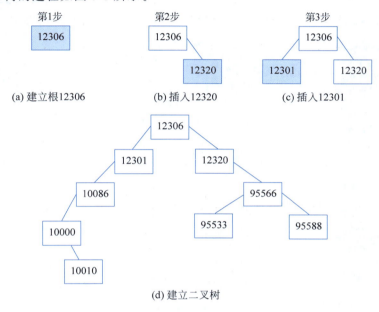

图 9-8　二叉排序树构建过程

5. 二叉排序树查找的基本思想

（1）当二叉排序树非空时，首先将给定值 key 与根结点的关键字进行比较，若相等则查找成功。

（2）若给定值 key 小于根结点的关键字，则与左子树的根结点的关键字进行比较；若给定值 key 大于根结点的关键字，则与右子树的根结点的关键字进行比较。如此递归地进行下去直到某一次比较相等，查找成功。如果一直比较到树叶都不等，则查找失败。

步骤二：编程实现二叉排序树

1. 定义二叉排序树的结点类

创建类 TreeNode，表示排序二叉树的结点信息，代码如下。

```
public class TreeNode<T> {
    T key;                          //关键字
    TreeNode<T> parent;             //父结点
    TreeNode<T> left;               //左子树
    TreeNode<T> right;              //右子树
        TreeNode(T key) {
        this.key = key ;
    }
    TreeNode(T key,TreeNode<T> parent, TreeNode<T> left, TreeNode<T> right) {
```

```
        this.key = key ;
        this.parent = parent;
        this.left  = left;
        this.right =  right;
    }
}
```

2. 定义二叉排序树类

创建泛型类 BinarySortTree 表示二叉排序树,模板 T 自己或者父类必须实现了 Comparable 接口。声明一个 TreeNode 类型变量 root,表示二叉排序树的根。

```
public class BinarySearchTree < T extends Comparable <? super T >> {
    private TreeNode root;                    //二叉排序树的根
    public TreeNode getRoot() {
        return root;
    }
    public BinarySearchTree() {
        root = null;
    }
}
```

3. 判断为空操作 isEmpty()

在类 BinarySearchTree 中添加 isEmpty()方法,代码如下。

```
//判断树是否为空
public boolean isEmpty() {
    return root == null;
}
```

4. 查找操作 search(int key)

在类 BinarySearchTree 中添加 search(int key)方法,查找关键字为 key 的结点,若查找成功,则返回该结点,否则返回 null,代码如下。

```
//查找操作:若查找成功,则返回该结点,否则返回 null
public TreeNode < T > search(T key) {
    TreeNode < T > p = this.root;
    while (p != null && key.compareTo(p.key) != 0) {
        if (key.compareTo(p.key) < 0)       //若 key 较小
            p = p.left;                     //进入左子树
        else
            p = p.right;                    //进入右子树
    }
    return p;                               //若查找成功,返回结点,否则返回 null
}
```

5. 插入操作 insert(int key)

在类 BinarySearchTree 中添加 insert(int key)方法,在二叉排序树中插入关键字为 key 的结点,若插入成功,则返回 true,否则返回 false,代码如下。

```
//插入操作:插入成功返回 true,否则返回 false
public boolean insert(T key) {
    //不插入空对象
```

```
        if(key == null)
            return false;
    //创建根结点
    if(this.root == null)
            this.root = new TreeNode<T>(key);
    else
    {
    //将 key 插入以 root 为根的二叉排序树中
    TreeNode<T> p = this.root, parent = null;
    //查找 key 确定插入位置
        while(p!= null)
        {
        //查找成功,不插入相同元素
        if(key.compareTo(p.key) == 0)
                return false;
            parent = p;
            if(key.compareTo(p.key)< 0)
                p = p.left;
            else
                p = p.right;
        }
        //插入 key 叶子结点作为 parent 的左/右孩子
        if(key.compareTo(parent.key)< 0)
    parent.left = new TreeNode<T>(key, parent, null, null);
            else
    parent.right = new TreeNode<T>(key, parent, null, null);
        }
        return true;
    }
```

6. 删除操作 remove(int key)

在类 BinarySearchTree 中添加 remove(int key)方法,在二叉排序树中删除关键字为 key 的结点,若删除成功,则返回 true,否则返回 false,代码如下。

```
//删除操作:删除成功返回 true,否则返回 false.
    public boolean remove(T key) {
        //查找并返回与 key 相等的元素结点,若查找不成功,则返回 null
        TreeNode<T> p = this.search(key);
            //找到待删除结点 p,若 p 是 2 度结点
            if(p!= null && p.left!= null && p.right!= null)
            {
                //寻找 p 在中根次序下的后继结点 insucc
                TreeNode<T> insucc = p.right;
                    if(insucc!= null) {
                    while(insucc.left!= null)
                        insucc = insucc.left;
                }
                //交换待删除元素,作为返回值.
                T temp = p.key;
                //以后继结点值替换 p 结点值
                p.key = insucc.key;
                insucc.key = temp;
                //转换为删除 insucc,删除 1、0 度结点
                p = insucc;
```

```java
        }
        //p 是 1 度或叶子结点,删除根结点,p.parent == null
        if(p!= null && p == this.root)
        {
            if(this.root.left!= null)
                //以 p 的左孩子顶替作为新的根结点
                this.root = p.left;
            else
                //以 p 的右孩子顶替作为新的根结点
                this.root = p.right;
            if(this.root!= null)
                this.root.parent = null;
            return p!= null ?true : false;
        }
        //p 是 1 度或叶子结点,p 是父母的左孩子
        if(p!= null && p == p.parent.left)
        {
            if(p.left!= null)
            {
                //以 p 的左孩子顶替
                p.parent.left = p.left;
                //p 的左孩子的 parent 域指向 p 的父母
                p.left.parent = p.parent;
            }
            else
            {
                //以 p 的右孩子顶替
                p.parent.left = p.right;
                if(p.right!= null)
                    p.right.parent = p.parent;
            }
        }
        //p 是 1 度或叶子结点,p 是父母的右孩子
        if(p!= null && p == p.parent.right)
        {
            if(p.left!= null)
            {
                //以 p 的左孩子顶替
                p.parent.right = p.left;
                p.left.parent = p.parent;
            }
            else
            {
                //以 p 的右孩子顶替
                p.parent.right = p.right;
                if(p.right!= null)
                    p.right.parent = p.parent;
            }
        }
        return p!= null ?true : false;
    }
}
```

7. 遍历操作 traverse()

在类 BinarySearchTree 中添加 traverse()方法,中序遍历二叉排序树,得到按关键字升序排列的数据元素,代码如下。

```java
//输出树中元素
public void traverse() {
    if (isEmpty()) {
        System.out.println("Empty tree");
    } else {
        traverse(root);
    }
    System.out.println();
}
private void traverse(TreeNode<T> t) {
    if (t != null) {
        traverse(t.left);
        System.out.print(t.key + " ");
        traverse(t.right);
    }
}
```

步骤三：测试二叉排序树

在 TestContactsList 类中测试二叉排序树查找算法，代码如下。

```
BinarySortTree< Contacts > contactsSortTree
        = new BinarySortTree< Contacts > (data);
contactsSortTree.traverse();
System.out.println(contactsSortTree.search(new Contacts(10086)).key);
contactsSortTree.remove(new Contacts(95566));
contactsSortTree.traverse();
```

以上代码首先将表 9-2 中手机通讯录构建成二叉排序树，输出排序后的通讯录，然后查找号码为 10086 的联系人的信息，接着移除号码为 95566 的联系人，最后再次输出变化后的通讯录。

步骤四：分析二叉排序树性能

对于含有同样关键字序列的一组结点，结点插入的先后顺序不同，所构成的二叉排序树的形态和深度不同。二叉排序树的平均查找长度（ASL）与二叉排序数的形态有关，其各分支越均衡，树的深度浅，其 ASL 越小。最坏情况下，当先后插入的关键字有序时，构成的二叉排序树蜕变为单支树，树的深度为其平均查找长度 $(n+1)/2$，和顺序查找相同；就平均时间性能而言，二叉排序树的查找和二分查找类似，平均执行时间为 $O(\log_2 n)$，但在表的维护方面，二叉排序树更为有效，无须移动记录，只需修改其相应的指针即可完成结点的插入和删除操作。

【任务评价】

请按表 9-7 查看是否掌握了本任务所学内容。

表 9-7 "用树表查找技术管理通讯录"完成情况评价表

序 号	鉴定评分点	分 值	评 分
1	能理解树表查找的基本思想	20	
2	能实现树表查找算法并能正确运行	20	
3	能理解树表查找的查找效率	20	
4	能用树表查找实现查找和管理通讯录	40	

9.4.6 用哈希查找技术查找联系人信息

【学习目标】

(1) 理解哈希查找的基本思想。
(2) 能实现哈希查找的算法。

【任务描述】

在用线性查找的过程中需要依据关键字进行若干次的比较判断,确定数据集合中是否存在关键字等于某个给定关键字的记录以及该记录在数据表中的位置,查找的效率与比较的次数密切相关。在查找时需要不断进行比较的原因是建立数据表时,只考虑了各记录的关键字之间的相对大小,记录在表中的位置和其关键字无直接关系。如果在记录的存储位置及其关键字之间建立某种直接关系,那么在进行查找时,就无须比较或只做很少的比较就能直接由关键字找到相应的记录,哈希(Hash)表正是基于这种思想。本任务在理解哈希查找基本思想的基础上,将电话号码作为关键字,用哈希查找技术查找手机通讯录中联系人的信息。

视频讲解

【任务实施】

步骤一:理解哈希查找的基本思想

1. 哈希表的基本概念

假定要搜索与给定记录中某个给定关键字相对应的记录,需要顺序地搜索整个记录直到找到所需键值的记录。该方法十分耗时,尤其当列表非常大时耗时严重。在这种情况下,查找该记录的一个有效解决方法是计算所需记录的偏移地址,并且在产生的偏移地址处读取记录。假设文件中的键是 $0 \sim n-1$ 的连续数,如果给定一个键,就能通过键×记录长度方便地计算与其对应的记录的偏移。

在实际情况中,键是有更多含义的,而不只是连续的整数值。字段如客户代码、产品代码等会用作键。当这样的字用作键时,一种称为哈希(也称散列)的技术能够将键值转换为偏移地址。

哈希技术是查找和检索与唯一标识键相关信息的最好方法之一。它的基本原理是将给定的键值转换为偏移地址来检索记录。

键转换为地址是通过一种关系(公式)来完成的,这就是哈希(散列)函数。哈希函数对键执行操作,从而给定一个哈希值,该值代表可以找到该记录的位置。

哈希法的基本思想是:设置一个长度为 m 的表 T,用一个函数将数据集合中 n 个记录的关键字尽可能唯一地转换成 $0 \sim m-1$ 范围内的数值,即对于集合中任意记录的关键字 K_i,有

$$0 \leqslant H(K_i) \leqslant m-1 (0 \leqslant i < n)$$

图 9-9 为用哈希函数 h 将关键字映射到哈希表的示意图。

2. 哈希表的冲突现象

虽然哈希表是一种有效的搜索技术,但是它还有些缺点。两个不同的关键字,由于哈希函数值相同,因而被映射到同一表位置上。该现象称为冲突(collision)或碰撞,发生冲突的两个关键字称为该哈希函数的同义词(synonym)。

用下面的例子说明此情况。

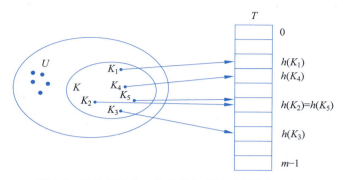

图 9-9　用哈希函数 h 将关键字映射到哈希表示意图

假设哈希函数是

$h(k)=\text{key}\%4$

对于键 3、5、8 和 10 使用该函数，这些键分散了，如图 9-10 所示。

如果要散列的键是 3、4、8 和 10，则会产生冲突，如图 9-11 所示。

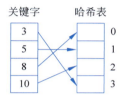

图 9-10　用哈希函数 h 将关键字映射到哈希表中（无冲突的情况）

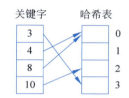

图 9-11　用哈希函数将关键字映射到哈希表中（发生冲突的情况）

键 4 和 8 散列到相同的位置，因此导致了冲突。

尽管冲突现象是难免的，但还是希望能找到尽可能产生均匀映射的哈希函数，从而降低冲突的概率。另外，当冲突发生时，还必须有相应的解决冲突的方法。因此，构造哈希函数和建立解决冲突的方法是建立哈希表的两大任务。

3．构造哈希函数

构造哈希函数的方法很多，但如何构造一个"好"的哈希函数是带有很强的技术性和实践性的问题。好的哈希函数的选择有两条标准：一是简单并且能够快速计算；二是能够在地址空间中获取键的均匀分布。

均匀指对于关键字集合中的任一关键字，哈希函数能以等概率将其映射到表空间的任何一个位置上。也就是说，哈希函数能将子集 K 随机均匀地分布在表的地址集 $\{0,1,\cdots,m-1\}$ 上，以使冲突最小化。

下面介绍几种常用的构造哈希函数的方法。

1) 平方取中法

具体做法是，先通过求关键字的平方值扩大相近数的差别，然后根据表长度取中间的几位数作为哈希函数值。因为一个乘积的中间几位数和乘数的每一位都相关，所以由此产生的哈希地址较为均匀。

例如，将一组关键字(0100,0110,1010,1001,0111)平方后得：
　　　　　　(0010000,0012100,1020100,1002001,0012321)

若取表长为1000,则可取中间的三位数作为哈希地址集:

$$(100,121,201,020,123)$$

相应的哈希函数用 Java 实现如下。

```java
int Hash(int key)
{ //假设 key 是 4 位整数
    key * = key; key/ = 100;        //先求平方值,然后去掉末尾的两位数
    return key % 1000;              //取中间三位数作为哈希地址返回
}
```

2) 除余法

除余法是用关键字 key 除以一个不大于哈希表长度 m 的正整数 p 所得的余数作为哈希地址的方法。哈希函数的形式如下。

$$h(\text{key}) = \text{key} \% p$$

该方法产生哈希函数的好坏取决于 p 值的选取。实践证明,若哈希表表长为 m,当 p 为小于 m 并最接近 m 的某个质数时,产生的哈希函数最好。

例如,有一组关键字(36475611,47566933,75669353,34547579,46483499),哈希表的大小是 43,则上述键的地址是:

$$36475611 \% 43 = 1$$
$$47566933 \% 43 = 32$$
$$75669353 \% 43 = 17$$
$$34547579 \% 43 = 3$$
$$46483499 \% 43 = 26$$

3) 折叠移位法

根据哈希表长将关键字尽可能分成若干段,然后将这几段的值相加,并将最高位的进位舍去,所得结果即为其哈希地址。相加时有两种方法,一种是顺折法,即把每一段中的各位值对齐相加,称为移位法;另一种是对折法,像折纸条一样,把原来关键字中的数字按照划分的中界向中间段折叠,然后求和,称为折叠法。

例如,有一组关键字(4766934,5656975,4685637,3547807,7569664),将这些数拆成 2 位、4 位和 1 位数,然后再把它们相加,如图 9-12 所示。

现在根据哈希表的大小取结果数。假如表的大小是 1000,哈希地址将为 0~999。在给定的示例中,结果由 4 个数字组成。因此可以截掉第一个数字获取一个地址,如图 9-13 所示。

关键字	拆分键	结果
4766934	47+6693+4	6744
5656975	56+5697+5	5758
4685637	46+8563+7	8616
3547807	35+4780+7	4822
7569664	75+6966+4	7045

图 9-12 用折叠移位法构造哈希函数示意图

关键字	地址
4766934	744
5656975	758
4685637	616
3547807	822
7569664	045

图 9-13 哈希表示意图

上述哈希技术可能通过各种方法组合起来以建立一个能够最少发生冲突的哈希函数。但是,即使是一个好的哈希函数,也不可能完全避免发生冲突。

4. 解决哈希冲突

正如前面所讲过的,在实际问题中,无论如何构造哈希函数,冲突是不可避免的,这里介绍两种常用的解决哈希冲突的方法。

1) 开放定址法

用开放定址法解决冲突的做法是:当冲突发生时,按照某种方法探测表中的其他存储单元,直到找到空位置为止。开放地址法很多,这里介绍几种。

(1) 线性探测法。

将哈希表 $T[0..m-1]$ 看成一个循环向量,若初始探查的地址为 d(即 $h(key)=d$),则最长的探查序列为

$$d, d+1, d+2, \cdots, m-1, 0, 1, \cdots, d-1$$

即探查时从地址 d 开始,首先探查 $T[d]$,然后依次探查 $T[d+1]$,…,直到 $T[m-1]$,此后又循环到 $T[0]$,$T[1]$,…,直到探查到 $T[d-1]$ 为止。

探查过程终止于以下三种情况。

① 若当前探查的单元为空,则表示查找失败(若是插入则将 key 写入其中)。

② 若当前探查的单元中含有 key,则查找成功,但对于插入意味着失败。

③ 若探查到 $T[d-1]$ 时仍未发现空单元也未找到 key,则无论是查找还是插入均意味着失败(此时表满)。

例如,已知一组关键字为(26,36,41,38,44,15,68,12,06,51),用除余法构造哈希函数,用线性探查法解决冲突构造这组关键字的哈希表。

为了减少冲突,通常令装填因子 $\alpha<1$。这里关键字个数 $n=10$,不妨取 $m=13$,此时 $\alpha \approx 0.77$,哈希表为 $T[0..12]$,哈希函数为 $h(key)=key\%13$。

由除余法的哈希函数计算出的上述关键字序列哈希地址为(0,10,2,12,5,2,3,12,6,12)。前 5 个关键字插入时,其相应的地址均为开放地址,故将它们直接插入 $T[0]$,$T[10]$,$T[2]$,$T[12]$ 和 $T[5]$ 中。当插入第 6 个关键字 15 时,其哈希地址 2(即 $h(15)=15\%13=2$)已被关键字 41(15 和 41 互为同义词)占用。故探查 $h_1=(2+1)\%13=3$,此地址开放,所以将 15 放入 $T[3]$ 中。当插入第 7 个关键字 68 时,其哈希地址 3 已被非同义词 15 先占用,故将其插入 $T[4]$ 中。当插入第 8 个关键字 12 时,哈希地址 12 已被同义词 38 占用,故探查 $h_1=(12+1)\%13=0$,而 $T[0]$ 亦被 26 占用,再探查 $h_2=(12+2)\%13=1$,此地址开放,可将 12 插入其中。类似地,第 9 个关键字 06 直接插入 $T[6]$ 中;而最后一个关键字 51 插入时,因探查的地址 12,0,1,…,6 均非空,故 51 插入 $T[7]$ 中。

映射过程如图 9-14 所示。

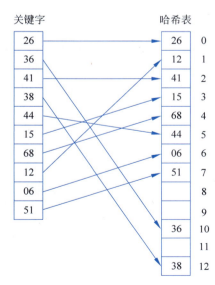

图 9-14 线性探测法解决冲突的哈希表

用线性探查法解决冲突时,当表中 $i+1,\cdots,i+k$ 的位置上已有结点时,一个哈希地址为 $i,i+1,\cdots,i+k+1$ 的结点都将插入在位置 $i+k+1$ 上。这种哈希地址不同的结点争夺同一个后继哈希地址的现象称为聚集或堆积(clustering)。这将造成不是同义词的结点也处在同一个探查序列之中,从而增加了探查序列的长度,即增加了查找时间。若哈希函数不好或装填因子过大,都会使堆积现象加剧。

上例中,$h(15)=2$,$h(68)=3$,即 15 和 68 不是同义词。但由于处理 15 和同义词 41 的冲突时,15 抢先占用了 $T[3]$,这就使得插入 68 时,这两个本来不应该发生冲突的非同义词之间也会发生冲突。

为了减少堆积的发生,不能像线性探查法那样探查一个顺序的地址序列(相当于顺序查找),而应使探查序列跳跃式地散列在整个哈希表中。

(2) 二次探查法。

二次探查法的探查序列是:

$$h_i = (h(key) + i \times i) \% m, \quad 0 \leqslant i \leqslant m-1$$

即探查序列为 $d=h(key),d+1^2,d+2^2,\cdots$。该方法的缺陷是不易探查到整个哈希空间。

(3) 双重哈希法。

该方法是开放定址法中最好的方法之一。在该方法中,一旦发生冲突,应会应用第二个哈希函数以获取备用位置。第一次试探有冲突的键很可能在第二个哈希函数结果中有不同的值。

2) 链表法

链表法解决冲突的做法是:将所有关键字为同义词的结点链接在同一个单链表中。若选定的哈希表长度为 m,则可将哈希表定义为一个由 m 个头指针组成的指针数组 $T[0..m-1]$。凡是哈希地址为 i 的结点,均插入以 $T[i]$ 为头指针的单链表中。T 中各分量的初值均应为空指针。在链表法中,装填因子 α 可以大于 1,但一般均取 $\alpha \leqslant 1$。

例如,已知一组关键字为(26,36,41,38,44,15,68,12,06,51),用除余法构造哈希表函数,用链表法解决冲突构造这组关键字的哈希表。

取表长为 13,故哈希函数为 $h(key)=key\%13$,哈希表为 $T[0..12]$。

当把 $h(key)=i$ 的关键字插入第 i 个单链表时,既可插入在链表的头上,也可以插在链表的尾上。这是因为必须确定 key 不在第 i 个链表时,才能将它插入表中,所以也就知道链尾结点的地址。若采用将新关键字插入链尾的方式,依次把给定的这组关键字插入表中,则所得到的哈希表如图 9-15 所示。

链表法适用于冲突现象比较严重的情况。

步骤二:实现哈希表查找算法

1. 定义哈希表中的结点类

在类 ContactList 中编写创建一个内部类 Node,表示哈希结点,data 表示结点的数据,next 表示一下个同义词。代码如下。

视频讲解

```
/* 哈希结点 */
private static class Node {
    Contacts data;              //链表中的数据
    Node next;                  //下一个同义词
}
```

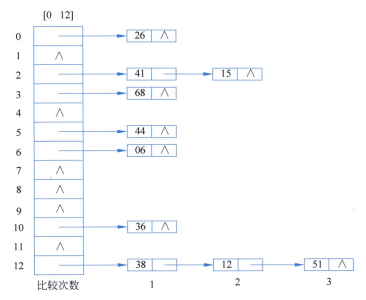

图 9-15 链表法解决冲突的哈希表

2. 求最接近哈希表表长的质数

在类 ContactList 中编写方法 getMaxPrime()，设哈希表的表长为元素的个数，求最接近哈希表表长的质数。代码如下。

```
/* 求最接近哈希表表长的质数 */
public int getMaxPrime() {
    int maxprime = 1;
    for (int i = cList.length; i > 1; i--) {
        int j;
        for (j = 2; j <= Math.sqrt(i); j++) {
            if (i % j == 0) {
                break;
            }
        }
        if (j > Math.sqrt(i)) {
            maxprime = i;
            break;
        }
    }
    return maxprime;
}
```

3. 用除余法构建哈希表

在类 ContactList 中编写方法 createHashTable()，哈希函数采用除余法，解决哈希冲突用链表法。代码如下。

```
/* 用除余、链表法构建哈希表 */
public Node[] createHashTable() {
    int maxPrime = getMaxPrime();
    Node[] hashtable = new Node[maxPrime];
    int hash;                    //哈希函数计算的单元地址
    for (int i = 0; i < cList.length; i++) {
        Node node = new Node();
```

```
            node.data = cList[i];
            node.next = null;
            hash = cList[i].phone % maxPrime;
            if (hashtable[hash] == null) {
                hashtable[hash] = node;
            } else {
                Node p = hashtable[hash];
                while (p.next != null) {
                    p = p.next;
                }
                p.next = node;
            }
        }
        return hashtable;
    }
```

4. 在哈希表中查找关键字 key

在类 ContactList 中编写方法 HashSearch(int key), 实现在哈希表中查找关键字 key, 代码如下。

```
/* 在哈希表中查找关键字 key 的结点 */
public Contacts HashSearch(int key) {
    //构建哈希表
    Node[] hashtable = createHashTable();
    //查找 key 是否在哈希表中
    int hash = getHash(key, getMaxPrime());
    Node p = hashtable[hash];
    while (p != null && p.data.phone != key) {
        p = p.next;
    }
    return p != null ? p.data : null;
}
```

步骤三：测试哈希表查找算法

在 TestContactsList 类中, 调用哈希查找方法 HashSearch(int key), 查找 findphone 变量指定的电话信息。

```
Contacts contacts = cList.HashSearch(findphone);
if (contacts != null)
    System.out.println("哈希查找:" + contacts.toString());
else
    System.out.println("不存在该号码");
```

步骤四：分析哈希表查找算法的性能

虽然哈希表在关键字和存储位置之间建立了对应关系, 理想情况下无须关键字的比较就可找到待查关键字, 查找的期望时间为 $O(1)$。但是由于冲突的存在, 哈希表的查找过程仍是一个和关键字比较的过程, 不过哈希表的平均查找长度比顺序查找、二分查找等完全依赖于关键字比较的查找要小得多。

由于冲突, 哈希表的效率会降低, 在这种情况下, 哈希表的效率取决于哈希函数的质量。一个哈希函数如果使记录在哈希表中能够均匀地分布, 就认为该哈希函数是一个好的函数。而一个不好的函数会导致很多冲突, 如果一个哈希函数总是为所有的键返回同一个值, 则显然相关的哈希表只是作为一个链接表, 这种情况下搜索效率将是 $O(n)$。

哈希表最大的优点，就是把数据的存储和查找消耗的时间大大降低，几乎可以看成是常数时间；而代价仅仅是消耗比较多的内存。在当前可利用内存越来越多的情况下，用空间换时间的做法是值得的。另外，编码比较容易也是它的特点之一。

【任务评价】
请按表 9-8 查看是否掌握了本任务所学内容。

表 9-8 "用哈希查找技术查找联系人信息"任务完成情况评价表

序　号	鉴定评分点	分　值	评　分
1	理解哈希表的概念、哈希冲突	20	
2	理解哈希查找的基本思想	20	
3	能用解决哈希冲突的方法解决冲突	20	
4	能实现哈希查找算法并能正确运行	20	
5	能用哈希查找算法解决实际问题	20	

9.5　项　目　拓　展

1. 问题描述

某公司员工信息表如图 9-16(a)所示，它由多条记录组成，每条记录由职工号、姓名、岗位三个字段组成。其中，职工号为每条记录的主键，用于唯一地标识文件中的每个职工的记录。对员工信息表常有的操作是查询、添加、修改和删除。

对员工信息进行修改和删除操作，首先要查询到所要操作的记录，为了加快查询的速度，为数据文件建立索引表，索引表由关键字及与记录存放的物理地址两项组成，如图 9-16(b)所示。索引按升序排序键值段中的值，为了访问一条特定的记录，需要指定它的键值。如果键值存在于索引表中，就提取相应条目的物理位置，在获取了记录的物理位置后，就可以直接从数据表中访问那条记录了。假设需要访问职工号为 38 号的记录。需要搜索索引表来寻找这个键值，并获取相应的物理地址 105，这样就可以从物理地址 105 处访问所要读取的记录了。

	职工号	姓名	岗位
101	29	张瑾	程序员
103	05	李四	分析师
104	02	王红	维修员
105	38	刘琪	程序员
108	31	张玉	测试员
109	43	张三	实施员
110	17	王二	程序员
112	48	刘好	设计师

(a) 数据表

关键字	物理地址
02	104
05	103
17	110
29	101
31	108
38	105
43	109
48	112

(b) 索引表

图 9-16　数据文件和索引文件示意图

2. 基本要求

(1) 按职工号查询员工信息。
(2) 实现对员工信息表添加、修改和删除管理。
(3) 对员工信息表插入新记录或删除记录时，同时更新索引表。

9.6　项目小结

查找是数据处理中经常使用的一种运算,查找方法的选择取决于查找表的结构,查找表分为静态查找表和动态查找表。本章在介绍查找基本概念的基础上,重点介绍了静态查找技术:顺序查找、二分查找、分块查找,以及动态查找技术:树表查找、哈希查找。

(1) 顺序查找从表的一端开始,顺序扫描线性表,依次将扫描到结点关键字与给定值 key 相比较。若当前扫描到的结点关键字与 key 相等,查找成功,返回该结点的索引下标。顺序查找的效率很低,但是对于待查找的数据元素的数据结构没有任何要求,而且算法非常简单,当待查找表中的数据元素的个数较少时,采用顺序查找较好,顺序查找既适用于顺序存储结构,又适用于链式存储结构。

(2) 二分查找要求表中元素有序,假设表中元素是按升序排列,将表中间位置记录的关键字与查找关键字比较,如果两者相等,则查找成功;否则利用中间位置记录将表分成前、后两个子表,如果中间位置记录的关键字大于查找关键字,则进一步查找前一子表,否则进一步查找后一子表。重复以上过程,直到找到满足条件的记录,使查找成功,或直到子表不存在为止,此时查找不成功。二分查找法的平均查找长度和查找速度快,但是它要求表中的数据元素是有序的,且只能用于顺序存储结构。若表中的据元素经常变化,为保持表的有序性,需要不断进行调整,这在一定程度上要降低查找效率。因此,对于不经常变动的有序表,采用二分查找是比较好的。

(3) 分块查找把查找表分成若干块,每块包含的若干元素具有相同的特性,用一个关键字识别,各块的关键字互不相同。建立一个索引表保存块元素的索引信息,索引表中的每个元素含有各块的索引关键字及其第一个元素的地址。分块查找的平均查找长度介于顺序查找和二分查找之间。由于采用的结构是分块的,所以当表中数据元素有变化时,只要调整相应的块即可。同顺序查找一样,分块查找可以用于顺序存储结构,也可以用于链式存结构。

(4) 二叉排序树是最简单的树表查找算法,利用待查找的所有数据,首先生成一棵树,前提是要确保树的左分支的值始终小于右分支的值(根结点的值始终大于左子树任意一个结点的值,始终小于右子树任一结点的值)。本项目讨论了二叉排序表的基本概念、插入和删除操作以及它们的查找过程。树表查找的特点是可以方便地插入和删除数据元素。

(5) 哈希查找通过一个关系(公式)也就是哈希函数,计算出数据元素在内空间中的存储地址,无须比较就可以检索记录。介绍了平方取中法、除余法、折叠移位法三种哈希函数。哈希函数将两个或多个键产生相同的哈希值,这种情况称作冲突。一个好的哈希函数可以使冲突发生的可能性降至最小。处理冲突有开放定址法和链表法两种常用方法。

通过学习本项目内容,希望读者能够熟练掌握静态查找表和动态查找表的构造方法和查找过程,熟练掌握哈希表造表方法及其查找过程,学会根据实际问题的需求,选取合适的查找方法及其所需的存储结构。

9.7 项目测验

一、选择题

1. 顺序查找法适用于存储结构为（   ）的线性表。
   A. 哈希存储   B. 顺序存储或链式存储
   C. 压缩存储   D. 索引存储

2. 对线性表进行二分查找时,要求线性表必须（   ）。
   A. 以顺序方式存储
   B. 以链接方式存储
   C. 以顺序方式存储,且结点按关键字有序排序
   D. 以链接方式存储,且结点按关键字有序排序

3. 对于 18 个元素的有序表采用二分查找,则查找 A[3]的比较序列的下标（假设下标从 1 开始）为（   ）。
   A. 1、2、3   B. 9、5、2、3
   C. 9、5、3   D. 9、4、2、3

4. 二分查找有序表(4,6,10,12,20,30,50,70,88,100)。若查找表中元素 58,则它将依次与表中（   ）比较大小,查找结果是失败。
   A. 20,70,30,50   B. 30,88,70,50
   C. 20,50   D. 30,88,50

5. 设顺序线性表的长度为 30,分成 5 块,每块 6 个元素,如果采用分块查找,则其平均查找长度为（   ）。
   A. 6   B. 11
   C. 5   D. 6.5

6. 对关键字集合 $k=\{53,30,37,12,45,24,96\}$,从一棵空二叉树开始逐个插入关键字,建立二叉排序树,若希望得到的二叉排序树的高度最小,应选用下列哪个输入序列？（   ）
   A. 45,24,53,12,37,96,30   B. 37,24,12,30,53,45,96
   C. 12,24,30,37,45,53,96   D. 30,24,12,37,45,96,53

7. 现有关键码值分别为 10、20、30、40 的 4 个结点,按所有可能的插入顺序去构造二叉排序树,能构造出多少棵不同的二叉排序树？（   ）
   A. 24   B. 14   C. 10   D. 8

8. 设哈希表长 $m=14$,哈希函数为 $H(k)=k$ MOD 11。表中已有 4 个记录如图 9-17 所示,如果用二次探测再散列处理冲突,关键字为 49 的记录的存储地址是（   ）。

0	1	2	3	4	5	6	7	8	9	10	11	12	13
				15	38	61	84						

图 9-17 哈希表

   A. 8   B. 3   C. 5   D. 9

9. 设有一个用线性探测法解决冲突得到的哈希表如图 9-18 所示,哈希函数为 $H(k)=$

$k \% 11$,若要查找元素 14,探测的次数是(　　)。

0	1	2	3	4	5	6	7	8	9	10
		13	25	80	16	17	6	14		

图 9-18　哈希表

A. 8　　　　　　　B. 9　　　　　　　C. 3　　　　　　　D. 6

10. 在哈希查找中,采用线性探测法处理冲突,可能要探测多个位置,在查找成功的情况下,所探测的这些位置上的键值( )。

  A. 一定都是同义词　　　　　　　B. 一定都不是同义词
  C. 都相同　　　　　　　　　　　D. 不一定都是同义词

二、判断题

1. 顺序查找法不仅可用于顺序表上的查找,也可用于链表上的查找。(　　)
2. 对有序的单链表能够进行折半查找。(　　)
3. 二分查找对线性表要求必须有序,表可以顺序方式存储,也可以链表方式存储。(　　)
4. 二分查找比顺序查找的速度快。(　　)
5. 当采用分块查找时,数据的组织方式为数据分成若干块,每块内数据有序。(　　)
6. 分块查找的基本思想是首先在索引表中进行查找,以便确定给定的关键字可能存在的块号,然后再在相应的块内进行顺序查找。(　　)
7. 二叉排序树右子树上所有结点的关键字均大于根结点的关键字。(　　)
8. 如果两个关键字的值不等但哈希函数值相等,则称这两个关键字为同义词。(　　)
9. 哈希表存储的基本思想是由关键码值决定数据的存储地址。(　　)
10. 对大小均为 n 的有序表和无序表分别进行顺序查找,在等概率查找的情况下,对于查找失败,它们的平均查找长度是不同的。(　　)

参 考 文 献

[1] 雷军环,邓文达,等.数据结构(C♯语言版).北京:清华大学出版社,2009.
[2] 雷军环,吴名星.数据结构(Java语言版).北京:清华大学出版社,2015.
[3] 严蔚敏,吴伟民.数据结构(C语言版).北京:清华大学出版社,1997.
[4] ROBERT L.Java数据结构和算法.北京:中国电力出版社,2004.
[5] 程杰.大话数据结构.北京:清华大学出版社,2020.
[6] 刘小晶,杜选,等.数据结构——Java语言描述.2版.北京:清华大学出版社,2020
[7] 李春葆,李筱驰.数据结构教程(Java语言描述).北京:清华大学出版社,2020.
[8] 吴灿铭,胡昭民.图解数据结构使用Java.2版.北京:清华大学出版社,2020.
[9] 唐懿芳,陶南,等.数据结构与算法项目化教程(微课版).北京:清华大学出版社,2022.
[10] 叶核亚.数据结构与算法(Java版).北京:电子工业出版社,2022.
[11] 朱珍,徐丽新.数据结构实战项目教程.北京:电子工业出版社,2021.
[12] 黑新宏,胡元义.数据结构实践教程.北京:电子工业出版社,2021.
[13] 张静.数据结构(Java语言描述).北京:高等教育出版社,2021.
[14] 温格罗.数据结构与算法图解.袁志鹏,译.北京:人民邮电出版社,2019.
[15] 杨淑萍,聂哲.数据结构(Java版).北京:高等教育出版社,2013.
[16] 吕云翔,郭颖美,等.数据结构(Python版).北京:清华大学出版社,2019.